KB211180

기초화학

화학의 원리를 배우는
첫걸음

저자 소개

김민경

한양대학교 자연과학대학 화학과/인터칼리지 교수

한양대학교 공업화학과를 졸업하고 같은 대학에서 석사, 박사 학위를 받았으며 미국 워싱턴 주립대학교에서 박사후 연구원으로 재직하였다. 2009년부터 한양대학교에서 이공계 필수 과목인 '일반 화학'과 교육부 KMOOC 선정 교양 과목인 '생활 속의 화학', 융합 교양 과목인 '화학의 변명' 수업을 하고 있으며, 6개의 전문대학교 학생들을 대상으로 다른 학교와의 교육 공유 과목인 'HY-LIVE 기초 화학' 수업을 진행하고 있다. 강의를 시작한 이후 한 번도 빠지지 않고 학생들이 뽑은 'Best Teacher'로 선정되었으며, 2014년에는 한양대학교 저명 강의 교수상을 수상하였다.

학생과의 SNS 대화짤이 온라인상에서 널리 알려져 '화학 만물 박사'라는 별명이 생겼다. 또한 저서인 '우리 집에 화학자가 산다'가 중고등학생들의 필독서로 여러 기관에서 추천되었으며, '세상은 온통 화학이야'의 감수와 '오늘의 화학'을 번역하였다. 번역한 대학교재로는 '실버버그의 일반화학(2판, 3판)', 'Burdge 일반화학(4판)', 'Burdge 일반화학의 기초(초판)', 'McMurry 일반화학(7판)', 'McMurry 핵심일반화학(7판)', 'Bauer 화학의 기초(4판)', 'Brown 유기화학입문(6판)', 'Smith 핵심 유기화학(4판)'이 있다.

기초화학
화학의 원리를 배우는 첫걸음

초판 발행 2025년 2월 7일

지은이 김민경
펴낸이 류원식
펴낸곳 교문사

편집팀장 성혜진 | **책임진행** 윤지희 | **디자인** 신나리 | **본문편집** 박미라

주소 10881, 경기도 파주시 문발로 116
대표전화 031-955-6111 | **팩스** 031-955-0955
홈페이지 www.gyomoon.com | **이메일** genie@gyomoon.com
등록번호 1968.10.28. 제406-2006-000035호

ISBN 978-89-363-2618-0 (93430)
정가 32,000원

BASIC CHEMISTRY

기초화학

화학의 원리를 배우는 첫걸음

김민경 지음

교문사

'일반 화학'은 화학에서 다루는 모든 분야에 대한 기본 내용이 하나의 과목에 들어 있어 매우 중요하면서도 어려운 학문입니다.

화학과 교수님들께 가장 강의하기 힘든 과목을 여쭤보면 대부분 '일반 화학'을 말씀하십니다. 전공 과목은 교수가 제일 잘하는 분야에 대한 수업이니 강의하기가 편하지만, 원소 기호에서 시작하여 물리 화학, 분석 화학, 유기 화학, 무기 화학, 전기 화학, 양자 화학, 그리고 화학 열역학에 이르기까지 화학에서 다루는 모든 분야에 대한 기본 내용이 하나의 과목에 들어 있는 '일반 화학'은 다루는 범위가 방대하고 내용도 많아서 가르치기가 쉽지 않습니다. 이러한 과목의 특성상 '일반 화학'은 대부분의 대학에서 이공계열 1학년 신입생들이 전공 과목을 배우기 전에 반드시 수강해야 하는 필수 과목으로 지정되어 있습니다. 예전에도 학생들이 공부하기 쉬운 과목은 아니었지만, 최근에는 대학 입시 전형의 변화로 인해 고등학교에서 화학을 배운 적이 없는 학생들이 이공계열 학과로 진학하는 경우가 많아지면서 더욱 공부하기 어려운 과목으로 손꼽히고 있습니다.

이 책은 오랜 기간의 강의 경험을 바탕으로 고등학교 때 화학을 배운 경험이 없는 이공계열 학생들이 전공 과목을 배우기 전에 꼭 알아야 하는 '일반 화학'을 조금이라도 쉽게 공부할 수 있도록 도와주고 싶은 마음으로 집필하였습니다. 자연과학과 공학계열 학과뿐만 아니라 보건, 의료, 식품영양 등 다양한 학과의 1학년 학생들에게 도움이 될 수 있도록 내용을 구성하였고, 간결하고 쉬운 설명으로 학생들이 내용을 오래 기억하는 것을 목표로 하였습니다.

2009년부터 한 학기도 빠지지 않고 '일반 화학'을 강의하면서 가장 힘든 부분은 가르치는 내용의 난이도 조절과 어느 정도까지 설명을 자세하게 해야 하는지 기준을 잡는 것이었습니다. 한 강의실에 화학을 전혀 배워보지 않은 학생부터 대학교 2학년이 배우는 화학까지 모두 공부하고 온 학생이 섞여 있는 상황에서 모두를 만족시키는 강의를 하기란 정말 어렵습니다. 하지만 가장 기본적인 것이 가장 중요한 것이라는 학문의 본질은 변하지 않기에 기본을 충실하게 가르치고자 한 것이 많은 학생들이 가장 도움이 되는 강의로 선택해 준 이유라고 생각합니다.

이 책으로 공부한 학생들이 더 이상 화학을 어려운 과목이 아닌, 재미있고 중요한 과목으로 생각하게 되기를 바랍니다.

2025년 2월
김민경

차례

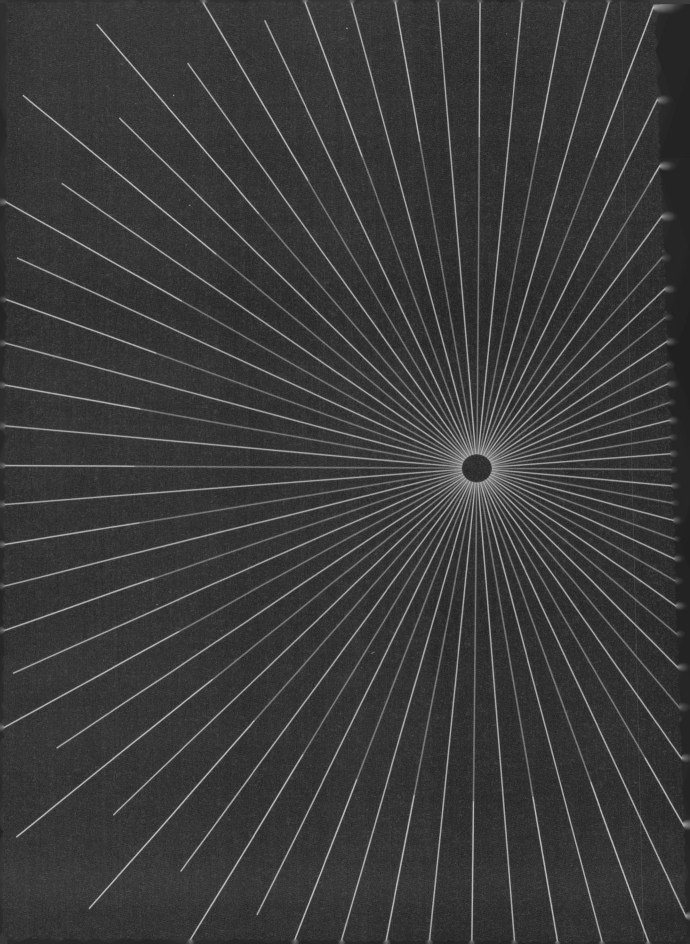

1장
원소와 원자

1.1 화학의 측정: SI 단위의 정의와 표기

'화학'은 물질을 구성하는 입자의 종류 및 연결 방식(결합)을 통해 물질의 특성(화학적 성질)을 이해하고, 한 물질이 다른 물질과 새롭게 결합하거나 다른 물질로 변하는 과정(화학적 변화)과 그 과정에서 출입하는 에너지에 대해 연구하는 학문이다. 하지만 이 책에서 '화학'은 과학 기술의 발전을 기반으로 이미 존재하는 물질의 조성과 구조, 성질 및 변화, 제법, 응용 등을 연구하던 기존의 본질에서 진화하여 자연계에 없던 새로운 물질을 만들어내고 그 물질의 화학적 성질과 변화를 이용하여 인류 역사를 조금씩 바꾸어가는 학문이라고 새롭게 정의하려 한다.

화학은 실험 과학이므로 물질의 양을 정확하게 측정하기 위해 사용하는 단위를 알아야 한다. 1960년에 결정된 국제 조약에 따라 전 세계 과학자들은 모든 수치를 측정의 국제단위 체계, 약어로 SI 단위로 표기하며, SI 체계의 7가지 기본 단위는 ●표 1-1과 같다.

온도의 SI 단위인 켈빈온도(절대온도, K)와 섭씨온도의 관계는 다음과 같다.

$$켈빈온도(K) = 섭씨온도(℃) + 273.15$$

표 1-1 SI 체계의 7가지 기본 단위

물리량	단위명	약어
질량	킬로그램(kilogram)	kg
길이	미터(meter)	m
온도	켈빈(kelvin)	K
물질의 양	몰(mole)	mol
시간	초(second)	s
전류	암페어(ampere)	A
광도	칸델라(candela)	cd

예제 1-1

체온이 39 ℃ 이상이면 고열로 진단한다. 이 온도를 켈빈온도(절대온도) 단위로 환산하라.

풀이

$K = ℃ + 273.15$

$39 + 273.15 = 312.15 \ K$

(계속)

질량의 기본 단위인 kg과 길이의 기본 단위인 m는 화학에서 사용하기에는 크기가 너무 커서 불편하므로, 다음과 같은 접두어를 이용하여 변형해서 사용한다.

예를 들어 원자 하나의 지름은 10^{-10} m 크기이므로 고전 화학에서는 옹스트롬(Å)을 미시 세계를 나타내는 기본 단위로 사용하였으나, 현대 과학에서는 ●표 1-2에 나온 접두어를 이용하여 nm를 주로 사용한다.

$1 \text{Å} = 1.0 \times 10^{-10} \text{m} = 0.1 \text{nm}$

SI 단위계의 7가지 기본 단위에는 면적, 부피, 밀도, 속도 등 과학에서 꼭 필요한 양을 측정하는 단위가 없으므로, 기본 단위 2개 이상을 이용하여 표현하는 유도 단위를 이용하여 이러한 양들을 나타내야 한다.

화학에서 부피는 L 또는 mL를 이용한다. $1 \text{m}^3 = 1,000 \text{L}$이고, $1 \text{L} = 1,000 \text{mL}$이다. 질량/부피로 정의되는 밀도는 g/cm^3(고체 물질)나 g/mL(액체 물질) 단위를 이용하며, 물질의 부피는 온도에 따라 달라지므로 반드시 측정한 온도를 함께 표시한다.

과학적으로 측정되는 양은 본질에 따라 크기 성질과 세기 성질을 갖는 두 종류로 분류한다. 예를 들어 한 잔의 컵에 있는 40 ℃ 물과 욕조에 가득 담긴 40 ℃ 물을 생각해 보자. 컵의 물과 욕조의 물은 질량은 다르지만 온도는 동일하다는 것을 알 수 있다. 이때 물질의 양에 따라 값이 달라지는 길이, 질량, 부피 등은 크기 성질을 가지고, 물질의 양과 상관없는 밀도와 온도 등이 세기 성질을 갖는 물리량이 된다.

과학에서 사용하는 수는 일반적으로 사용하는 수에 비해 아주 크거나 아주 작은 값을 나타내는 경우가 많다. 따라서 수를 표기하는 방법을 하나로 통일한 과학적 표기법을 이용하여 어떤 크기를 갖는

표 1-2 SI 단위의 배수를 나타내는 접두어

배수	명칭	기호	배수	명칭	기호
10^1	데카	Da	10^{-1}	데시	d
10^2	헥토	h	10^{-2}	센티	c
10^3	킬로	k	10^{-3}	밀리	m
10^6	메가	M	10^{-6}	마이크로	μ
10^9	기가	G	10^{-9}	나노	n
10^{12}	테라	T	10^{-12}	피코	p
10^{15}	페타	P	10^{-15}	펨토	f
10^{18}	엑사	E	10^{-18}	아토	a
10^{21}	제타	Z	10^{-21}	젭토	z
10^{24}	요타	Y	10^{-24}	욕토	y

수라도 직관적으로 알아볼 수 있도록 하는 것을 원칙으로 한다. 과학적 표기법은 모든 수를 $X \times 10^N$의 형식으로 표기하는데, 이때 X는 $0 < X < 10$의 수이고, N은 정수이다. 즉, 6,340,000은 6.34×10^6으로, 0.000019는 1.9×10^{-5}으로 표기한다.

표 1-3 유도 단위

양	정의	유도 단위(명칭)
면적	길이×길이	m^2
부피	면적×길이	m^3
밀도	단위 부피당 질량	kg/m^3
속도	단위 시간당 거리	m/s
가속도	단위 시간당 속도 변화	m/s^2
힘	질량×가속도	$(kg \cdot m)/s^2$ (뉴턴, N)
압력	단위 면적당 힘	$kg/(m \cdot s^2)$ (파스칼, Pa)
에너지	힘×거리	$(kg \cdot m^2)/s^2$ (줄, J)

예제 1-2

금속으로 상온에서 유일하게 액체인 수은의 밀도는 13.6 g/mL이다. 이 액체 5.50 mL의 질량을 계산하라.

풀이

액체의 밀도와 부피가 주어지고 질량을 계산하는 것이다. 이를 계산하면 다음과 같다.

$$m = d \times V$$

$$= 13.6 \frac{g}{mL} \times 5.50 \, mL$$

$$= 74.8 \, g$$

예제 1-3

얼음은 물 위에 뜬다. 그 이유는 얼음의 밀도가 물의 밀도보다 작기 때문이다.

(a) 0 ℃에서 정육면체 얼음 한 변의 길이가 2.0 cm이고, 질량은 7.36 g이다. 이 얼음의 밀도를 구하라.

(b) 0 ℃에서 23 g의 얼음이 차지하는 부피를 구하라.

(계속)

풀이

(a) $d = \dfrac{7.36\,\text{g}}{8.0\,\text{cm}^3} = 0.92\,\text{g/cm}^3$ 또는 $0.92\,\text{g/mL}$

(b) $V = \dfrac{23\,\text{g}}{0.92\,\text{g/cm}^3} = 25\,\text{cm}^3$ 또는 $25\,\text{mL}$

실험 과학인 화학에서 측정은 매우 중요하지만, 측정하는 사람과 장비에 의해 필연적으로 불확실성을 갖게 된다. 측정의 불확실성을 나타내기 위해 실험에서 기록하는 값은 확실한 측정값의 자릿수에 추정 자릿수 하나를 더해 표기한다. 예를 들어 1 ℃ 간격으로 표시된 온도계를 읽을 때, 수은주가 20 ℃와 21 ℃ 사이에서 21 ℃ 쪽으로 치우쳐 있다면 실험자의 추정에 따라 20.8 ℃로 기록하고 측정 과정에서 기록된 20.8 모두가 유효 숫자가 되지만, 제일 마지막 8은 추정값이므로 유효 숫자의 계산은 추정값의 불확실성에 기인한 오차를 줄이기 위해 다음과 같은 방법을 사용한다.

① 곱셈이나 나눗셈에서는 유효 숫자 개수가 작은 쪽을 따른다.

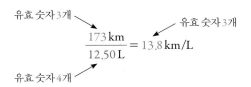

② 덧셈이나 뺄셈에서는 더 짧은 자릿수를 가진 쪽을 따른다.

③ 답에서 남겨야 하는 자릿수를 결정한 후 반올림을 이용하여 최종값을 정한다.

예제 1-4

다음 측정값들의 유효 숫자 개수를 결정하라.

(a) 394 cm

(b) 5.03 g

(c) 0.714 m

(d) 0.052 kg

(e) 원자 2.720×10^{22}개

(f) 3,000 mL

(계속)

(a) 3개, 모든 수가 0이 아니므로

(b) 3개, 0이 아닌 숫자 사이의 0은 유효하므로

(c) 3개, 0이 아닌 처음 숫자 왼쪽에 있는 0은 유효하지 않으므로

(d) 2개, 0이 아닌 처음 숫자 왼쪽에 있는 0은 유효하지 않으므로

(e) 4개, 1보다 큰 수인 경우에 소수점 오른쪽에 있는 모든 0은 유효하므로

(f) 모호함, 유효 숫자는 4개(3.000×10^3), 3개(3.00×10^3), 2개(3.0×10^3), 1개(3×10^3)일 수 있다. 이 문제는 유효 숫자의 적절한 수를 표시하기 위해서는 과학적 표기법을 사용해야 하는 이유를 보여준다.

1.2 원소와 원자

인류는 오래전부터 물질의 본질과 구성 요소에 대한 해답을 찾기 위해 노력하였다. 기원전 400년경, 그리스 철학자 아리스토텔레스는 물질의 구성 요소를 따뜻함과 건조함 사이에 있는 불, 따뜻함이랑 축축함 사이에 있는 공기, 축축함과 차가움을 담당하는 물, 그리고 건조함과 차가움을 담당하는 땅 이렇게 네 가지라고 생각하였다.

아리스토텔레스의 생각은 4가지 구성 요소의 비율을 변화시키면 특정 물질을 다른 물질로 변환할 수 있다고 설명한 점에서 굉장히 획기적이었으며, 이는 중세 시대를 아우르는 연금술의 기초가 되었다. 또한 데모크리토스는 물질을 구성하는 나눌 수 없는 작은 입자라는 뜻으로 'atom'이라는 단어를 처음

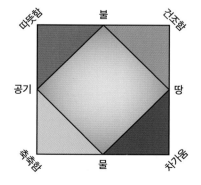

그림 1-1 아리스토텔레스의 물질의 4요소

으로 사용하였고, 이는 현재 우리가 사용하는 원자라는 개념의 토대가 되었다.

화학에서 물질의 본질을 나타낼 때 가장 많이 사용하는 단어이자 우리가 가장 구분하기 어려운 단어가 바로 원소(element)와 원자(atom)이다. 물질이 특정한 알맹이들로 구성되어 있다고 가정할 때 원소는 화학적으로 변화시키거나 더 간단한 것으로 분해할 수 없는 기본적인 성분, 즉 알맹이의 종류를 뜻하고, 원자는 물질을 구성하는 가장 간단한 입자, 즉 셀 수 있는 알맹이 하나하나를 뜻한다. 과일가게에서 초록색 바탕에 검은색 줄이 있는 과일을 보고 '수박'이라고 얘기할 때 이는 '수박'이란 특징에 따른 과일의 종류(원소)를 뜻하지만, 우리가 수박을 살 때는 '수박 한 통', '두 통'과 같이 독립된 개체(원자)를 산다.

이렇게 원소는 양성자수와 중성자수, 그리고 전자수에 의해 나타나는 독특한 화학적 특징을 갖는 입자들을 묶어서 부르는 집합의 이름이자 물질을 구성하는 원자들의 종류를 뜻하고, 원자는 같은 특징으로 분류된 집합인 원소를 구성하는 입자 하나하나를 의미한다. ●그림 1-2에서 소듐(나트륨) 원자는 양성자 11개와 중성자 12개로 구성된 원자핵과 전자 11개로 이루어진 입자이고, 이런 구성을 갖는 모든 입자를 통틀어서 소듐(나트륨) 원소라고 한다.

자연계에는 118종의 원소가 알려져 있고 그중 90여 종은 자연계에 존재하지만, 나머지는 입자 가속기를 이용하여 인공적으로 합성한 원소이다. ●표 1-4에 일상생활과 산업 현장에서 많이 사용되는 원소들의 이름과 기호를 나타내었다.

자연에 존재하던 원소나 인공적으로 합성된 원소 중에는 이름의 기원이 특이한 것들이 다수 존재하는데, ●표 1-5에 이러한 원소들의 이름과 기원을 나타내었다.

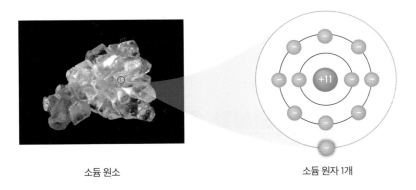

소듐 원소   소듐 원자 1개

그림 1-2 소듐(나트륨)의 원소와 원자

표 1-4 원소 이름과 원소 기호

원소 이름	원소 기호	원소 이름	원소 기호	원소 이름	원소 기호
염소	Cl	니켈	Ni	텅스텐	W
크로뮴	Cr	질소	N	우라늄	U
코발트	Co	산소	O	제논	Xe
구리	Cu	팔라듐	Pd	아연	Zn
플루오린(불소)	F	인	P	백금	Pt
알루미늄	Al	금	Au	플루토늄	Pu
안티모니	Sb	헬륨	He	포타슘(칼륨)	K
아르곤	Ar	수소	H	라듐	Ra
비소	As	아이오딘(요오드)	I	규소	Si
바륨	Ba	철	Fe	은	Ag
비스무트	Bi	납	Pb	소듐(나트륨)	Na
붕소	B	리튬	Li	스트론튬	Sr
브로민	Br	마그네슘	Mg	황	S
카드뮴	Cd	망가니즈	Mn	주석	Sn
칼슘	Ca	수은	Hg	타이타늄(티타늄)	Ti
탄소	C	네온	Ne		

표 1-5 원소 이름과 기원

원소 기호	원소 이름	원소 이름의 기원
Am	아메리슘	미국에서 최초로 만듦
Fr	프랑슘	프랑스의 Curie 연구소에서 발견됨
Sc	스칸듐	스칸디나비아에서 발견되고 채굴됨
He	**헬륨**	태양(helio)에서 처음 감지됨
U	우라늄	원소 우라늄이 발견되기 직전에 발견된 행성인 천왕성(Uranus)의 이름에서 유래함
Th	토륨	핵무기의 연료로, 전쟁의 신 토르(Thor)에서 유래함
Ar	아르곤	게으름을 뜻하는 그리스어 argos에서 유래함

1.3 원자의 구조: 양성자, 중성자, 전자

그리스 철학자 데모크리토스가 물질을 계속 쪼개었을 때 더 이상 분해되지 않는 입자를 atom이라고 명명한 것은 형이상학적인 생각에 불과하였으나, 1808년 영국의 화학자 돌턴은 그때까지 실험으로 밝혀진 질량 보존의 법칙과 일정 성분비의 법칙, 그리고 자신의 연구 결과로 밝혀진 배수 비례의 법칙을 조합하여 원자에 대한 새로운 이론을 제안하였다.

돌턴의 원자론은 다음의 4가지 중요한 내용을 포함한다.

- 원소는 원자라는 쪼개지지 않는 작은 입자로 구성되어 있다.
- 같은 원소의 원자는 같은 질량을 갖는다.
- 원자들이 정수비로 결합하여 새로운 화합물을 만든다.
- 화학 반응은 원자들의 결합 및 배열 순서만 바뀔 뿐, 원자 자체는 변하지 않는다.

원자가 더 이상 쪼개지지 않는 입자라는 돌턴의 원자론은 1907년 영국의 물리학자 톰슨이 음극선 실험을 통해 모든 원자에는 음전하를 띠면서 아주 작은 질량을 가진 전자라는 입자가 포함되어 있다는 사실을 밝혀낸 후 틀렸다는 것이 입증되었다.

1911년 뉴질랜드의 물리학자 러더퍼드는 α 입자(방사성 원소에서 방출되는 전자 질량의 7,300배 질량과 전자 전하량의 2배인 양전하를 띠는 입자) 산란 실험을 통해 원자 부피의 대부분이 전자가 돌아다닐 수 있는 빈 공간이고, 아주 작은 중심부에 원자 질량의 거의 전부를 갖고 양전하를 띠는 원자핵이 존재

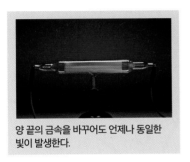

양 끝의 금속을 바꾸어도 언제나 동일한 빛이 발생한다.

+ 극에는 끌리고 − 극에는 반발한다.

그림 1-3 톰슨의 음극선 실험
* 출처: Julia R. Burdge & Michelle Driessen. (2018). 일반화학의 기초. (박경호 외 옮김). 교문사.

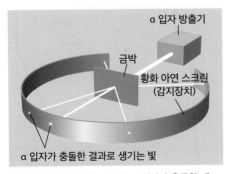

얇은 금박에 +를 띠는 무거운 α 입자가 충돌할 때 휘거나 반사되어 튕겨 나오기도 한다.

α 입자 2만 개 중 1개의 비율로 반사되는 결과를 통해 원자 질량이 모두 모여 있고 +를 띠는 원자핵이 있다는 것을 발견하였다.

그림 1-4 러더퍼드의 α 입자 산란 실험

한다는 것을 발견하였고, 그 후 1930년대까지 여러 학자들의 실험을 통해 원자핵은 양성자와 중성자로 이루어져 있다는 사실이 밝혀졌다.

양성자(proton)는 질량이 $1.672\,622 \times 10^{-24}$ g(전자 질량의 약 1,837배)이고, 전자 전하량과 절댓값은 같고 부호가 반대인 $+1.602\,176 \times 10^{-19}$ C의 전하량을 가지므로 중성 원자의 양성자수와 전자수는 같다. 중성자(neutron)는 질량이 $1.674\,927 \times 10^{-24}$ g(전자 질량의 1,838배)으로, 양성자의 질량과 거의 동일하지만 전하를 띠지 않는다. 원자핵의 중성자수는 양성자수나 전자수와 직접적인 관련이 없다. ●그림 1-5에 원자의 대략적인 크기와 구조를 나타내었고, ●표 1-6에 원자의 구성 입자를 정리하였다.

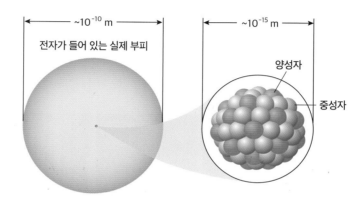

그림 1-5 원자와 원자핵의 크기

표 1-6 원자의 구성 입자

입자	상대적 질량	전하량	전하량
양성자	1,837 (1)	$+1.6 \times 10^{-19}$ C	$+1$
중성자	1,838 (1)	0	0
전자	1 (0)	-1.6×10^{-19} C	-1

1.4 원자 번호와 질량수

원소의 종류는 원자핵에 있는 양성자수에 의해 결정된다. 동일한 원소의 모든 원자는 양성자수가 같고, 이 수를 '원자 번호(atomic number, Z)'라고 정의하며, 이는 중성 원자의 전자수와 동일하다.

원자 번호(Z) = 원자핵의 양성자수 = 중성 원자의 전자수

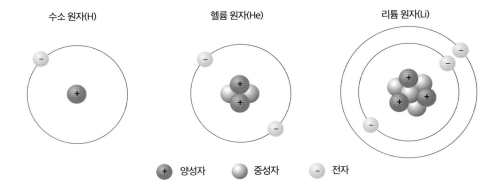

| 수소 원자(H) | 헬륨 원자(He) | 리튬 원자(Li) |

+ 양성자   중성자   − 전자

그림 1-6 수소, 헬륨, 리튬의 원자 구조

수소를 제외한 모든 원자의 핵에는 양성자뿐만 아니라 중성자도 존재하며, 한 원자의 양성자수(Z)와 중성자수(N)를 합한 값을 '질량수(A)'라고 한다.

$$질량수(A) = 양성자수(Z) + 중성자수(N)$$

●그림 1-6에서 볼 수 있듯이 수소 원자는 양성자 1개, 헬륨 원자는 양성자 2개, 리튬 원자는 양성자 3개를 가지므로 이들은 원자 번호가 각기 다른, 즉 완전히 다른 종류의 원소들이다. 원자 번호를 지정하는 양성자수와 다르게 중성자는 없거나(수소), 양성자와 같은 개수(헬륨)거나, 양성자와 다른 개수(리튬)가 원자핵에 들어 있으므로 어떤 원자가 몇 개의 중성자를 가지는지 예측하기는 어렵다.

다음과 같이 원소 기호의 왼쪽 아래에는 원자 번호, 왼쪽 위에는 질량수를 표기한다.

질량수
(양성자수 + 중성자수) ──→ $^A_Z X$ ←── 원소 기호 $^{14}_{7}N$ • 원자 번호 = 7
원자 번호(양성자수) ──→   • 질량수 = 14
                                                    • 질소 원소

예제 1-5

다음 각 화학종에서 양성자, 중성자, 전자의 수를 결정하라.

(a) $^{35}_{17}Cl$ (b) $^{37}_{17}Cl$ (c) ^{41}K (d) 탄소−14

풀이

(a) 원자 번호가 17이므로 양성자수는 17개이다. 질량수는 35이므로 중성자수는 35 − 17 = 18개

(계속)

이다. 전자수는 양성자수와 같으므로 17개이다.

(b) Cl(염소)의 원자 번호는 17이므로 양성자수는 17개이다. 질량수는 37이므로 중성자수는 37 − 17 = 20개이다. 전자수는 양성자수와 같으므로 17개이다.

(c) K(포타슘)의 원자 번호는 19이므로 양성자수는 19개이다. 질량수는 41이므로 중성자수는 41 − 19 = 22개이다. 전자수는 양성자수와 같으므로 19개이다.

(d) 탄소 − 14는 ^{14}C라고 나타낼 수도 있다. C(탄소)의 원자 번호는 6이므로 양성자수는 6개이며, 전자수도 6개이다. 질량수는 14이므로 중성자수는 14 − 6 = 8개이다.

1.5 동위 원소와 원자량

대부분의 수소 원자는 질량수가 1이고, 대부분의 헬륨 원자는 질량수가 4이며, 대부분의 리튬 원자는 질량수가 7이다. 이처럼 '대부분'이라는 단어를 사용하는 이유는 같은 종류의 원자라도 질량수가 다를 수 있기 때문이다. 예를 들어 원자 번호가 6인 탄소는 ●그림 1-7과 같이 질량수가 12, 13, 14인 세 종류의 동위 원소가 알려져 있고, $^{12}_{6}$C, $^{13}_{6}$C, $^{14}_{6}$C와 같이 표기한다.

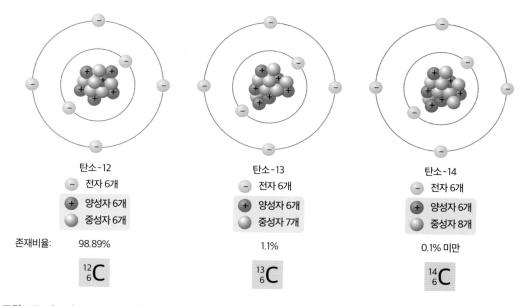

탄소-12
- 전자 6개
+ 양성자 6개
● 중성자 6개

존재비율: 98.89%

$^{12}_{6}$C

탄소-13
- 전자 6개
+ 양성자 6개
● 중성자 7개

1.1%

$^{13}_{6}$C

탄소-14
- 전자 6개
+ 양성자 6개
● 중성자 8개

0.1% 미만

$^{14}_{6}$C

그림 1-7 탄소의 동위 원소 세 종류

양성자와 중성자의 질량에 비해 전자의 질량은 매우 작으므로 원자의 질량은 원자핵의 질량으로 결정된다. 원자 하나의 질량은 너무나 작아서 실제 실험이나 측정에 사용하기는 어려우므로 화학에서는 통합 원자 질량 단위(unified atomic mass unit, u 또는 amu)를 이용한다. 1 u는 질량수 12인 탄소 원자 질량의 1/12로 정의하며, 전자의 질량은 양성자나 중성자의 질량에 비해 매우 작고, 양성자와 중성자의 질량은 거의 비슷하므로 1 u는 양성자나 중성자 1개의 질량과 거의 같다.

$$1\,u = \frac{^{12}_{6}C \text{ 원자 1개의 질량}}{12} = 1.660\,539 \times 10^{-24}\,g$$

따라서 원자 질량은 그 원자의 질량수와 거의 같다고 볼 수 있으나, 대부분의 원소는 동위 원소들이 혼합되어 존재하므로 어떤 원소의 원자량(atomic mass)은 자연에 존재하는 동위 원소들의 비율을 고려하여 계산한 평균값으로 정의한다. 탄소의 경우 질량수 12인 동위 원소가 98.89%, 질량수 13인 동위 원소가 1.1% 존재하므로 두 종류의 동위 원소 존재비를 고려한 평균값인 12.011을 탄소의 원자량으로 정의한다.

$$
\begin{aligned}
C\text{의 원자량} &= (^{12}_{6}C \text{ 질량})(^{12}_{6}C \text{ 존재비}) + (^{13}_{6}C \text{ 질량})(^{13}_{6}C \text{ 존재비}) \\
&= (12 \times 0.9889) + (13.0034 \times 0.0111) \\
&= 11.867 + 0.144 \\
&= 12.011
\end{aligned}
$$

예제 1-6

원자 번호가 47인 은(Ag)은 자연계에 질량수 107인 동위 원소가 51.8%, 질량수가 109인 원소가 48.2% 존재한다. 은의 원자량을 구하라.

풀이

$$
\begin{aligned}
\text{은의 원자량} &= (107 \times 0.518) + (109 \times 0.482) \\
&= 107.96 \fallingdotseq 108
\end{aligned}
$$

만약 미지 원소의 원자량이 24라고 한다면 질량수 12인 탄소의 질량을 12u로 정한 통합 원자 질량 단위를 기준으로 하였을 때 24u, 즉 질량수 12인 탄소 질량의 2배라는 의미를 나타낼 뿐이다. 원자 하나의 질량은 너무나 작아서 통합 원자 질량 단위는 실제 실험을 위한 측정값으로 사용될 수 없으며, 단지 서로 다른 원자들의 상대적인 질량만을 알려준다. 작은 입자들을 세는 화학적 단위인 몰(mole, 단위로 사용할 때는 mol)은 이론적인 정의에 국한되던 원자량을 실제 실험에 사용할 수 있는 값으로 변환시켜 주는 놀라운 단어이다. 원자 질량과 원자수 사이의 관계를 중요하게 생각한 이탈리아 과학자 아보가드로의 이름을 딴 아보가드로 수(N_A), 즉 6.022 141 × 10^{23}개의 원자를 1몰(mol)이라는 단위로 묶어낸 결과, 모든 원소 1몰의 질량은 그 원소의 원자량에 g을 붙인 값과 같다는 사실이 밝혀졌다. 따라서 어떤 원소 1몰(mol)은 g으로 나타낸 질량, 즉 몰질량이 가진 양이며, 이는 원자량과 같은 수치를 갖는다. 예를 들어 탄소를 원자량과 동일하게 12.011 g만큼 꺼내면 그 안에는 정확하게 6.022 141 × 10^{23}개의 탄소 원자가 들어 있으며, 이때 12.011 g은 원자량이자 탄소의 몰질량이 된다. 또한 종류가 다른 원소가 같은 몰수만큼 존재한다면 그 원자수도 동일하다는 의미이다. 이렇게 '몰(mol)'이라는 단위를 이용함으로써 화학자들은 g 단위로 시료를 측정하여 정확한 개수의 입자를 이용한 실험을 할 수 있게 되었다.

예제 1-7

11.87 g의 규소(Si) 시료에 있는 규소의 몰수와 원자수를 구하라. (단, 규소의 원자량은 28.0855이다.)

풀이

몰질량 28.0855 g/mol은 원자량과 수치가 같다. 질량을 몰수로 전환하기 위해서 몰질량을 사용하고, 몰수를 원자수로 전환하기 위해서 아보가드로 수를 사용하면 다음과 같다.

$$(11.87 \text{ g Si})\left(\frac{1 \text{ mol Si}}{28.0855 \text{ g Si}}\right) = 0.4226 \text{ mol Si}$$

$$(0.4226 \text{ mol Si})\left(\frac{6.022 \times 10^{23} \text{개의 Si 원자}}{1 \text{ mol Si}}\right) = 2.545 \times 10^{23} \text{개의 Si 원자}$$

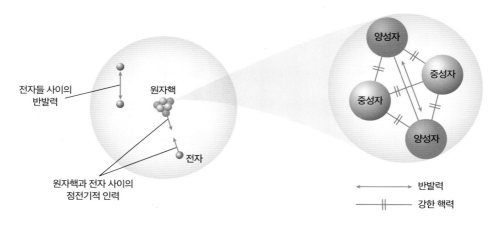

그림 1-8 원자핵을 구성하는 양성자 간 정전기적 반발력과 강한 핵력

　　원자핵을 구성하는 양성자들끼리는 정전기적 반발력이 존재하지만, 핵시멘트 역할을 하는 중성자와 여러 미립자의 작용으로 나타나는 강한 핵력이 원자핵이 쪼개지지 않도록 유지한다. 그러나 원자 번호가 84번 이상인 원소, 즉 양성자수가 84개 이상인 원소는 양성자 간의 반발력이 강한 핵력을 이기게 되어 원자핵이 분열되는 핵분열 반응을 일으키는 동위 원소들을 갖게 된다. 이렇게 원자핵의 양성자수가 많아 원자핵이 불안정하여 입자나 에너지가 큰 전자기선(방사선)을 방출하면서 쪼개지는 현상을 '방사성 붕괴(radioacive decay)'라고 하며, 방사성 붕괴를 통하여 원자 번호가 큰 원자가 원자 번호가 작은 다른 원자로 바뀌는 현상을 '핵분열 반응'이라고 한다.

예제 1-8

핵분열하는 우라늄(U) 원자의 양성자수와 중성자수를 구하라.

풀이

양성자수는 92개, 중성자수는 235 − 92 = 143개이다.

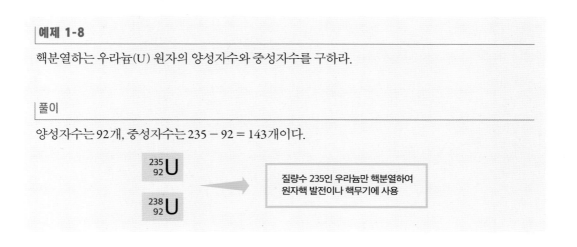

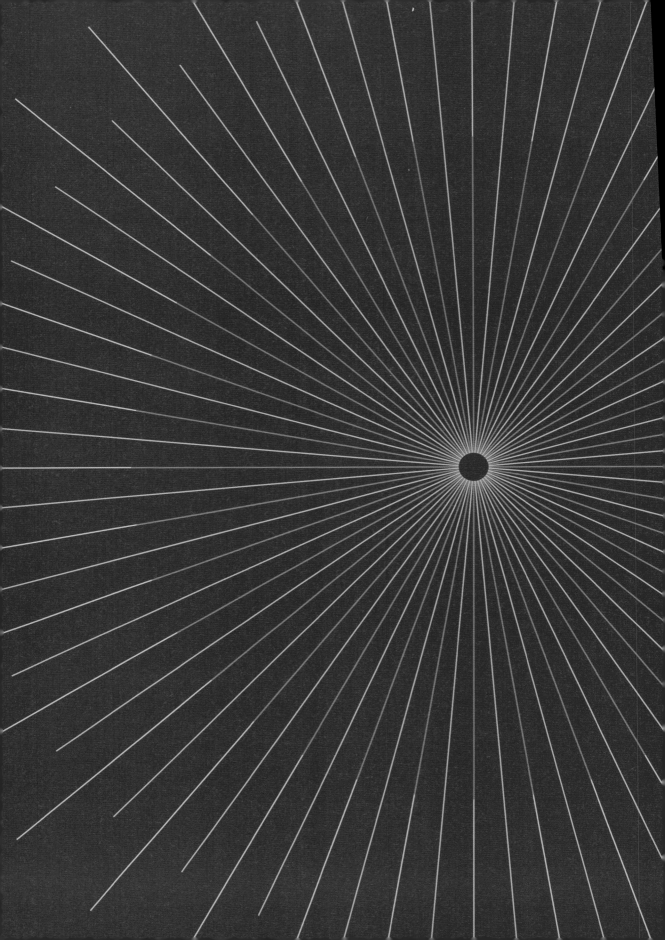

2장

전자 배치와
주기율표

인류의 선사시대는 구석기에서 신석기를 거쳐 청동기, 철기의 순서로 요약할 수 있다. 현재 알려진 원소 118종 중에서 산소(O), 규소(Si), 알루미늄(Al), 철(Fe), 칼슘(Ca), 소듐(나트륨, Na), 포타슘(칼륨, K), 마그네슘(Mg) 이렇게 8종류가 지각의 99%를 차지하지만(●그림 2-1), 인류는 도구를 만드는 금속으로 지각에 적게 존재하는 구리를 제일 먼저 사용했으며, 지배층의 장신구는 대부분 금으로 만들었다는 사실은 앞뒤가 맞지 않는다. 인류가 초기부터 사용한 원소는 안티모니(클레오파트라의 까만 눈화장, Sb)에서 탄소(C), 구리(Cu), 금(Au), 철(Fe), 납(Pb), 수은(진시황제가 불로의 영약이라 믿었던 것, Hg), 은(Ag), 황(S), 주석(Sn)까지 10종류이다. 이 원소들의 특징은 고체이며(수은만 액체), 비교적 반응성이 적어 원소 상태로 존재하거나 초기 인류가 사용했던 모닥불 정도로도 가공이 쉽다는 것이다. 지각에 제일 많이 존재하는 알루미늄 금속은 워낙 반응성이 커서 화합물(주로 산화알루미늄, Al_2O_3) 상태로 발견되고, 산소와 알루미늄 사이 결합을 끊기 위해 높은 에너지가 필요하므로 인류의 과학 기술이 발달하여 전기 분해가 가능해진 이후에 사용할 수 있었다. 그렇다면 원소마다 반응성이 다른 이유는 무엇일까? 이 장에서는 원소들이 각기 다른 반응성을 갖고 화학적으로 결합하는 방식이 달라지는 이유인 전자 배치에 대해 알아볼 것이다.

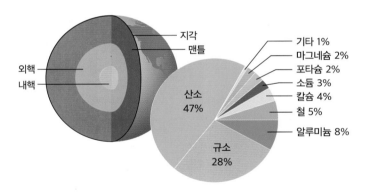

그림 2-1 지각을 구성하는 원소들

2.1 오비탈과 전자 배치

1) 오비탈

모닥불에 넣으면 다양한 색을 나타내는 오로라(불명) 가루는 사실 여러 종류의 금속 가루 혼합물이다. 1900년대 초 과학자들은 금속 원소를 불꽃에 넣으면 원소의 종류에 따라 다른 불꽃색을 띤다는 것을 발견하였고, 이런 현상을 1913년에 보어(Bohr)가 원자핵 주위를 도는 전자들이 특정한 양의 에너지를 갖는 전자껍질을 마치 태양 주위를 도는 행성들처럼 궤도 운동하고 있다는 전자껍질 모형으로 설명하였다.

각 원소가 갖는 전자껍질의 에너지가 다르기 때문에 원소마다 특정한 색의 불꽃이 나타난다고 설명한 보어의 이론은 원소의 선 스펙트럼을 이론적으로 뒷받침하였으나(●그림 2-3), 원으로 묘사된 전자껍질에서 궤도 운동하는 전자들의 에너지가 일정하다는 전제(이는 물리 법칙으로 불가능하다)가 필요하다는 약점이 있었고, 1927년에 운동하는 입자의 운동 속도와 위치를 동시에 정확하게 측정할 수 없다는 하이젠베르크의 불확정성 원리가 발표되면서 한계가 드러났다.

깨끗한 금속 표면에 특정한 진동수 이상의 빛을 쬐면 전자가 방출된다는 광전 효과를 빛이 특정한 양의 에너지를 가진 입자(광자, photon)로 이루어져 있다고 설명한 아인슈타인의 이론과 플랑크의 가설이 발표되면서 빛은 파동성과 입자성을 모두 가진다는 빛의 이중성이 밝혀졌고, 드 브로이의 사고 실험을 통해 물질도 파동성과 입자성을 모두 가진다는 것이 밝혀졌다.

- 원자핵: 매우 작은 핵에 대부분의 질량을 가진다.
- 전자: 핵 주위를 돌면서 대부분의 부피를 차지한다. (원자 질량에는 거의 기여하지 않는다.)

그림 2-2 보어의 전자껍질 모형

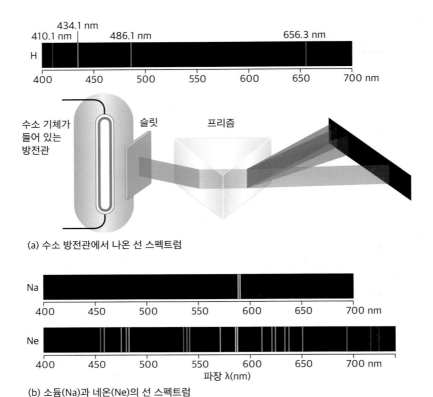

(a) 수소 방전관에서 나온 선 스펙트럼

(b) 소듐(Na)과 네온(Ne)의 선 스펙트럼

그림 2-3 원자의 선 스펙트럼

따라서 현대적 원자 모형에서는 입자인 전자의 움직임을 슈뢰딩거의 파동 방정식을 이용하여 수학적인 양자 역학으로 풀어낸 해를 '오비탈(orbital)'이라 하고, 이는 주어진 공간의 부피 내에서 전자가 발견될 확률이라고 생각하면 된다. 각 오비탈은 파동 방정식의 해인 숫자 3개(n, l, m_l)로 나타내는데, 그 숫자는 n(주양자수, $n = 1, 2, 3 \cdots$, 오비탈의 에너지 결정), l(각운동량 양자수, $l = 0 \cdots n-1$, 오비탈의 모양 결정), m_l(자기 양자수, $m_l = -1 \cdots 0 \cdots +1$, 오비탈의 방향 결정)이다. 즉, 보어 원자 모형의 전자껍질(궤도, orbit)은 그 전자의 특정 위치를 지정하지만, 그 위치는 양자역학적으로 부정확하며, 현대적 원자 모형의 오비탈은 원자핵 주위에서 전자가 발견될 확률이 가장 높은 공간의 크기와 모양, 그리고 방향을 숫자 3개로 지정하는 함수이다.

(1) s 오비탈

모든 전자껍질에 나타나며, 각운동량 양자수(l)가 0이고, 따라서 자기 양자수(m_l)도 0인, 방향이 없는 구형 모양이다. 오비탈은 주로 전자가 발견될 확률이 90%인 경계면 그림으로 나타내며(●그림 2-4), 두 번째 껍질의 s 오비탈부터는 내부 껍질의 s 오비탈과 전자 파동이 공간적으로 겹쳐져서 보강 간섭하는 부분과 상쇄 간섭하는 부분이 나타나게 되고, 상쇄 간섭하는 부분은 전자가 발견될 확률이 0이 되는 마디가 된다(●그림 2-5).

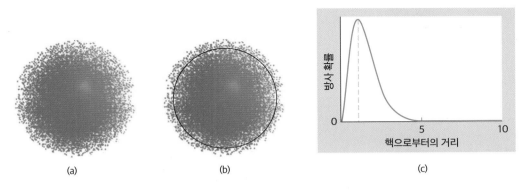

(a)   (b)   (c)

그림 2-4 수소 원자의 1s 오비탈 전자 분포

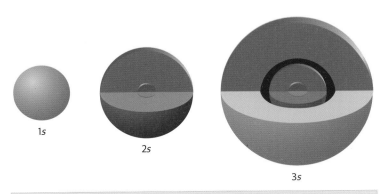

1s

2s

3s

수소의 1s, 2s, 3s 오비탈의 경계 표면. 각 구는 전체 전자 밀도의 90%를 포함한다.
모든 s 오비탈은 구형이며, 대략 한 오비탈의 크기는 n^2에 비례하는데, 여기서 n은 주양자수이다.

그림 2-5 1s, 2s, 3s 오비탈의 경계 표면

(2) p 오비탈

두 번째 전자껍질부터 나타나며, l이 1이고, 모양은 아령형이며, m_l이 $-1, 0, +1$이라서 3개의 방향(x축, y축, z축)을 갖고, 3개의 오비탈은 에너지의 크기는 같지만 방향만 다를 뿐이다. 각 아령의 중간에는 전자가 발견될 확률이 0인 마디가 존재한다.

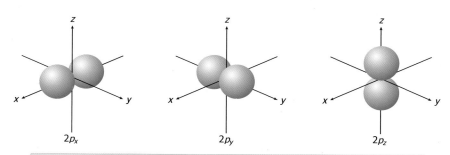

3개의 2p 오비탈의 경계면 도식. 방향이 다른 것을 제외하고는 이 오비탈은 형태와 에너지가 모두 같다. 주양자수가 더 큰 p 오비탈도 비슷한 형태이다.

그림 2-6 3개의 2p 오비탈

p 오비탈은 하나의 마디 평면을 갖는다.

그림 2-7 p 오비탈의 마디

(3) d 오비탈

세 번째 전자껍질부터 나타나며, l이 2이고, m_l이 -2, -1, 0, $+1$, $+2$라서 네잎클로버 모양 4개와 아령에 도넛이 끼워진 모양 1개로 구성되어 5개의 방향을 나타내며, p 오비탈과 마찬가지로 5개의 오비탈은 에너지가 동일하다.

파동 방정식의 해 중에서 3개(n, l, m_l)는 오비탈을 지정하지만, 나머지 1개는 오비탈에 들어 있는 전자의 회전 방향(스핀)을 나타내며, 모든 전자는 $+1/2$과 $-1/2$ 두 가지 스핀 양자수만 갖는다. 따라서 하나의 오비탈에는 스핀 방향이 다른 2개의 전자만이 들어갈 수 있으며, 이를 '파울리의 배타원리'라고 한다.

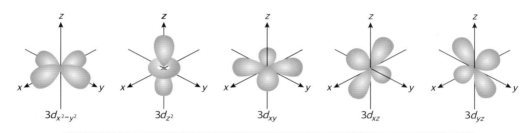

$3d_{x^2-y^2}$ $3d_{z^2}$ $3d_{xy}$ $3d_{xz}$ $3d_{yz}$

5개의 3d 오비탈의 경계면 도식. $3d_{z^2}$ 오비탈이 다른 모양으로 보이지만, 다른 모든 면에서 이들은 동등하다. 주양자수가 더 큰 d 오비탈도 비슷한 형태이다.

그림 2-8 5개의 3d 오비탈

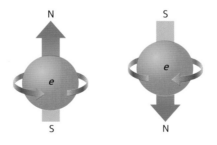

그림 2-9 전자 스핀

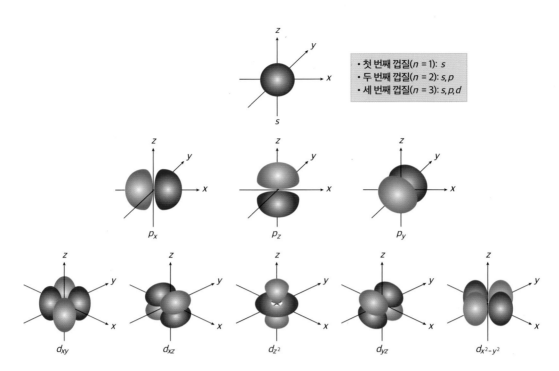

- 첫 번째 껍질($n = 1$): s
- 두 번째 껍질($n = 2$): s, p
- 세 번째 껍질($n = 3$): s, p, d

그림 2-10 오비탈의 모양 정리

예제 2-1

$4d$ 오비탈의 n, l, m_l 값을 모두 구하라.

풀이

$4d$ 오비탈이면 $n = 4$, $l = 2$이므로 m_l은 $-2, -1, 0, +1, +2$이다.

따라서 n, l, m_l 값은 다음과 같다.

$(4, 2, -2), (4, 2, -1), (4, 2, 0), (4, 2, +1), (4, 2, +2)$

예제 2-2

$3p$ 오비탈에 있는 전자들의 4개의 양자수를 모두 구하라.

(계속)

풀이

$3p$ 오비탈이면 $n = 3$, $l = 1$이다.

m_l은 $-1, 0, +1$이고, 스핀 양자수는 $+1/2$과 $-1/2$이므로 답은 다음과 같다.

$(3, 1, -1, +1/2), (3, 1, -1, -1/2), (3, 1, 0, +1/2), (3, 1, 0, -1/2), (3, 1, +1, +1/2), (3, 1, +1, -1/2)$

수소 원자는 전자가 딱 1개이므로 같은 주양자수를 갖지만, 각운동량 양자수가 다른 오비탈(예: $2s$와 $2p$, $3s$와 $3p$와 $3d$)의 에너지가 동일하므로 수소 원자의 에너지 준위는 $1s < 2s = 2p < 3s = 3p = 3d < \cdots$이다. 하지만 다전자 원자의 오비탈 에너지 준위는 $1s < 2s < 2p < 3s < 3p < 4s < 3d < 4p < 5s < \cdots$이다.

이때 중요한 사실은 3번째 껍질의 d 오비탈은 3번째 껍질에서 처음 등장하는 모양의 오비탈이지만, 4번째 껍질의 s 오비탈은 안쪽 껍질의 s 오비탈들과 똑같이 구형이고 $1s$, $2s$, $3s$ 오비탈과 전자 파동이 겹쳐서 안정해지는 구간이 원자핵 주위에 생성되므로 $4s$ 오비탈에 전자가 먼저 채워지고 난 후 $3d$ 오비탈에 전자가 채워진다는 것이다. 이 때문에 3번째 껍질에는 최대 18개의 전자가 채워지지만, 제일 마지막 d 오비탈에 전자가 들어갈 때는 이미 $4s$ 오비탈에 전자가 채워진 이후라서 제일 바깥 껍질은 4번째 껍질이 되므로 제일 바깥 껍질의 전자는 8개를 넘지 못한다.

2) 전자 배치(electron configuration)

전자가 1개인 수소를 제외한 다전자 원자의 바닥 상태 전자 배치(가장 안정한 전자 배치)를 하기 위해서는 '쌓음 원리(Aufbau principle)'라고 하는 전자가 채워지는 규칙을 따라야 한다.

쌓음 원리

① 에너지가 낮은 오비탈부터 전자를 채운다.

② 하나의 오비탈에는 반대 스핀을 갖는 전자 2개까지만 채워진다(파울리의 배타원리).

③ 에너지가 동일한 오비탈(예: $2P_x$, $2P_y$, $2P_z$)에 전자가 채워질 때는 스핀 방향이 같은 전자들이 1개씩 다 채워지고 난 후, 각 오비탈에 두 번째 전자를 채운다(훈트의 규칙).

3주기 이후 원소들은 바로 앞 주기의 비활성 기체의 전자 배치를 이용하여 제일 마지막 껍질의 전자 배치를 주로 나타내는 축약 전자 배치를 주로 사용한다.

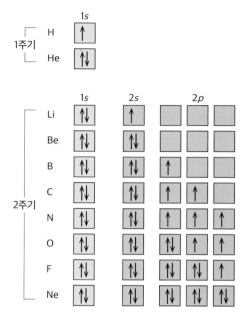

그림 2-11 1~2주기 원소들의 오비탈 채움 도표

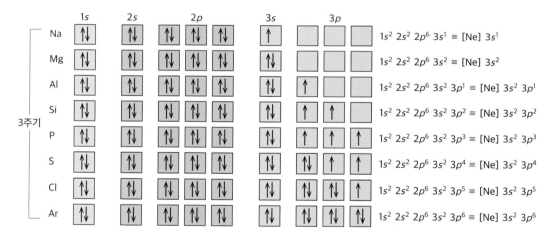

그림 2-12 3주기 원소들의 오비탈 채움 도표와 축약 전자 배치

원소들의 전자 배치를 통해 특정 원소의 자기성 여부를 알 수 있다. 바닥 상태 전자 배치에서 짝을 짓지 못한 홀전자가 있는 원소들은 자석에 의해 당겨지는 상자기성(paramagnetic)을 가지며, 모든 전자가 짝을 이룬 원소들은 자석에 의해 살짝 밀려나는 반자기성(diamagnetic)을 가진다.

3) 변칙적인 전자 배치(Cr과 Cu)

원자 번호 21번 스칸듐(Sc)부터 29번 구리(Cu)까지의 원소들은 원자 자체나 양이온이 일부만 채워진 d 오비탈을 갖는 전이 금속이다. 이런 전이 금속 원소들의 전자 배치에서 크로뮴(Cr)과 구리(Cu)는 특별하게 규칙과 다른 전자 배치를 나타내므로 반드시 알아야 한다. 크로뮴(Z = 24)의 전자 배치는 [Ar] $4s^2\,3d^4$, 구리(Cu)의 전자 배치는 [Ar] $4s^2\,3d^9$일 것으로 예상되나, 실제로는 [Ar] $4s^1\,3d^5$과 [Ar] $4s^1\,3d^{10}$이다. 이러한 현상은 에너지 준위가 같은 오비탈들은 전자가 동일하게 1개씩 채워지거나 2개씩 채워져서 각 오비탈들의 전자 배치가 똑같을 때 비정상적으로 안정하기 때문에 나타난다.

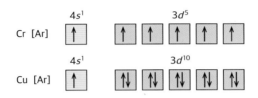

예제 2-3

원자 번호(Z)가 33인 비소(As)의 바닥 상태 전자 배치를 완성하고, 오비탈 채움 도표를 그려라.

풀이

비소(As)의 바닥 상태 전자 배치는 다음과 같다.

$$\text{As: } 1s^2\,2s^2\,2p^6\,3s^2\,3p^6\,4s^2\,3d^{10}\,4p^3 \quad \text{또는} \quad [\text{Ar}]\,4s^2\,3d^{10}\,4p^3$$

비소(As)의 오비탈 채움 도표는 다음과 같다.

2.2 주기율표와 옥텟(팔전자) 규칙

●그림 2-13의 주기율표에서 7개의 수평 줄인 주기(period)는 전자껍질을 나타내고, 18개의 수직 열인 족(group)은 최외각전자수(가장 바깥 껍질의 전자수)를 의미한다. 1~2족과 13~18족(국제 표준 표기, 미국에서는 3A~8A로 표기함)을 주족(main group) 원소라 부르며, 같은 족 원소들은 화학적 성질을 결정하는 최외각전자수가 동일하므로 비슷한 성질을 갖는다. 그러나 중앙에 위치한 10개의 전이 금속족은 최외각전자뿐 아니라 내부 껍질에 존재하는 d 오비탈의 전자들도 화학 반응에 참여하므로 같은 족의 원소일지라도 화학적 성질이 다르다. 금속 중에서는 수은(Hg), 비금속 중에서는 브로민(Br)이 상온에서 유일하게 액체 상태이다.

금속은 주기율표의 왼편에 위치하며, 대략 전체 원소의 3/4을 차지한다. 수은을 제외한 나머지 금속은 상온에서 고체 상태이고, 자유 전자의 움직임에 의해 은빛 광택을 나타내며, 열과 전기의 좋은 도체이고, 부서지지 않으며, 길게 뽑거나(연성) 얇게 펼 수 있고(전성), 자유 전자와 금속 양이온들이 정전기적 힘으로 서로 당기는 금속 결합으로 3차원 구조를 형성하므로 원소 기호를 그대로 쓰는 실험식으로 표기한다.

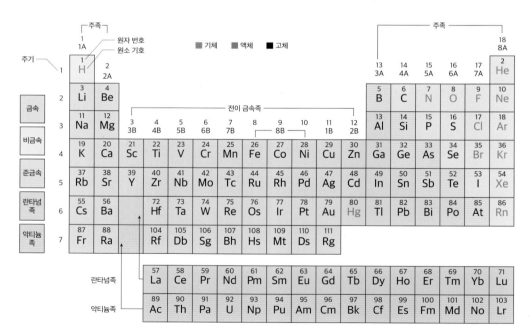

그림 2-13 주기율표

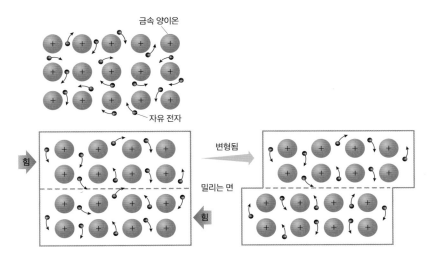

그림 2-14 금속 결합 모형과 금속의 연성과 전성

비금속은 수소를 제외하고는 모두 주기율표의 오른편에 위치한 17종의 원소로, 상온에서 고체인 5종(탄소, 인, 황, 셀레늄, 아이오딘)과 액체인 브로민을 제외한 나머지는 기체 상태이다. 은빛 광택은 전혀 없으며, 부서지기 쉬워 가공이 어렵고, 열과 전기의 전도성이 매우 작다(흑연은 예외). 다원자 분자로 존재하는 물질은 분자식(예: H_2, O_3, N_2, S_8)을 사용하여 나타내지만, 동소체가 존재하는 탄소는 원소 기호를 사용하여 C(흑연), C(다이아몬드)와 같이 표기한다.

금속과 비금속의 경계선 부근에 있는 7종의 원소인 붕소(B), 규소(Si), 저마늄(Ge), 비소(As), 안티모니(Sb), 텔루륨(Te), 아스타틴(At)은 실온에서 고체이지만, 부서지기 쉬워 가공이 어려우며, 열과 전기 전도성을 금속과 비금속의 중간 정도인 준금속(metalloid)으로 분류하며, 3차원 입체 구조를 가지므로 금속처럼 원소 기호를 실험식으로 쓴다.

주기율표의 같은 족 원소들이 비슷한 화학적 성질을 나타내는 주기성의 원인은 원소들의 최외각전자 배치가 동일하기 때문이다. 여기서 최외각전자(outer shell electron)와 원자가전자(valence electron)의 차이를 확실히 알아보자. '최외각전자'는 말 그대로 원소의 가장 바깥 전자껍질에 있는 전자이다. '원자가전자'는 최외각전자 중에서 실제 화학 반응에 참여하는 전자를 의미하며, 주족 원소라면 같은 족의 모든 원소들은 원자가전자의 개수와 배치 형태가 같아서 화학적 성질이 매우 유사하다. 주족 원소들은 대부분 최외각전자와 원자가전자가 동일하지만, 오직 18족 원소만 최외각전자는 8개(He만 2개), 원자가전자는 0개로 다르게 나타나고, 이는 화학적으로 매우 중요한 의미를 갖는다.

18족 원소들은 안정하여 다른 원소들과 화학 반응을 거의 하지 않아서 '비활성 기체'라고 한다. 비활성 기체가 반응성이 없는 이유는 최외각전자가 8개(He는 2개), 즉 원자가전자가 0개이기 때문이고, 다른 원소들도 원자가전자를 잃거나 얻어서 최외각전자를 8개로 만들어서 안정한 상태에 도달하려는 경향성을 갖는데, 이를 '옥텟 규칙(팔전자 규칙, octet rule)'이라고 한다.

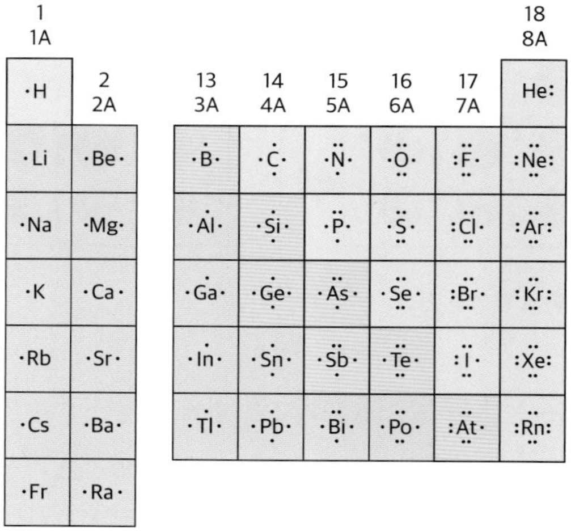

그림 2-15 주족 원소의 최외각전자

2.3 양이온과 음이온

'이온(ion)'은 원자가 1개 이상의 전자를 잃거나 얻을 때 생성되는 전하를 가진 입자이다. 주기율표의 1족 원소들은 원자가전자가 1개이므로 최외각전자를 8개로 맞추기 위하여 7개의 전자를 얻는 것보다 1개의 원자가전자를 잃고 +1의 전하량을 띠는 양이온(cation)이 되고, 물에 녹아 염기성을 나타내므로 '알칼리 금속'이라고 한다. 2족 원소들도 2개의 원자가전자를 잃고 전하량 +2를 갖는 양이온이 되며, 지각에 많이 존재하므로 '알칼리 토(earth)금속'이라고 한다. 대부분의 금속은 이처럼 전자를 잃고 양이온이 되는 특성이 있다.

반면 원자가전자가 6개인 16족 원소들은 전자를 버리기보다는 주변의 원소들로부터 전자 2개를 얻어서 −2의 전하량을 갖는 음이온(anion)이 되고, 17족 원소들도 마찬가지로 1개의 전자를 얻어서 최외각전자껍질을 8개로 채움으로써 전하량 −1의 음이온을 생성하며, '할로젠'이라는 이름으로 불린다. 주로 비금속 원자들이 이처럼 전자를 얻어 음이온이 되는 특성이 있다.

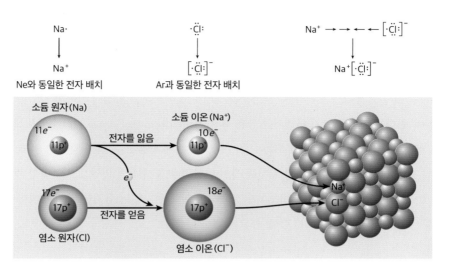

그림 2-16 소듐 이온과 염화 이온의 이온 결합

				H$^+$/H$^-$					
Li$^+$	Be^{2+}					N^{3-}	O^{2-}	F$^-$	
Na$^+$	Mg^{2+}		Al^{3+}			P^{3-}	S^{2-}	Cl$^-$	
K$^+$	Ca^{2+}						Se^{2-}	Br$^-$	
Rb$^+$	Sr^{2+}							I$^-$	
Cs$^+$	Ba^{2+}								

그림 2-17 주족 원소의 이온

반면 전이 금속이 전자를 잃고 양이온이 될 때는 주의할 점이 있다. 전이 금속이 바닥 상태 전자 배치를 할 때 $3d$ 오비탈보다 $4s$ 오비탈에 전자가 먼저 채워지지만, 일단 전자가 채워진 전이 금속이 전자를 잃고 양이온이 될 때도 핵의 인력과 내부 전자에 의한 불완전한 가림 때문에 제일 바깥 껍질인 $4s$ 오비탈의 전자부터 잃는다. (전자는 들어갈 때도 $3d$보다 $4s$ 먼저, 나올 때도 $3d$보다 $4s$ 먼저이다.)

$$\text{Fe:} \quad [\text{Ar}]\ 4s^2\ 3d^6 \qquad\qquad \text{Mn:} \quad [\text{Ar}]\ 4s^2\ 3d^5$$

$$\text{Fe}^{2+}: \quad [\text{Ar}]\ 4s^0\ 3d^6 \text{ or } [\text{Ar}]\ 3d^6 \qquad \text{Mn}^{2+}: \quad [\text{Ar}]\ 4s^0\ 3d^5 \text{ or } [\text{Ar}]\ 3d^5$$

$$\text{Fe}^{3+}: \quad [\text{Ar}]\ 4s^0\ 3d^5 \text{ or } [\text{Ar}]\ 3d^5$$

2.4 원소의 주기적 성질

원자 반지름은 원소의 주기성을 뚜렷하게 보여준다. 전자가 존재할 확률이 90%인 공간까지를 경계면으로 정한 오비탈 모형을 생각해 보면 원자 반지름을 측정하고 비교하는 과정이 의아할 것이다. 화학에서 원자 반지름을 정하는 기준을 알기 위해서는 유효 핵전하(effective nuclear charge, Z_{eff})를 이해해야 한다.

유효 핵전하란 원자 내 전자들을 원자핵이 끌어당길 때 실제 작용하는 '알짜 양전하'의 크기이다. 다전자 원자의 전자들은 원자핵의 인력과 전자들 사이 반발력을 동시에 받고 있으므로 바깥 껍질 전자는 내부 전자에 의해 '가림 효과(shielding effect)'가 작용하여 실제 원자핵이 당기는 인력이 작아진다. 원자핵이 실제로 바깥 껍질 전자를 당기는 힘을 '유효 핵전하'라 한다.

$$\text{유효 핵전하 } Z_{eff} = Z_{실제} - \text{전자가림}$$

원자 반지름은 원소의 종류에 따라 두 가지 방법으로 측정한다. 먼저, 금속이나 비활성 기체 원소는 동일한 두 개의 원자가 최대한 인접한 상태에서 원자핵 사이의 거리를 측정하여 반으로 나눈 값을 원자 반지름으로 정한다(금속 반지름). 하지만 비금속 원소는 동일한 두 원자가 공유 결합을 하여 분자를 형성할 때 원자핵 사이의 거리(결합 길이)의 절반을 원자 반지름으로 정한다(공유 반지름).

같은 주기에서 오른쪽으로 갈수록 전자껍질수는 동일한데, 원자핵의 양성자가 늘어나서 유효 핵전하가 증가하므로 원자 반지름은 작아진다. 같은 족에서는 아래쪽으로 갈수록 전자껍질수가 늘어나서 원자 반지름은 커진다.

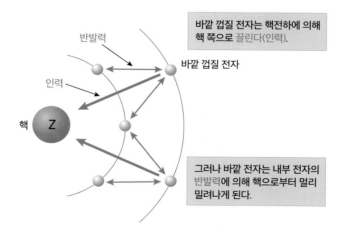

그림 2-18 유효 핵전하

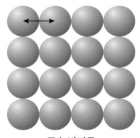

금속 반지름	**공유 반지름**
: 가장 가까운 원자핵 사이 거리의 1/2	: 공유 결합한 원자핵 사이 거리의 1/2

그림 2-19 원자 반지름의 두 종류

유효 핵전하 증가 →

반지름 증가 ↓

반지름 감소 →

반지름 증가

껍질수 증가

H 37																	He
Li 152	Be 112											B 83	C 77	N 75	O 73	F 72	Ne
Na 186	Mg 160											Al 143	Si 117	P 110	S 104	Cl 99	Ar
K 227	Ca 197	Sc 162	Ti 147	V 134	Cr 128	Mn 127	Fe 126	Co 125	Ni 124	Cu 128	Zn 134	Ga 135	Ge 122	As 120	Se 116	Br 114	Kr
Rb 248	Sr 215	Y 180	Zr 160	Nb 146	Mo 139	Tc 136	Ru 134	Rh 134	Pd 137	Ag 144	Cd 151	In 167	Sn 140	Sb 140	Te 143	I 133	Xe
Cs 265	Ba 222	Lu 173	Hf 159	Ta 146	W 139	Re 137	Os 135	Ir 136	Pt 138	Au 144	Hg 151	Tl 170	Pb 175	Bi 150	Po 167	At	Rn

피코미터(pm) 단위로 나타낸 원소들의 원자 반지름

그림 2-20 원자 반지름

예제 2-4

주기율표를 사용하여 황(S), 염소(Cl), 플루오린(F)을 원자 반지름이 증가하는 순서대로 나열하라.

풀이

황과 염소는 같은 주기이므로 오른쪽인 염소가 더 작고, 플루오린과 염소는 같은 족이므로 위쪽에 있는 플루오린이 더 작다. 따라서 원자 반지름이 증가하는 순서는 F < Cl < S이다.

금속 원자가 최외각전자를 잃고 양이온이 되면 전자껍질 하나가 없어지므로 언제나 양이온의 반지름은 원자보다 작다. 비금속 원자가 음이온이 되면 핵전하와 전자껍질수는 변화가 없지만 옥텟을 맞추기 위해 최외각에 첨가된 전자로 인한 반발력 때문에 원자보다 음이온의 반지름이 항상 커진다.

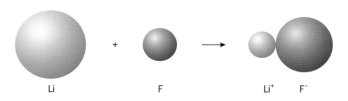

그림 2-21 양이온과 음이온의 크기

2.5 이온화 에너지와 전자 친화도

'이온화 에너지(ionization energy, IE)'는 기체 상태의 중성 원자 1몰로부터 전자 1몰을 제거하는 데 필요한 에너지로 정의하며, 전자를 제거하기 위해 반드시 에너지를 흡수해야 하므로 항상 양수 값이고, 단위는 kJ/mol을 사용한다. 이온화 에너지의 크기는 전자가 원자에 얼마나 단단하게 잡혀 있는지를 나타내는 척도이며, 일반적으로 원자 반지름과 반비례 관계를 보인다. 즉, 같은 족에서 아래쪽으로 갈수록 원자 반지름이 커져서 전자를 떼어내기 쉬우므로 이온화 에너지는 작아지고, 같은 주기에서 오른쪽으로 갈수록 원자 반지름이 작아지므로 원자핵과 전자 사이 인력이 강해져서 이온화 에너지는 대체로 증가하지만 2족과 13족 사이, 15족과 16족 사이에 예외가 나타난다.

이 예외는 오비탈의 전자 배치에 기인하며, 베릴륨의 꽉 찬 $2s$ 오비탈의 전자를 떼어내는 것보다 붕소의 하나뿐인 $2p$ 전자를 떼어내는 것이 쉽고, 전자가 동일하게 하나씩 채워져서 비정상적으로 안정한 질소의 $2p$ 오비탈의 전자를 떼어내는 것보다 산소의 $2p$ 오비탈 전자 하나를 떼어내는 편이 더 쉽다.

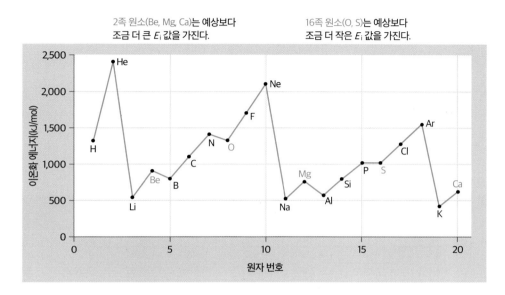

그림 2-22 1~20번 원소의 이온화 에너지

예제 2-5

O, F, S 원소를 이온화 에너지가 증가하는 순서대로 나열하라.

풀이

같은 족인 O와 S는 크기가 더 큰 S의 이온화 에너지가 작고, 같은 주기인 O와 F는 오른쪽에 있는 F의 이온화 에너지가 더 크다. 따라서 이온화 에너지가 증가하는 순서는 S < O < F이다.

한 원자의 전자를 하나씩 차례로 떼어낼 때 필요한 에너지를 '고차 이온화 에너지'라고 한다. 원자에서 전자가 하나 제거되면 남아 있는 전자 간 반발력은 작아지고 핵전하는 그대로 유지되므로 유효 핵전하가 커지게 되어 그다음 전자를 떼어내기가 어려워진다. 따라서 1차 이온화 에너지 < 2차 이온화 에너지 < 3차 이온화 에너지 … 순으로 전자를 차례로 떼어낼 때 고차 이온화 에너지는 항상 증가한다.

$$IE_1 + X(g) \longrightarrow X^+(g) + e^- \qquad IE_1 \quad \text{1차 이온화 에너지}$$

$$IE_2 + X^+(g) \longrightarrow X^{2+}(g) + e^- \qquad IE_2 \quad \text{2차 이온화 에너지}$$

$$IE_3 + X^{2+}(g) \longrightarrow X^{3+}(g) + e^- \qquad IE_3 \quad \text{3차 이온화 에너지}$$

어떤 원소의 고차 이온화 에너지 증가 경향을 보면 그 원소의 최외각전자수를 예측할 수 있다. 예를 들어 소듐 원자의 1차와 2차 이온화 에너지는 496 kJ/mol과 4,562 kJ/mol로 약 9배 정도 커지지만, 마그네슘 원자의 1차와 2차 이온화 에너지는 738 kJ/mol과 1,451 kJ/mol로 2배 정도의 차이만 보이고, 3차 이온화 에너지가 7,733 kJ/mol로 약 5배 이상 차이가 난다. 이러한 고차 이온화 에너지 증가의 불규칙성은 안정한 내부 껍질의 전자를 떼어낼 때 매우 큰 에너지가 필요하기 때문이며, 소듐의 최외각전자가 1개, 마그네슘의 최외각전자가 2개라는 사실을 설명할 수 있다.

표 2-1 3주기 주족 원소들의 고차 이온화 에너지(kJ/mol)

족	1	2	13	14	15	16	17	18
E_i 번호	Na	Mg	Al	Si	P	S	Cl	Ar
E_{i1}	496	738	578	787	1,012	1,000	1,251	1,520
E_{i2}	4,562	1,451	1,817	1,577	1,903	2,251	2,297	2,665
E_{i3}	6,912	7,733	2,745	3,231	2,912	3,361	3,822	3,931
E_{i4}	9,543	10,540	11,575	4,356	4,956	4,564	5,158	5,770
E_{i5}	13,353	13,630	14,830	16,091	6,273	7,013	6,540	7,238
E_{i6}	16,610	17,995	18,376	19,784	22,233	8,495	9,458	8,781
E_{i7}	20,114	21,703	23,293	23,783	25,397	27,106	11,020	11,995

* 빨간색 선은 이온화 에너지가 크게 변하는 곳을 나타냄

예제 2-6

Si와 P의 5차 이온화 에너지 중 더 큰 것은 무엇인가?

풀이

Si는 [Ne] $3s^2\,3p^2$, P는 [Ne] $3s^2\,3p^3$이므로 최외각에 전자가 4개인 Si의 5차 이온화 에너지는 내부 껍질의 전자를 떼어낼 때 필요한 에너지이므로 최외각의 마지막 전자를 떼어내는 P의 5차 이온화 에너지보다 훨씬 크다.

이온화 에너지처럼 고체 상태 이온 결합 물질을 끊어서 기체 상태 이온으로 만들 때 필요한 에너지인 격자 에너지(lattice energy, U)와 기체 상태 분자의 결합을 끊어서 원자로 만들 때 필요한 에너지인 결합 에너지(bonding energy, BE)도 항상 에너지를 흡수해야 하므로 언제나 양수 값임을 명심하자.

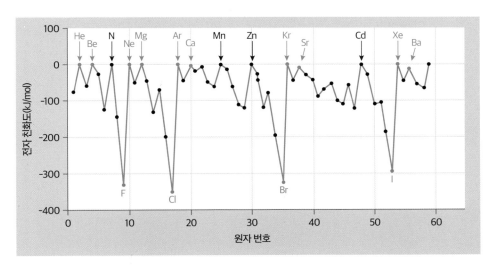

그림 2-23 1~57번 원소의 전자 친화도

'전자 친화도(electron affinity, E_{ea})'는 기체 상태의 중성 원자에 전자 1개를 첨가할 때 일어나는 에너지 변화로 정의한다. 보통 전자를 잘 잃는다고 알려진 1족 원소(알칼리 금속)도 최외각전자 배치가 ns^1이므로 전자 1개를 첨가하면 s 오비탈이 채워져서 안정해지므로 전자 친화도는 음(발열 반응)의 값을 갖는다(전자 친화도는 책에 따라 부호를 반대로 사용하는 경우도 있음을 주의하라). 따라서 전자 친화도 값이 더 음수가 될수록 그 원자는 전자를 받아 음이온이 되는 경향이 강하다. 하지만 18족 원소(비활성 기체), 2족 원소(알칼리 토금속, 전자 배치가 ns^2), 그리고 $2p$ 오비탈에 전자가 하나씩 채워져 비정상적으로 안정한 전자 배치를 갖는 질소 원자만 전자 친화도가 음의 값이 아니며, 전자를 1개 첨가할 때 불안정해진다.

3장
화합물과
화학 결합

3.1 물질의 분류

화학적으로 '물질(matter)'이란 질량을 갖고 부피를 차지하는 존재이다. 물질은 한 가지 종류로만 이루어진 순물질(pure substance)과 두 가지 이상의 물질이 화학적 변화 없이 임의로 섞여 있는 물질인 혼합물(mixture)로 나눌 수 있다. 혼합물은 분별증류, 여과, 크로마토그래피와 같은 물리적인 방법을 통해 순물질로 분리된다. 순물질은 화학적 방법으로 더 간단한 순물질로 분리할 수 없는, 즉 한 종류의 원소로만 이루어진 물질인 원소(element, H_2, O_2, Fe, Na 등)와 두 종류 이상의 원소가 화학적으로 결합하여 생성된 새로운 물질인 화합물(compound, H_2O, CO_2, NaCl, CaO 등)로 나눌 수 있다. 혼합물은 섞여 있는 두 종류 이상의 순물질 사이에 가시적인 구분 없이 균일하게 보이며 조성이 일정한 균일 혼합물(설탕물, 공기 등)과 섞여 있는 부분에 따라 조성이 다른 불균일 혼합물(흙탕물, 암석, 우유 등)로 나뉘며, 철가루와 시리얼이 섞여 있는 철분 강화 시리얼 또한 불균일 혼합물이다.

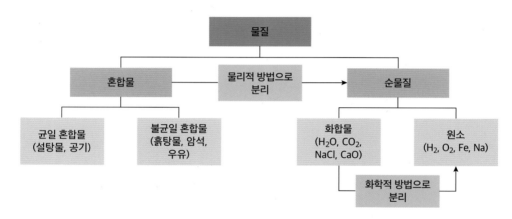

그림 3-1 물질의 분류

예제 3-1

다음 그림을 혼합물, 화합물, 원소로 구분하라.

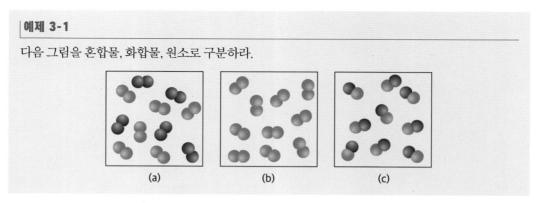

(a)   (b)   (c)

(계속)

(a) 한 가지 원소로 구성된 분자가 두 종류 섞여 있으므로 혼합물

(b) 한 가지 원소로 구성된 분자만 있으므로 원소

(c) 두 종류의 원소가 결합했으므로 화합물

물질의 상태는 입자들이 견고하게 결합되어 모양과 부피가 일정하고 압축성이 작은 고체, 입자들이 응집되어 있지만 유동성을 가지며 모양이 일정하지 않지만 부피는 일정하고 압축성이 작은 액체, 그리고 입자들이 멀리 떨어져 있어 독립적으로 행동하며 모양과 부피가 일정하지 않고 압축성이 매우 큰 기체로 나뉘며, 온도와 압력에 따라 물질은 세 가지 물리적인 상태 중 하나로 존재한다. 일반적인 물질은 고체보다 액체, 액체보다 기체의 부피가 더 커서 밀도가 작아지지만, 생명체를 구성하는 데 가장 큰 비중을 차지하는 물은 액체보다 고체의 부피가 커서 고체 상태인 얼음이 액체 상태인 물 위에 떠 있으며, 이는 가득 채운 생수병을 얼릴 때 병이 터지는 원인이다.

물질이 나타내는 특성은 다른 물질로의 변화나 상호작용 없이 물질 그 자체가 나타내는 특성인 물리적인 성질과, 다른 물질과 화학 결합을 하여 새로운 물질로 변할 때 나타나는 특성인 화학적인 성질로 나눌 수 있고, 물질의 물리적인 성질만 변하는 경우를 '물리적 변화', 완전히 다른 물질로 화학적인 성질이 바뀌는 경우를 '화학적 변화'라고 한다.

물의 세 가지 물리적 상태
: 얼음(고체), 물(액체), 수증기(기체)

그림 3-2 물질의 세 가지 상태
* 출처: Julia R. Burdge & Michelle Driessen. (2018). 일반화학의 기초. (박경호 외 옮김). 교문사.

표 3-1 물리적 성질과 화학적 성질

물리적 성질	예	물질	화학적 성질
온도	얼음물의 온도는 0℃이고, 끓는물의 온도는 100℃임	철	녹이 슴(산소와 결합하여 산화 철이 됨)
끓는점	물은 100℃에서 끓고, 에틸 알코올은 78.5℃에서 끓음	탄소	연소함(산소와 결합하여 이산화 탄소가 됨)
어는점	물은 0℃에서 얼고, 메탄은 -182℃에서 얼음	은	변색됨(황과 결합하여 황화 은이 됨)
경도	다이아몬드는 아주 단단하고, 소듐 금속은 부드러움	나이트로글리세린	폭발함(분해되어 가스 혼합물이 됨)
전기 전도도	구리는 전기가 통하고, 다이아몬드는 전기가 통하지 않음	일산화 탄소	독성이 있음(헤모글로빈과 결합하여 산소 결핍을 일으킴)
용해도	에틸 알코올은 물에 녹고, 휘발유는 물에 녹지 않음	네온	안정함(어떤 것과도 반응하지 않음)

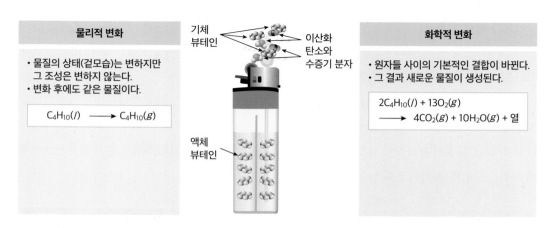

물리적 변화

- 물질의 상태(겉모습)는 변하지만 그 조성은 변하지 않는다.
- 변화 후에도 같은 물질이다.

$$C_4H_{10}(l) \longrightarrow C_4H_{10}(g)$$

기체 뷰테인
이산화 탄소와 수증기 분자
액체 뷰테인

화학적 변화

- 원자들 사이의 기본적인 결합이 바뀐다.
- 그 결과 새로운 물질이 생성된다.

$$2C_4H_{10}(l) + 13O_2(g)$$
$$\longrightarrow 4CO_2(g) + 10H_2O(g) + 열$$

그림 3-3 물리적 변화와 화학적 변화

예제 3-2

다음을 물리적 성질과 화학적 성질로 구분하라.

(a) 구리 전선이 전기를 전도한다.　　　(b) 설탕이 발효되어 알코올로 변한다.

(c) 다이아몬드는 매우 단단하다.　　　(d) 에틸 알코올의 끓는점은 78 ℃이다.

풀이

(a) 구리선 자체의 성질이므로 물리적 성질　　(b) 새로운 물질로 변할 때 나타나므로 화학적 성질

(c) 물질 자체의 특성이므로 물리적 성질　　(d) 물질 자체의 특성이므로 물리적 성질

예제 3-3

다음을 물리적 변화와 화학적 변화로 구분하라.

(a) 철이 녹아서 쇳물이 된다.

(b) 모닥불 안에서 나무가 탄다.

(c) 바위가 작은 조각으로 깨어진다.

(d) 철이 공기 중에서 녹슨다.

풀이

(a) 고체가 액체로 상태만 바뀌므로 물리적 변화

(b) 나무가 타는 것은 산소와 결합하는 연소 반응이므로 화학적 변화

(c) 크기만 바뀌므로 물리적 변화

(d) 녹슨다는 것은 철과 산소가 결합하여 산화 철(Fe_2O_3)이 되는 것이므로 화학적 변화

물질이 하는 화학 결합은 양이온과 음이온이 정전기적 인력으로 결합한 이온 결합, 비금속 원자가 최외각전자 8개를 채우기 위해 전자를 공유하면서 생기는 공유 결합, 그리고 금속 원자가 자유 전자를 내놓아 금속 양이온이 되고 그 사이를 자유 전자가 돌아다니면서 전기적 인력으로 강하게 당겨지는 전자 바다 모형의 금속 결합으로 나눌 수 있다.

이온 결합	공유 결합	금속 결합
양이온과 음이온이 정전기적 인력으로 결합한 화학 결합(예: NaCl)	비금속 원자가 전자를 공유하면서 생기는 화학 결합(예: H_2O)	금속 원자가 자유 전자를 내놓아 금속 양이온이 되고 그 사이를 자유 전자가 돌아다니면서 전기적 인력으로 강하게 당겨지는 화학 결합(예: Fe)

그림 3-4 화학 결합의 종류

지금부터 자연계 물질의 대부분을 차지하며 가장 중요한 두 종류의 화학 물질인 이온 결합 물질과 공유 결합 물질의 특성과 명명법에 대해 알아볼 것이다.

3.2 이온 결합 물질의 특성

이온 결합 물질은 양이온과 음이온이 규칙적으로 배열되어 있어 분자가 존재하지 않으며, 모든 입자 간에 정전기적 인력이 작용하므로 상온에서 고체 상태이고, 녹는점과 끓는점이 매우 높으며, 단단하며 휘어지지 않고, 만일 큰 압력이 가해진다면 이온의 층이 밀리면서 같은 전하끼리 반발하여 부서진다는 특징이 있다. 금속의 전기 전도성이 전자 바다에 금속 양이온이 박혀 있는 상태로 표현되는 금속 결합으로 설명이 가능한 것처럼, 이온 결합 물질은 양이온과 음이온이 규칙적으로 배열되어 유동성이 없는 고체 상태에서는 전기가 통하지 않고, 용융되거나 수용액 상태에서만 전기가 통한다.

이온 결합 물질은 분자 내의 전자 쏠림이 없는 비극성 분자에는 잘 녹지 않으나, 전자를 당기는 힘이 큰 산소 쪽이 (−) 전하를 띠고 산소에게 전자를 빼앗긴 수소 쪽이 (+) 전하를 띠어 분자 내에 두 개의 극이 존재하는 극성 분자인 물에는 녹는 경우가 많다. 이온 결합 물질이 물에 녹는 과정을 살펴보면 정전기적 인력으로 강하게 결합한 이온 결정 표면의 양이온에 물 분자의 (−) 부분(산소 쪽)이 접근하고 (1단계), 음이온에 물 분자의 (+) 부분(수소 쪽)이 접근하여 결정의 제일 바깥에 있는 이온들이 떨어질 때까지 충돌하고(2단계), 이온이 떨어지는 순간 이온 주위를 물 분자가 둘러싸서(수화) 안정하게 물에 용해되도록 하는(3단계) 세 가지 단계로 구성됨을 알 수 있다.

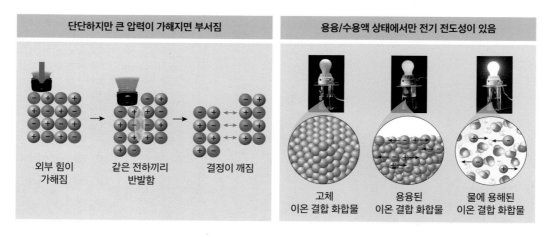

그림 3-5 이온 결합 물질의 특성
* 출처: Julia R. Burdge. (2017). 일반화학(4판). (박경호 외 옮김). 교문사.

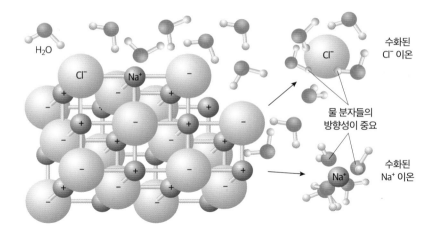

그림 3-6 이온 결합 물질의 수화 과정

    하지만 모든 이온 결합 물질이 물에 잘 녹는 것은 아니다. 크게 분류해 보자면 +1 양이온과 −1 음이온이 결합한 경우는 대부분 물에 용해되지만, +2 또는 +3 양이온과 −2 또는 −3 음이온이 결합한 경우는 대부분 물에 용해되지 않고 침전된다. 전하의 절댓값이 작은 +1 양이온과 −1 음이온으로 구성된 이온 결합 물질의 정전기적 인력은 여러 개의 물 분자들이 계속 충돌하면서 끌어당기는 수화 과정을 막아낼 정도로 크지 않아서 물에 용해되지만, +2 또는 +3 양이온과 −2 또는 −3 음이온처럼 전하의 절

$$2NaI(aq) + Pb(NO_3)_2(aq) \longrightarrow PbI_2(s) + 2NaNO_3(aq)$$

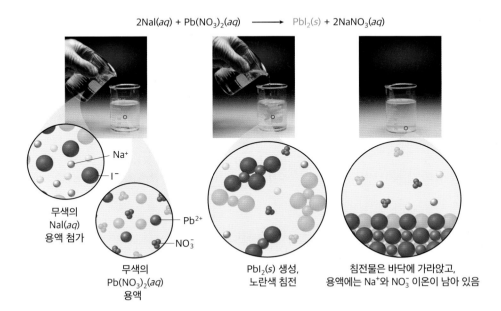

그림 3-7 이온 결합 물질의 침전 생성

* 출처: Julia R. Burdge & Michelle Driessen. (2018). 일반화학의 기초. (박경호 외 옮김). 교문사.

댓값이 큰 다전하 이온이 결합한 물질은 정전기적 인력(쿨롱의 힘)이 커서 수화 과정을 충분히 막아낼 수 있으므로 대부분 물에 녹지 않는다.

물론 예외는 있다. −1 음이온이 플루오린을 제외한 할로젠 이온(Cl^-, Br^-, I^-)인 경우는 은 이온(Ag^+), 수은(I) 이온(Hg_2^{2+}, 수은 원자 2개가 뭉쳐서 +2 이온 1개를 형성하므로 수은 입자 하나가 전자 1개를 잃는 것으로 생각하여 수은(I) 이온으로 표기함), 납(II) 이온(Pb^{2+})을 만나면 반드시 물에 녹지 않는 침전을 형성한다. 또한 대부분이 침전을 형성하는 다전하 이온 결합 물질 중 강산인 황산의 음이온(SO_4^{2-})과 결합한 물질은 양이온이 은 이온(Ag^+), 수은(I) 이온(Hg_2^{2+}), 납(II) 이온(Pb^{2+})과 2족 원소인 칼슘 이온(Ca^{2+}), 스트론튬 이온(Sr^{2+}), 바륨 이온(Ba^{2+})일 때만 빼고 모두 물에 잘 녹는다.

그렇다면 +1 양이온과 −2 또는 −3 음이온이 결합하였거나 +2 또는 +3 양이온과 −1 음이온이 결합한 이온 결합 물질은 물에 용해될 것인가, 아니면 침전을 형성할 것인가? 이 애매한 상황은 의외로 몇 종류의 이온만 외우면 쉽게 해결된다. +1 양이온이 1족 원소(알칼리 금속)의 양이온(Li^+, Na^+, K^+ …) 또는 암모늄 이온(NH_4^+)이면 어떤 음이온과 결합하든지에 상관없이 무조건 물에 용해된다. 마찬가지로 −1 음이온이 질산 이온(NO_3^-), 염소산 이온(ClO_3^-), 과염소산 이온(ClO_4^-), 아세트산 이온(CH_3COO^-), 탄산수소 이온(HCO_3^-)이라면 어떤 양이온과 결합하든지에 상관없이 무조건 물에 용해된다. 이온 결합 물질의 화학식을 보는 순간 이 용해도 규칙을 떠올리면 그 물질이 물에 용해될지 침전될지를 바로 알 수 있으며, 이는 반도체 산업을 비롯한 화학 물질을 사용하는 대부분의 공정에서 원치 않는 부반응 결과로 생기는 미지의 입자(particle)를 구별하고 예측할 때 매우 유용하다.

표 3-2 이온 결합 화합물의 용해도 규칙

이온의 전하량	용해도
+1 & −1	대부분 용해(예외: Cl^-, Br^-, I^-와 Ag^+, Hg_2^{2+}, Pb^{2+}가 결합한 물질은 침전)
+2, +3 & −2, −3	SO_4^{2-}를 제외하면 대부분 침전(예외: SO_4^{2-}와 Ag^+, Hg_2^{2+}, Pb^{2+}, Ca^{2+}, Sr^{2+}, Ba^{2+}가 결합한 물질은 침전)
+1 & −2, −3	1족의 양이온(Li^+, Na^+, K^+ …)과 NH_4^+가 들어간 물질은 무조건 용해
+2, +3 & −1	NO_3^-, CH_3COO^-, ClO_4^-, ClO_3^-, HCO_3^-가 들어간 물질은 무조건 용해

예제 3-4

다음 이온 결합 물질을 물에 용해되는 것과 침전되는 것으로 구분하라.

(a) $AgNO_3$　　　　　(b) $CaSO_4$　　　　　(c) K_2CO_3

(d) $PbCl_2$　　　　　(e) $(NH_4)_3PO_4$

(계속)

(a) NO_3^-는 예외 없이 모두 용해

(b) Ca^{2+}는 SO_4^{2-}와 만나면 침전

(c) K^+는 예외 없이 모두 용해

(d) Pb^{2+}는 Cl^-와 만나면 침전

(e) NH_4^+는 예외 없이 모두 용해

3.3 이온 결합 물질의 명명법

이온 결합 물질을 표기할 때는 양이온(주로 금속 이온)의 화학식 다음에 음이온(주로 비금속 이온)의 화학식을 쓰고, 양전하와 음전하의 합이 0이 되도록 이온의 개수를 맞추어 식을 완성한다.

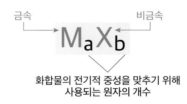

예제 3-5

다음 이온들로 구성된 이온 결합 물질의 화학식을 완성하라.

(a) Na^+, Br^- (b) K^+, S^{2-} (c) Zn^{2+}, SO_4^{2-}

(d) NH_4^+, PO_4^{3-} (e) Al^{3+}, CrO_4^{2-}

풀이

이온	최소공배수	이온 전하의 합	화학식
Na^+, Br^-	1	$(+1) + (-1) = 0$	$NaBr$
K^+, S^{2-}	2	$2(+1) + (-2) = 0$	K_2S
Zn^{2+}, SO_4^{2-}	2	$(+2) + (-2) = 0$	$ZnSO_4$
NH_4^+, PO_4^{3-}	3	$3(+1) + (-3) = 0$	$(NH_4)_3PO_4$
Al^{3+}, CrO_4^{2-}	6	$2(+3) + 3(-2) = 0$	$Al_2(CrO_4)_3$

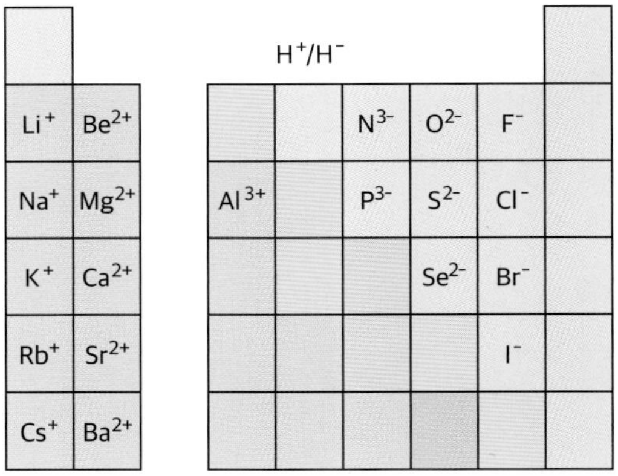

그림 3-8 주족 원소의 이온

일반적으로 주족 원소(1~2족과 13~18족)는 최외각전자를 8개로 맞추려고 하는 옥텟 규칙에 따라 ●그림 3-8과 같은 이온이 주로 생긴다. 이때 주목할 원소는 수소이다. 수소는 전자가 1개인 원자 번호 1번 원소라서 주로 +1이 된다고 생각할 수 있지만, 첫 번째 전자껍질에는 최대 2개의 전자만 들어갈 수 있으므로 전자가 1개인 수소는 사실 전자껍질의 절반이 채워진 비금속 원소로, 어찌 보면 최외각전자가 4개인 14족 탄소(C), 규소(Si) 등의 원소와 화학적으로 더 가깝다. 물론 탄소나 규소는 옥텟 규칙을 만족시키기 위해 4개의 전자를 버리거나 가져오기가 애매하여 주로 공유 결합을 형성하는 것처럼 수소도 공유 결합을 형성하는 비금속이지만, 전자 1개만 더 가져오면 껍질이 채워지는 특성상 금속 원자와 결합할 때는 전자를 받아서 음이온인 수소화 이온(H^-)이 되고, 비금속 원소와 공유 결합한 경우 물에 녹아서 이온화될 때 전자를 주로 빼앗겨서 수소 이온(H^+)이 된다.

두 종류의 원소로 구성된 이온 결합 물질의 한글식 명명법은 앞의 원소와 결합하였다는 의미로 뒤의 원소 이름에 '-화'를 붙여서 먼저 읽고 앞의 원소 이름을 읽지만, 영어식 명명법은 앞의 원소 이름을 먼저 읽고 뒤의 원소 이름에 '-ide'를 붙여서 읽는다.

- LiF ⟶ 플루오린화 리튬(불화 리튬, Lithium fluoride)
- $NaCl$ ⟶ 염화 소듐(염화 나트륨, Sodium chloride)
- $CaBr_2$ ⟶ 브로민화 칼슘(Calcium bromide)

표 3-3 일반적인 단원자 이온의 이름

양이온			음이온		
전하	식	이름	전하	식	이름
1+	H^+	수소(Hydrogen)	1−	H^-	수소화(Hydride)
	Li^+	리튬(Lithium)		F^-	플루오린화(Fluoride)
	Na^+	소듐(Sodium)		Cl^-	염화(Chloride)
	K^+	포타슘(Potassium)		Br^-	브로민화(Bromide)
	Cs^+	세슘(Cesium)		I^-	아이오딘화(Iodide)
	Ag^+	은(Silver)	2−	O^{2-}	산화(Oxide)
2+	Mg^{2+}	마그네슘(Magnesium)		S^{2-}	황화(Sulfide)
	Ca^{2+}	칼슘(Calcium)	3−	N^{3-}	질화(Nitride)
	Sr^{2+}	스트론튬(Strontium)			
	Ba^{2+}	바륨(Barium)			
	Zn^{2+}	아연(Zinc)			
	Cd^{2+}	카드뮴(Cadmium)			
3+	Al^{3+}	알루미늄(Aluminum)			

예제 3-6

다음 이름을 가진 이온 결합 화합물의 화학식을 구하라.

(a) 산화 알루미늄   (b) 황화 포타슘   (c) 수소화 소듐

(d) 아이오딘화 바륨   (e) 브로민화 리튬

풀이

(a) Al_2O_3 (b) K_2S (c) NaH

(d) BaI_2 (e) $LiBr$

하지만 ●그림 3-8에 나타낸 주족 원소가 아닌 3~11족 전이 금속이 양이온이 될 때는 제일 바깥 전자껍질의 전자뿐만 아니라 안쪽 전자껍질의 불안정한 d 오비탈의 전자들도 버려질 수 있으므로 한 종류의 원소가 다양한 전하수를 가진 이온들을 생성할 수 있다. 예를 들어 크로뮴(Cr) 원자는 2+, 3+, 4+, 6+의 다양한 전하를 가진 이온이 자연계에서 발견되는데, Cr^{3+}는 인슐린과 함께 혈당 조절에 관여하고, Cr^{4+}는 예전에 널리 사용되던 카세트테이프의 핵심 재료이며, Cr^{6+}는 유리나 전자 재료의 식각 과정이나 물감 등으로 사용되는 산업적으로 중요한 물질이지만 흡입하면 매우 위험한 발암 물질이다. 따라서 전이 금속은 한 종류의 원소가 만드는 다양한 전하 이온들의 화학적 성질이 모두 달라 표기법과 명명법도 주족 원소와 다르게 양이온의 이름 끝에 그 이온의 전하수를 나타내는 로마자를 괄호 안에 써

서 표기하고, 읽을 때는 숫자를 금속 이름 뒤에 붙여서 읽는다. 예를 들어 $FeCl_2$는 '염화 철(II)', 'Iron(II) chloride'라고 쓰고, '염화 철-이' 또는 '염화 철 이가'라고 읽는다. $FeCl_3$는 '염화 철(III)', 'Iron(III) chloride'라고 쓰고, '염화 철-삼' 또는 '염화 철 삼가'라고 읽는다. 하지만 아직도 회사에서는 전이 금속이 두 종류의 이온만을 갖는 경우 예전에 사용하던 관용적인 이름인 전하량이 낮은 이온에 제일(-ous), 전하량이 높은 이온에 제이(-ic)를 붙이는 방법을 사용하는 곳이 많으므로 알아둘 필요가 있다.

표 3-4 화학적으로 널리 사용되는 전이 금속의 체계적 이름과 관용적 이름

화학식	체계적 이름	관용적 이름	화학식	체계적 이름	관용적 이름
Cu^+	구리(I) Copper(I)	제일 구리 Cuprous	Sn^{2+}	주석(II) Tin(II)	제일 주석 Stannous
Cu^{2+}	구리(II) Copper(II)	제이 구리 Cupric	Sn^{4+}	주석(IV) Tin(IV)	제이 주석 Stannic
Fe^{2+}	철(II) Iron(II)	제일 철 Ferrous	Pb^{2+}	납(II) Lead(II)	제일 납 Plumbous
Fe^{3+}	철(III) Iron(III)	제이 철 Ferric	Pb^{4+}	납(IV) Lead(IV)	제이 납 Plumbic

예제 3-7

이온 결합 물질 (a) FeS를 명명하고, (b) 산화 구리(I)의 화학식을 구하라.

풀이

(a) 철이 전이 금속이고, 황이 2-이온이므로 철은 2+이온이다. 따라서 FeS를 명명하면 황화 철(II)이다.

(b) 구리가 1+이온이므로 2-인 산소와 중성 화합물을 형성하기 위해서는 2개가 필요하다. 따라서 산화 구리(I)의 화학식은 Cu_2O이다.

이온 결합 물질에서 중요한 부분을 차지하는 다원자 이온은 여러 개의 원자가 공유 결합하여 전하를 띠고 있는 원자단을 의미한다. 예를 들면 암모늄 이온(NH_4^+), 수산화 이온(OH^-), 질산 이온(NO_3^-), 황산 이온(SO_4^{2-}) 등이 있으며, 질산 바륨처럼 다원자 이온을 2개 이상 포함하는 물질의 화학식을 쓸 때는 다원자 이온 전체에 괄호를 사용하여 $Ba(NO_3)_2$로 나타내야 한다.

● 표 3-5에 나와 있는 다원자 이온 중 중요한 이름은 빨간색으로 표시하였다. 일반적으로 원자 1개의 음이온은 '-화'를 붙이고(예: S^{2-}는 황화 이온), 다원자 이온의 음이온에는 '-화'를 붙이지 않으나

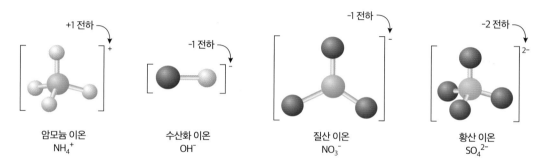

| 암모늄 이온 NH_4^+ | 수산화 이온 OH^- | 질산 이온 NO_3^- | 황산 이온 SO_4^{2-} |

그림 3-9 다원자 이온의 구조

(예: CO_3^{2-}는 탄산 이온), 예전부터 사용되던 수산화 이온(OH^-)과 사이안화 이온(CN^-)은 예외적으로 '—화'를 붙여서 명명하고, 황산 이온(SO_4^{2-})과 아황산 이온(SO_3^{2-})처럼 산소의 수가 다른 두 종류 이온은 산소가 적은 쪽에 '아—'를 붙인다. 하지만 염소산 이온 종류는 산소의 개수가 다른 이온이 네 종류나 있으므로 염소산 이온(ClO_3^-)을 기준으로 산소가 많으면 '과—', 산소의 수가 1개 적으면 '아—', 2개 적으면 '하이포아—' 또는 '차아—'를 붙여서 명명한다.

표 3-5 중요한 다원자 이온의 이름

화학식	이름	화학식	이름
양이온		이전하 음이온	
NH_4^+	암모늄(Ammonium)	CO_3^{2-}	탄산(Carbonate)
일전하 음이온		CrO_4^{2-}	크로뮴산(Chromate)
$CH_3CO_2^-$	아세트산(Acetate)	$Cr_2O_7^{2-}$	다이크로뮴산(Dichromate)
CN^-	사이안화(Cyanide), 시안화	O_2^{2-}	과산화(Peroxide)
ClO^-	하이포아염소산(Hypochlorite)	HPO_4^{2-}	인산 수소(Hydrogen phosphate)
ClO_2^-	아염소산(Chlorite)	SO_3^{2-}	아황산(Sulfite)
ClO_3^-	염소산(Chlorate)	SO_4^{2-}	황산(Sulfate)
ClO_4^-	과염소산(Perchlorate)	$S_2O_3^{2-}$	싸이오황산(Thiosulfate)
$H_2PO_4^-$	인산 이수소(Dihydrogen phosphate)	삼전하 음이온	
HCO_3^-	탄산 수소(Hydrogen carbonate) 또는 중탄산(Bicarbonate)	PO_4^{3-}	인산(Phosphate)
HSO_4^-	황산 수소(Hydrogen sulfate) 또는 중황산(Bisulfate)		
OH^-	수산화(Hydroxide)		
MnO_4^-	과망가니즈산(Permanganate)		
NO_2^-	아질산(Nitrite)		
NO_3^-	질산(Nitrate)		

예제 3-8

다음 이온 결합 물질의 이름을 적고, 물에 녹아 이온화되는 것을 구하라.

(a) $NaNO_2$　　　　　(b) $CaSO_4$　　　　　(c) KNO_3　　　　　(d) $MgSO_3$

풀이

(a) 아질산 소듐

(b) 황산 칼슘(일반적으로 '석고'라고 알려져 있음)

(c) 질산 포타슘(화약의 원료인 '초석'으로 알려져 있음)

(d) 아황산 마그네슘

● 표 3-2의 용해도 규칙을 적용하면 소듐 이온이 있는 (a)와 포타슘 이온이 있는 (c)만 이온화됨을 알 수 있다.

3.4 공유 결합 물질의 특성

'공유 결합(covalent bond)'이란 비금속 원자가 가장 바깥 전자껍질에 전자 8개(H와 He는 2개)를 채워 안정한 상태가 되기 위해 전자를 공동 소유하여 분자를 만드는 과정에서 생기는 결합이다. 수소(H) 원자 2개와 산소(O) 원자 1개가 공유 결합하여 물(H_2O) 분자가 되는 과정은 화학적으로 물질을 구성하는 가

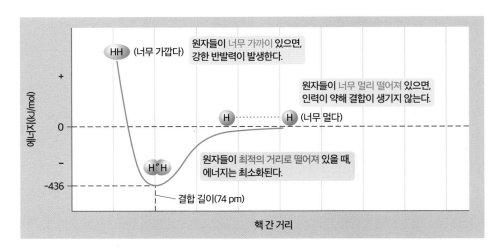

그림 3-10 수소 분자의 공유 결합

장 작은 입자인 원자(atom)가 물질의 성질을 나타내는 가장 작은 입자인 분자(molecule)로 바뀌는 것을 의미한다. 수소 분자(H_2)가 만들어지는 과정을 살펴보면 수소 원자 2개의 원자핵은 동일하게 양전하를 띠므로 반발하고 음전하를 띠는 각 원자의 전자들도 서로 반발하지만, 원자핵이 서로의 전자를 정전기적 인력으로 당기면서 인력이 반발력보다 클 때 전자들이 원자핵 사이의 영역을 점유하면서 원자들을 공유 결합으로 묶어서 분자가 되고, 이때 공유 전자가 두 수소 원자를 서로 결합시키는 '접착제'로 작용한다.

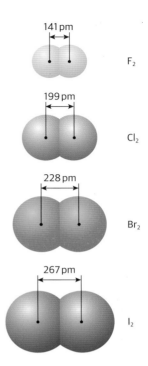

원자 간 인력이 최대가 되어 가장 안정한 상태(분자)가 될 때 원자핵 사이 거리를 '결합 길이'라고 하며, 결합 길이의 절반을 그 원자의 반지름으로 정한다(2.4절 참고). 예를 들어 브로민(Br) 원자의 반지름은 결합 길이의 절반인 114 pm이고, 염소(Cl) 원자의 반지름은 99.5 pm이므로 염소와 브로민이 결합한 염화 브로민(BrCl) 분자의 결합 길이는 213.5 pm으로 예측할 수 있다.

탄소 원자 간 공유 결합의 길이도 각 탄소 원자에 결합한 원자들의 종류에 영향을 받으므로 결합 길이는 평균값으로 나타내며, 실제 결합 길이는 평균값에서 ±10% 정도 차이가 생길 수 있다.

비금속 원자가 공유 결합을 하여 분자를 형성하는 이유는 안정해지기 위해서이다. ●그림 3-10에서 볼 수 있듯이 수소 원자가 공유 결합을 하여 수소 분자가 될 때 안정해지면서 436 kJ/mol의 에너지를 주변으로 방출한다. 공유 결합이 얼마나 강한지를 비교하기 위하여 기체 상태 분자의 공유 결합을 끊어서 원자로 만들기 위해 필요한 에너지를 '결합 에너지(bond energy)'로 정의하며, 결합이 형성될 때 방출하는 에너지와 절댓값은 같지만 결합을 끊기 위해 흡수해야 하는 에너지이므로 부호는 언제나 양수이다. 같은 이유로 고체 상태의 이온 결합 물질을 끊어서 기체 상태의 이온으로 만들 때 필요한 에너지인 격자 에너지(lattice energy)와 2.5절에서 배운 이온화 에너지도 항상 양수(흡열 반응)인 에너지임을 기억하자.

결합 길이처럼 결합 에너지도 주변에 결합한 원자들의 종류에 영향을 받으므로 평균값으로 나타내며, 실제값은 평균값과 ±10% 정도 차이가 생길 수 있다.

표 3-6 평균 결합 길이(pm)

H–H	74*	C–H	110	N–H	98	O–H	94	S–F	168
H–C	110	C–C	154	N–C	147	O–C	143	S–Cl	203
H–F	92*	C–F	141	N–F	134	O–F	130	S–Br	218
H–Cl	127*	C–Cl	176	N–Cl	169	O–Cl	165	S–S	208
H–Br	142*	C–Br	191	N–Br	184	O–Br	180	F–F	141*
H–I	161*	C–I	176	N–N	140	O–I	199	Cl–Cl	199*
H–N	98	C–N	147	N–O	136	O–N	136	Br–Br	228*
H–O	94	C–O	143			O–O	132	I–I	267*
H–S	132	C–S	181						
다중 공유 결합									
C=C	134	C≡C	120	C=O	121	O=O	121*	N≡N	113*

*실제값

표 3-7 평균 결합 에너지(kJ/mol)

H–H	436	C–H	410	N–H	390	O–H	460	S–F	310
H–C	410	C–C	350	N–C	300	O–C	350	S–Cl	250
H–F	570	C–F	450	N–F	270	O–F	180	S–Br	210
H–Cl	432	C–Cl	330	N–Cl	200	O–Cl	200	S–S	225
H–Br	366	C–Br	270	N–Br	240	O–Br	210	F–F	159
H–I	298	C–I	240	N–N	240	O–I	220	Cl–Cl	243
H–N	390	C–N	300	N–O	200	O–N	200	Br–Br	193
H–O	460	C–O	350			O–O	180	I–I	151
H–S	340	C–S	260						
다중 공유 결합									
C=C	620	C≡C	818	C=O	732	O=O	498	N≡N	945

공유 결합은 두 원자가 공유하는 전자쌍의 수가 1개이면 단일 결합, 2개이면 이중 결합, 3개이면 삼중 결합으로 분류하고, 원자 사이 공유 전자쌍의 수를 '결합 차수(bond order)'라는 용어로 정의하여 단일 결합을 결합 차수 1차, 이중 결합을 결합 차수 2차, 삼중 결합을 결합 차수 3차로 나타내기도 한다. 일반적으로 공유 전자쌍의 수가 많은 다중 결합(이중 결합과 삼중 결합)은 동일한 원자로 이루어진 단일 결합보다 결합 길이는 더 짧고 결합 에너지는 더 크다.

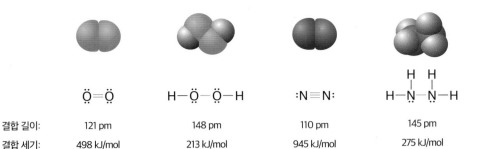

| 결합 길이: | 121 pm | 148 pm | 110 pm | 145 pm |
| 결합 세기: | 498 kJ/mol | 213 kJ/mol | 945 kJ/mol | 275 kJ/mol |

그림 3-11 결합 차수에 따른 결합 길이와 결합 에너지

공유 결합 물질은 공유 결합 결과로 분자라는 새로운 기본 입자가 생기는 물질과, 모든 원자가 공유 결합으로 끝없이 연결되어 분자가 없는 공유 결정 물질로 나눌 수 있다. 공유 결정 물질의 대표적인 예로는 탄소 원자 사이 공유 결합이 계속 연결된 다이아몬드나 규소와 산소가 계속 연결된 석영 같은 물질이 있으며, 공유 결정 물질의 특성은 9장에서 배울 예정이다. 공유 결합 결과로 생성된 분자성 물질은 기본 입자가 전기적으로 중성인 분자이므로 입자 사이 당기는 힘이 약해서 녹는점과 끓는점이 낮아 상온에서 기체로 존재하는 물질이 많은 편이고, 전기 전도성이 거의 없으며, 고체로 존재하는 경우에도 잘 부스러진다는 특징이 있다.

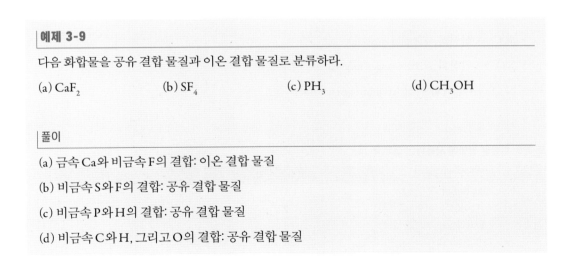

예제 3-9

다음 화합물을 공유 결합 물질과 이온 결합 물질로 분류하라.

(a) CaF_2 (b) SF_4 (c) PH_3 (d) CH_3OH

풀이

(a) 금속 Ca와 비금속 F의 결합: 이온 결합 물질

(b) 비금속 S와 F의 결합: 공유 결합 물질

(c) 비금속 P와 H의 결합: 공유 결합 물질

(d) 비금속 C와 H, 그리고 O의 결합: 공유 결합 물질

3.5 공유 결합 분자의 명명법

두 종류의 원소가 공유 결합한 분자는 두 종류의 원소가 이온 결합한 물질과 같은 방법으로 명명한다. 다만 분자를 구성하는 원소 중 주기율표에서 더 왼쪽이나 아래쪽에 위치한 원소를 양이온과 유사하다고 가정하여 화학식을 쓸 때도 앞쪽에 쓰고, 명명할 때도 양이온처럼 원소의 이름을 그대로 사용하며, 두 원소 중 주기율표에서 더 오른쪽이나 위쪽에 위치한 원소는 음이온과 유사하다고 가정하여 화학식의 뒤쪽에 쓰고, '－화'(영어로는 '－ide')를 붙여서 명명한다. 예를 들어 수소와 브로민이 결합한 분자는 주기율표의 왼쪽에 위치한 수소를 앞쪽에 쓰고 브로민을 뒤쪽에 써서 HBr로 표기하고, '브로민화 수소(Hydrogen bromide)'로 명명한다.

하지만 이온 결합 물질과는 다르게 공유 결합 분자는 두 종류의 원소가 다양한 개수비로 결합할 수 있으므로 각 원소의 원자 개수를 나타내는 수치 접두사를 반드시 사용해야 하는데, 이때에도 앞쪽의 원자는 2개부터 수치 접두사를 붙이고, 뒤쪽의 원자는 1개부터 수치 접두사를 붙여야 한다.

- SiC → 탄화 규소(Silicon carbide)
- CO → 일산화 탄소(Carbon monoxide, 접두사 끝의 a나 o는 삭제하여 모음의 겹침을 방지함)
- CO_2 → 이산화 탄소(Carbon dioxide)
- SO_2 → 이산화 황(Sulfur dioxide)
- SO_3 → 삼산화 황(Sulfur trioxide)
- NO → 일산화 질소(Nitrogen monoxide)
- N_2O_3 → 삼산화 이질소(Dinitrogen trioxide)

표 3-8 화합물 명명에 사용하는 접두사

그리스어 접두사	의미하는 숫자	우리말 접두사
모노(mono-)	1	일
다이(di-)	2	이
트라이(tri-)	3	삼
테트라(tetra-)	4	사
펜타(penta-)	5	오
헥사(hexa-)	6	육
헵타(hepta-)	7	칠
옥타(octa-)	8	팔
노나(nona-)	9	구
데카(deca-)	10	십

예외적으로 수소가 포함된 분자 화합물의 이름에는 접두사를 사용하지 않고, 표기 순서도 비규칙적이며, 대부분 예전부터 부르던 관용명으로 사용하는 경우가 많아서 따로 외워두는 것이 좋다. 산업 현장에서 다이보레인은 '디보란'으로, 실레인은 '실란'으로 주로 명명한다.

- B_2H_6 → 다이보레인(Diborane)
- CH_4 → 메테인(Methane)
- SiH_4 → 실레인(Silane)
- NH_3 → 암모니아(Ammonia)
- PH_3 → 포스핀(Phosphine)
- H_2O → 물(Water)
- H_2S → 황화 수소(Hydrogen sulfide)

예제 3-10

다음 화합물의 이름을 체계적인 명명법을 이용하여 구하라.

(a) PCl_3　　　　(b) As_2O_5　　　　(c) N_2O　　　　(d) ClF_3

풀이

(a) 삼염화 인

(b) 오산화 이비소

(c) 일산화 이질소(산소가 부족하다는 의미로 '아산화 질소'라고도 부름)

(d) 삼플루오린화 염소('삼불화 염소'라고도 부름)

4장

화학
반응에서의
질량 관계

4.1 몰과 몰질량

물질을 구성하는 원자, 분자, 이온과 같은 입자들은 크기가 너무 작고, 종이컵에 들어 있는 물처럼 작은 양에도 개별적으로 셀 수 없을 만큼 많은 수가 존재하기 때문에 이런 입자들을 묶어서 셀 수 있는 단위가 필요하다. 도넛 12개를 '1다스(dozen)', 연필 144자루(12다스)를 '1그로스(gross)'라는 묶음 단위로 표현하는 것처럼 화학에서 작은 입자들은 정확히 질량수가 12인 탄소 원자 12 g에 들어 있는 탄소 원자의 개수인 $6.022\,141 \times 10^{23}$개(일반적으로 6.02×10^{23}개로 사용하며, 아보가드로의 이름을 따서 아보가드로 수 N_A로 표시함)를 '1몰(mole)'이라는 단위를 이용하여 센다. 다시 말하면 '몰(mole)'은 원자, 분자, 이온, 라디칼, 전자와 같이 작은 입자 6.02×10^{23}개(N_A)를 묶은 화학의 새로운 단위이며, 염소 원자 1몰(mol), 마그네슘 원자 2몰(mol)과 같이 실제로 입자를 세는 단위로 사용할 때는 영어로 mol을 사용한다.

수소 원자 1개의 평균 원자량은 1.008 amu이고, 이 값의 의미는 C−12 원자 1개 질량의 1.008/12이라는 것으로, 실제로 측정하기 어려운 미시적인 수준의 상대적인 질량이다. 하지만 수소 원자 1몰, 즉 6.02×10^{23}개의 질량은 정확하게 원자량에 g을 붙인 1.008 g이 되므로 측정이 가능한 거시적인 수준의 실제적인 질량이다.

- C 원자 1몰 = 6.02×10^{23}개 = 12.01 g
- N 원자 1몰 = 6.02×10^{23}개 = 14.00 g
- O 원자 1몰 = 6.02×10^{23}개 = 1.006 g

분자량은 그 분자를 구성하는 원자들의 원자량을 합한 값으로, 예를 들어 이산화 탄소(CO_2)의 분자량은 탄소 원자량(12.01 amu)과 산소 원자량(16.00 amu)의 2배를 더한 값인 44.01 amu이고, 원자 1몰의 질량이 원자량에 g을 붙인 값과 같은 것처럼 이산화 탄소 1몰의 질량도 정확하게 44.01 g이다. 원자나 분자뿐만 아니라 분자식이 없는 이온 결합 물질(예: NaCl)도 화학식을 구성하는 원자들의 원자량을 모두 합한 값에 g을 붙인 것이 그 물질 1몰의 질량이 되므로 앞으로 원자량, 분자량, 화학식량 등으로 나뉘었던 값을, 실제로 측정하기 쉬운 각 입자 1몰의 질량인 몰질량(g/mol)으로 통합할 것이다.

몰이라는 단위가 도입되면서 정량적인 화학 실험이 가능해졌고, 모든 화학 반응식에 쓰여 있는 계수비 또한 그 물질의 개수비, 즉 몰수비라고 생각하면 된다.

$$N_2(g) + 3H_2(g) \longrightarrow 2NH_3(g)$$

위 반응식에서 $2NH_3$의 2는 생성물인 암모니아 분자가 2개라는 뜻이고, 아래 첨자 3은 암모니아를

H 1 원자 번호
원소 기호
H 1.01

He 2 4.00

Li 3 6.94 Be 4 9.01 금속 비금속 준금속 ■ 기체 ■ 액체 ■ 고체

B 5 10.8 C 6 12.0 N 7 14.0 O 8 16.0 F 9 19.0 Ne 10 20.2

Na 11 23.0 Mg 12 24.3

Al 13 27.0 Si 14 28.1 P 15 31.0 S 16 32.1 Cl 17 35.5 Ar 18 40.0

K 19 39.1 Ca 20 40.1 Sc 21 45.0 Ti 22 47.9 V 23 51.0 Cr 24 52.0 Mn 25 54.9 Fe 26 55.8 Co 27 58.9 Ni 28 58.7 Cu 29 63.5 Zn 30 65.4 Ga 31 69.7 Ge 32 72.6 As 33 74.9 Se 34 79.0 Br 35 79.9 Kr 36 83.8

Rb 37 85.5 Sr 38 87.3 Y 39 88.9 Zr 40 91.2 Nb 41 92.9 Mo 42 95.9 Tc 43 98.0 Ru 44 101.0 Rh 45 103.0 Pd 46 106.4 Ag 47 107.9 Cd 48 112.4 In 49 114.8 Sn 50 118.7 Sb 51 121.8 Te 52 127.6 I 53 126.9 Xe 54 131.3

그림 4-1 주요 원소들의 원자량

구성하는 수소 원자의 수가 3개라는 의미로, 반응식만으로는 질량비를 알 수 없다. 즉, 암모니아 생성 반응식은 질소 분자 1개와 수소 분자 3개가 결합하여 2개의 암모니아 분자가 된다고 이해할 수 있지만, 일반적으로 화학에서는 1몰의 질소 분자가 3몰의 수소 분자와 반응하여 2몰의 암모니아 분자가 생성된다고 해석하며, 이렇게 해야 각 물질의 몰질량을 이용하여 질소 분자 $28.01\,g\,(28.01\,g \times 1\,mol)$과 수소 분자 $6.06\,g\,(2.02\,g \times 3\,mol)$이 반응하여 암모니아 $34.06\,g\,(17.03\,g \times 2\,mol)$이 생성된다고 계산하고 측정할 수 있다. 모든 화학 물질은 몰수비(또는 개수비)로 반응하거나 결합한다.

예제 4-1

(a) 황(S) 원자 $74.8\,g$의 몰수를 계산하라. (단, $S = 32.1\,g/mol$이다.)

(b) $2.8\,mol\;CaCO_3$에 포함된 산소 원자의 몰수를 계산하라.

풀이

(a) $74.8\,g\,/\,32.1\,g/mol = 2.33\,mol$

(b) $CaCO_3$ $1\,mol$은 $3\,mol$의 산소 원자를 포함하므로 $2.8 \times 3 = 8.4\,mol$

예제 4-2

(a) 알루미늄(Al) 호일 $15.8\,g$ 속에 들어 있는 알루미늄 원자의 개수를 계산하라. (단, $Al = 27\,g/mol$이다.)

(b) 물(H_2O) $2.75\,mol$의 질량을 계산하라. (단, $H_2O = 18.02\,g/mol$이다.)

(계속)

> **풀이**
>
> (a) 15.8 g / 27 g/mol = 0.585 mol Al
>
> 0.585 mol $\times$ 6.02 $\times$ 10^{23}개/mol = 3.52 $\times$ 10^{23}개
>
> (b) 2.75 mol $\times$ 18.02 g/mol = 49.6 g

4.2 화학 반응의 양적 관계(화학량론)

'화학 반응(chemical reaction)'이란 물질이 다른 물질과 상호작용하여 화학적 성질이 다른 새로운 물질이 만들어지는 과정으로, 원자가 재배열될 뿐 생성이나 파괴가 일어나지 않아 반응 전후에 존재하는 원자의 종류와 수는 변하지 않는다(질량 보존의 법칙). 화학 반응식을 표기할 때 화살표의 왼쪽에는 반응이 진행되면서 소비되는 화학종인 반응물(reactant)을, 오른쪽에는 생성되는 화학종인 생성물(product)을 화학식으로 쓰고, 각 물질의 상태[기체(g), 액체(l), 고체(s), 수용액(aq)]를 함께 나타내며, 화살표 위쪽에 온도, 시간, 가열(Δ) 등의 반응 조건을 표기한다. 화학 반응식의 화살표는 반응의 진행 방향을 나타낼 뿐만 아니라 화살표 양쪽에 있는 원자의 종류와 수가 동일하다는 등호의 의미도 포함하고 있으므로 여러 개의 반응식을 더하거나 빼는 계산을 이용하여 새로운 반응을 예측할 수도 있다.

 팬케이크를 만드는 화학 반응을 생각해 보자. (요리는 화학 반응이다!) 밀가루 1컵과 달걀 2개, 그리고 베이킹파우더 1/2 티스푼으로 팬케이크 5장을 만들 수 있다. 만약 다른 재료가 충분하고 달걀이 딱 8개만 있다면 팬케이크를 몇 장이나 만들 수 있을까? 달걀 2개로 5장이므로 달걀 8개로는 20장의 팬케이크를 만들 수 있다. 지금 우리가 한 이 간단한 계산이 바로 화학량론이다. '화학량론(stoichiometry)'이란 반응물과 생성물의 양을 연관시키는 데 필요한 화학 계산을 지칭하는 단어로, 주어진 반응물의 양(달걀 8개)을 이용하여 반응이 끝난 이후 생성물의 양(팬케이크 20장)을 예측할 수 있으므로 매우 중요하다. 반대로 만들어야 하는 생성물의 양을 이용하여 필요한 반응물의 양도 계산할 수 있으므로 화학

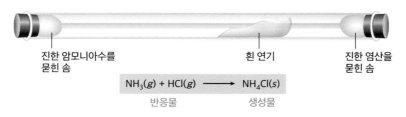

그림 4-2 화학 반응식 표기

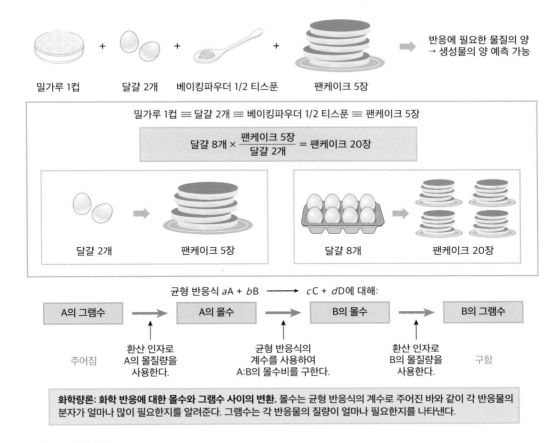

밀가루 1컵   달걀 2개   베이킹파우더 1/2 티스푼   팬케이크 5장

반응에 필요한 물질의 양
→ 생성물의 양 예측 가능

밀가루 1컵 ≡ 달걀 2개 ≡ 베이킹파우더 1/2 티스푼 ≡ 팬케이크 5장

$$달걀 8개 \times \frac{팬케이크 5장}{달걀 2개} = 팬케이크 20장$$

달걀 2개 → 팬케이크 5장   달걀 8개 → 팬케이크 20장

균형 반응식 aA + bB ⟶ cC + dD에 대해:

| A의 그램수 | → | A의 몰수 | → | B의 몰수 | → | B의 그램수 |

주어짐   환산 인자로 A의 몰질량을 사용한다.   균형 반응식의 계수를 사용하여 A:B의 몰수비를 구한다.   환산 인자로 B의 몰질량을 사용한다.   구함

화학량론: 화학 반응에 대한 몰수와 그램수 사이의 변환. 몰수는 균형 반응식의 계수로 주어진 바와 같이 각 반응물의 분자가 얼마나 많이 필요한지를 알려준다. 그램수는 각 반응물의 질량이 얼마나 필요한지를 나타낸다.

그림 4-3 **화학량론**

반응을 이용하여 물건을 제조하는 모든 산업 현장에 화학량론은 가장 중요한 화학 분야이다.

    A와 B가 반응하여 C와 D를 생성하는 화학 반응에서 '2.0 g의 A를 반응시키면 몇 g의 D가 생성될까?'라는 문제를 풀기 위해서는 먼저 반응물과 생성물이 몇 몰의 비율로 결합하고 생성되는지를 정확하게 알려주는 계수를 구하여 균형을 맞춘 반응식을 완결하여야 한다.

$$a\text{A} + b\text{B} \longrightarrow c\text{C} + d\text{D}$$

    완성된 화학 반응식에서 계수(a, b, c, d)의 비는 반응에 관여하는 각 물질의 화학식 단위의 개수비를 나타내므로 몰수비와 동일하다. 구하고자 하는 물질의 질량이나 부피(기체인 경우) 모두 몰수를 구하고 난 이후 몰질량 또는 몰부피[모든 기체는 0 ℃, 1 atm에서 종류에 상관없이 1 mol의 부피가 22.4 L이다 (8장 참고)]를 곱하여 계산해야 한다.

예제 4-3

다음은 메테인(CH_4)의 연소 반응식이다.

$$CH_4(g) + 2O_2(g) \longrightarrow CO_2(g) + 2H_2O(g)$$

그림 (a)~(c) 중 산소 분자가 모두 반응하기 위해 필요한 메테인(CH_4) 분자를 나타낸 것은?

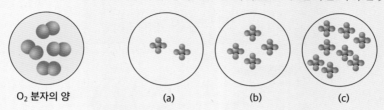

O_2 분자의 양   (a)   (b)   (c)

풀이

반응식의 계수비는 반응하는 물질의 몰수비와 같으므로 메테인 : 산소 = 1 : 2이다.
화학량론으로 계산하면 4개의 산소와 결합하기 위해 필요한 메테인 분자는 2개이다. 따라서 메테인(CH_4) 분자를 나타낸 것은 (a)이다.

예제 4-4

가정용 표백제로 잘 알려진 하이포아염소산 소듐($NaOCl$)의 수용액은 수산화 소듐과 염소의 반응에 의해 제조된다. $25.0\,g$의 Cl_2와 반응하려면 몇 그램의 $NaOH$가 필요한가? (단, $Cl_2 = 70.9\,g/mol$, $NaOH = 40.0\,g/mol$이다.)

$$2NaOH(aq) + Cl_2(g) \longrightarrow NaOCl(aq) + NaCl(aq) + H_2O(l)$$

풀이

- 1단계: Cl_2의 그램수를 Cl_2의 몰수로 변환한다.

$$25.0\,g\ \cancel{Cl_2} \times \frac{1\,mol\ Cl_2}{70.9\,g\ \cancel{Cl_2}} = 0.353\,mol\ Cl_2$$

- 2단계: Cl_2의 몰수를 $NaOH$의 몰수로 변환한다.

$$0.353\,\cancel{mol\ Cl_2} \times \frac{2\,mol\ NaOH}{1\,\cancel{mol\ Cl_2}} = 0.706\,mol\ NaOH$$

- 3단계: $NaOH$의 몰수를 $NaOH$의 그램수로 변환한다.

$$0.706\,\cancel{mol\ NaOH} \times \frac{40.0\,g\ NaOH}{1\,\cancel{mol\ NaOH}} = 28.2\,g\ NaOH$$

(계속)

- 모든 단계를 결합하여 다음과 같이 문제를 해결할 수도 있다.

$$\text{NaOH의 그램수} = 25.0\,\text{g}\,\cancel{Cl_2} \times \frac{1\,\text{mol}\,\cancel{Cl_2}}{70.9\,\text{g}\,\cancel{Cl_2}} \times \frac{2\,\text{mol}\,\cancel{NaOH}}{1\,\text{mol}\,\cancel{Cl_2}} \times \frac{40.0\,\text{g NaOH}}{1\,\text{mol}\,\cancel{NaOH}} = 28.2\,\text{g NaOH}$$

4.3 화학 반응식의 완결

화학 문제 중 '화학 반응식의 균형을 맞춰라' 또는 '화학 반응식을 완결하라'로 표현된 문제를 자주 접하게 된다. 본질적으로 화학 반응은 원자의 재배열만 일어나므로 화학 반응식은 균형을 맞추어서, 즉 화살표 양쪽에 있는 반응물과 생성물을 구성하는 원자의 종류와 수가 동일하도록 써야 한다. 화학 반응식의 균형을 맞추는 네 단계를 뷰테인(C_4H_{10})의 연소 반응식을 이용하여 알아보자.

① 반응물과 생성물의 정확한 화학식을 이용하여 불균형 반응식을 쓰고, 물질의 상태를 표시한다. 뷰테인이 연소하여 이산화 탄소와 물을 생성하는 반응에 대해 다음과 같이 각 물질을 화학식으로 표기한 불균형 반응식을 쓴다.

$$C_4H_{10}(g) + O_2(g) \longrightarrow CO_2(g) + H_2O(l)$$

② 화학식 앞에 적합한 계수를 찾는다. 이때 계수는 반응식의 균형을 맞추는 데 필요한 각 물질의 개수를 나타낸다. 물질의 화학식 자체는 변경할 수 없으며, 오직 계수만을 변화시켜 균형을 맞춰야 하고, 일반적으로 한 종류의 원소로 이루어진 물질(이 반응에서는 O_2)의 계수를 가장 나중에 정하는 것이 좋다.

$$C_4H_{10}(g) + O_2(g) \longrightarrow 4CO_2(g) + H_2O(l) \qquad \text{C에 대한 균형}$$
$$C_4H_{10}(g) + O_2(g) \longrightarrow CO_2(g) + 5H_2O(l) \qquad \text{H에 대한 균형}$$
$$C_4H_{10}(g) + 13/2\,O_2(g) \longrightarrow 4CO_2(g) + 5H_2O(l) \qquad \text{O에 대한 균형}$$

③ 계수는 정수로 맞춘다. 2단계의 세 번째 반응식은 모든 원소에 대해 균형이 맞춰졌으나 일반적으로 화학 반응식을 완결할 때는 정수 계수를 사용하므로 양변에 2를 곱하여 모든 계수를 가장 간단한 정수로 맞춘다.

$$2C_4H_{10}(g) + 13O_2(g) \longrightarrow 8CO_2(g) + 10H_2O(l)$$

④ 화살표 양쪽에 있는 원자의 종류와 개수가 동일한지 확인한다.

$$8개의\ C, 20개의\ H, 26개의\ O \longrightarrow 8개의\ C, 20개의\ H, 26개의\ O$$

⑤ 만약 동일한 다원자 이온이 반응식의 양쪽에 존재한다면 구성 원자를 개별적으로 계산하지 말고 다원자 이온 자체를 하나의 화학종으로 세어서 계수를 맞춘다.

예제 4-5

뷰티르산($C_4H_8O_2$)은 유지방에서 발견되는 화합물 중 하나로, 1800년대 후반에 상한 버터에서 처음으로 분리되었으며 최근 잠재적인 항암제로 관심을 받았다. 뷰티르산이 체내에서 대사될 때의 균형 잡힌 반응식을 구하라. (대사 반응은 연소와 전체 과정이 동일하며, 산소와 반응하여 이산화 탄소와 물이 생성되는 반응이다.)

풀이

• 1단계: 화합물을 반응물과 생성물로 먼저 분류한 후, 물리적 상태를 표시한다.

반응물: 뷰티르산 $C_4H_8O_2(aq)$, 산소 $O_2(g)$

생성물: 이산화 탄소 $CO_2(g)$, 물 $H_2O(l)$

• 2단계: 반응식을 만든다.

$$C_4H_8O_2(aq) + O_2(g) \longrightarrow CO_2(g) + H_2O(l)$$

$$4 - C - 1$$
$$4 - O - 3$$
$$8 - H - 2$$

• 3단계: 계수를 완성한다.

$$C_4H_8O_2(aq) + 5O_2(g) \longrightarrow 4CO_2(g) + 4H_2O(l)$$

$$4 - C - 4$$
$$12 - O - 12$$
$$8 - H - 8$$

예제 4-6

휘발유의 성분인 순수한 옥테인(옥탄, C_8H_{18}) 5.2×10^2 g이 연소 반응할 때 생성되는 CO_2의 질량을 계산하라. (단, 연소 반응의 생성물은 이산화 탄소와 수증기이고, 옥테인의 몰질량은 114.3 g/mol이다.)

풀이

- 1단계: 화합물을 반응물과 생성물로 먼저 분류한 후, 물리적 상태를 표시한다.

  반응물: 옥테인 $C_8H_{18}(l)$, 산소 $O_2(g)$

  생성물: 이산화 탄소 $CO_2(g)$, 수증기 $H_2O(g)$

- 2단계: 반응식을 만든다.

$$C_8H_{18}(l) + O_2(g) \longrightarrow CO_2(g) + H_2O(g)$$

$$8 - C - 1$$
$$2 - O - 3$$
$$18 - H - 2$$

- 3단계: 계수를 완성한다.

$$2C_8H_{18}(l) + 25O_2(g) \longrightarrow 16CO_2(g) + 18H_2O(g)$$

$$16 - C - 16$$
$$50 - O - 50$$
$$36 - H - 36$$

- 4단계: 몰수비를 이용하여 출발물질의 몰수로부터 목적물질의 몰수를 구한다.
- 5단계: 목적물질의 몰수에 목적물질의 몰질량을 곱해 질량을 구한다.

$$\text{g } C_8H_{18} \longrightarrow \text{mol } C_8H_{18} \longrightarrow \text{mol } CO_2 \longrightarrow \text{g } CO_2$$

$$\frac{1\,\text{mol } C_8H_{18}}{114.3\,\text{g } C_8H_{18}} \qquad \frac{16\,\text{mol } CO_2}{2\,\text{mol } C_8H_{18}} \qquad \frac{44.01\,\text{g } CO_2}{1\,\text{mol } CO_2}$$

풀이식: $5.2 \times 10^2\,\text{g } C_8H_{18} \times \dfrac{1\,\text{mol } C_8H_{18}}{114.3\,\text{g } C_8H_{18}} \times \dfrac{16\,\text{mol } CO_2}{2\,\text{mol } C_8H_{18}} \times \dfrac{44.01\,\text{g } CO_2}{1\,\text{mol } CO_2} = 1.60 \times 10^3\,\text{g } CO_2$

예제 4-7

수산화 바륨(Barium hydroxide) 수용액과 과염소산(Perchloric acid) 수용액이 반응하여 과염소산 바륨(Barium perchlorate)을 생성하는 중화 반응에 대해 반응식을 쓰고, 균형을 맞춰라.

풀이

- 1단계: 수산화 바륨과 과염소산이 반응하여 과염소산 바륨을 생성하는 중화 반응은 다음과 같은 균형을 맞추지 않은 화학 반응식으로 쓸 수 있다.

$$Ba(OH)_2(aq) + HClO_4(aq) \longrightarrow Ba(ClO_4)_2(aq) + H_2O(l)$$

$$1 - Ba - 1$$
$$2 - O - 1 \quad (ClO_4^- \text{의 O는 고려하지 않음})$$
$$3 - H - 2$$
$$1 - ClO_4^- - 2$$

- 2단계: Ba는 균형이 맞으므로 신경 쓰지 않고, 과염소산의 균형을 위해 $HClO_4$ 앞에 계수 2를 놓는다.

$$Ba(OH)_2(aq) + 2HClO_4(aq) \longrightarrow Ba(ClO_4)_2(aq) + H_2O(l)$$

$$1 - Ba - 1$$
$$2 - O - 1 \quad (ClO_4^- \text{의 O는 고려하지 않음})$$
$$4 - H - 2$$
$$2 - ClO_4^- - 2$$

- 3단계: O와 H의 균형을 위해 H_2O 앞에 계수 2를 놓으면 최종 균형 맞춤 반응식이 된다.

$$Ba(OH)_2(aq) + 2HClO_4(aq) \longrightarrow Ba(ClO_4)_2(aq) + 2H_2O(l)$$

$$1 - Ba - 1$$
$$2 - O - 2 \quad (ClO_4^- \text{의 O는 고려하지 않음})$$
$$4 - H - 4$$
$$2 - ClO_4^- - 2$$

4.4 한계 반응물과 화학 반응의 수득률

지금까지 반응식의 균형을 맞추는 것이 매우 중요하다고 배웠기에 화학자들은 항상 정확한 비율의 반응물을 사용할 것으로 생각한다. 하지만 화학 반응의 목표는 반응물(시작 물질)로부터 생성물(유용한 물질)을 최대한 얻어내는 것이므로 더 중요하거나 비싸고 취급이 어려운 반응물이 완전히 반응하도록 다른 반응물을 과량으로 넣는다. 4.2절 화학량론에서 나왔던 팬케이크 만드는 법을 기억해 보자.

밀가루 1컵 + 달걀 2개 + 베이킹파우더 1/2 티스푼 → 팬케이크 5장

만약 현재 밀가루 3컵, 달걀 10개, 베이킹파우더 4 티스푼이 있다면 최대로 만들 수 있는 팬케이크는 몇 장일까?

만들 수 있는 팬케이크의 최대량은 15장으로, 반응에서 모두 소비되는 반응물인 밀가루를 '한계 반응물(limiting reactant)', 반응이 끝난 이후에도 남아 있는 달걀과 베이킹파우더를 '초과 반응물(excess reactant)'이라고 한다. 최종 생성물의 양은 한계 반응물에 의해서 결정되는데, 이때 생성된 팬케이크의 최대량인 15장을 이 화학 반응의 '이론적 수득량(theoretical yield)'이라고 한다.

한계 반응물이 포함된 문제를 해결하는 첫 번째 단계는 한계 반응물이 무엇인지 찾아내는 것이다. 예를 들어 5 mol의 일산화 탄소(CO)와 8 mol의 수소(H_2)를 반응시킬 때 생성되는 메탄올(CH_3OH)의 양을 구하는 문제를 풀기 위해서는 먼저 균형 잡힌 화학 반응식을 써야 한다.

$$CO(g) + 2H_2(g) \longrightarrow CH_3OH(g)$$

화학량론을 이용하면 5 mol의 일산화 탄소가 완전히 반응하기 위해 필요한 수소는 10 mol이지만, 현재 수소는 8 mol밖에 없으므로 수소가 한계 반응물임을 알 수 있다. 8 mol의 수소가 완전히 반응하려면 4 mol의 일산화 탄소가 필요하고, 최종적으로 1 mol의 일산화 탄소는 반응하지 못하고 남게 되며, 일산화 탄소와 메탄올의 계수가 동일하므로 메탄올도 소비된 일산화 탄소와 동일한 4 mol(이론적 수득량)이 생성된다.

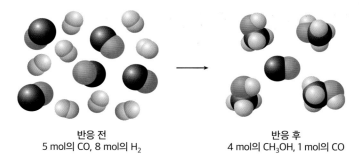

반응 전
5 mol의 CO, 8 mol의 H₂

반응 후
4 mol의 CH₃OH, 1 mol의 CO

그림 4-4 한계 반응물과 초과 반응물

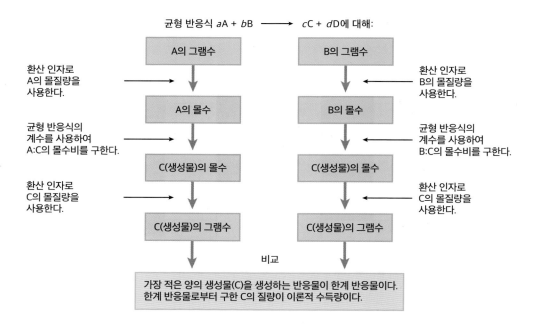

그림 4-5 이론적 수득량 계산 과정 순서도

예제 4-8

암모니아 생성 반응 $N_2(g) + 3H_2(g) \longrightarrow 2NH_3(g)$에서 만약 왼쪽 플라스크가 반응 전의 혼합물을 나타낸다면, 한계 반응물이 완전히 반응한 다음에 생성물을 나타내는 플라스크는 (a)~(c) 중 어느 것인가?

(계속)

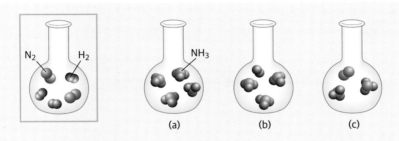

풀이

3개의 수소 분자 → 2개의 암모니아 분자

2개의 질소 분자 → 4개의 암모니아 분자

따라서 반응물들이 가능한 한 완전히 반응한다면 2개의 암모니아 분자가 만들어지고 1개의 질소 분자가 남을 것이므로 (c) 수소가 한계 반응물이다.

예제 4-9

우주 왕복선의 공기 공급 장치에는 산화 리튬을 이용하여 수증기를 제거하는 반응이 이용된다. (단, $Li = 7.00 \, g/mol$, $H = 1.01 \, g/mol$, $O = 16.0 \, g/mol$이다.)

$$Li_2O(s) + H_2O(g) \longrightarrow 2LiOH(s)$$

(a) 80.0 kg의 수증기를 제거하는 데 65.0 kg의 산화 리튬을 사용하였다면 어느 물질이 한계 반응물 인지 구하라.

(b) 남은 초과 반응물의 질량을 구하라.

풀이

(a) 산화 리튬의 몰수 = $65.0 \times 10^3 \, g \, / \, 30.0 \, g/mol = 2{,}167.7 \, mol$

수증기의 몰수 = $80.0 \times 10^3 \, g \, / \, 18.02 \, g/mol = 4{,}439.5 \, mol$

계수비가 1:1이므로 양이 적은 산화 리튬이 한계 반응물이다.

(b) 초과 반응물인 수증기의 남은 양 = $(4{,}439.5 - 2{,}167.7) \, mol = 2{,}271.8 \, mol$

$2{,}271.8 \, mol \times 18.02 \, g/mol = 40{,}937 \, g = 41.0 \, kg$

화학량론을 이용하여 생성물의 양을 계산할 때 한계 반응물이 '완전히' 반응한다고 가정했지만, 실제 화학 반응은 부반응과 역반응 등이 발생하므로 실제로 생성되는 생성물의 양은 화학량론으로 계산한 이론적 수득량보다 적으며, 이를 '실제 수득량(actual yield)'이라고 한다. 따라서 화학 반응의 정도를 파악하기 위해서는 이론적 수득량에 대한 실제 수득량의 비율을 백분율로 나타낸 '수득 백분율'을 사용한다.

$$수득\ 백분율 = \frac{생성물의\ 실제\ 수득량}{생성물의\ 이론적\ 수득량} \times 100\%$$

예제 4-10

발암성이 의심되어 현재 많은 지역에서 사용이 중단된 휘발유 첨가제인 메틸 *tert*−뷰틸 에터 (MTBE, $C_5H_{12}O$)는 아이소뷰틸렌(C_4H_8)과 메탄올(CH_4O)을 반응시켜 제조할 수 있다. 26.3 g의 아이소뷰틸렌과 충분한 양의 메탄올을 반응시켜 32.8 g의 MTBE를 얻은 경우, 이 반응의 수득 백분율을 계산하라.

$$C_4H_8(g) + CH_4O(l) \longrightarrow C_5H_{12}O(l)$$
아이소뷰틸렌   메탄올   메틸 *tert*−뷰틸 에터(MTBE)

메틸 *tert*-뷰틸 에터

풀이

• 1단계: 몰질량을 계산한다.

  아이소뷰틸렌의 몰질량 = 56.0 g/mol

  MTBE의 몰질량 = 88.0 g/mol

• 2단계: 생성물의 이론적 양을 계산한다.

$$26.3\,g\ 아이소뷰틸렌 \times \frac{1\,mol\ 아이소뷰틸렌}{56.0\,g\ 아의소뷰틸렌} = 0.470\,mol\ 아이소뷰틸렌$$

(계속)

$$0.470 \,\text{mol 아이소뷰틸렌} \times \frac{1 \,\text{mol MTBE}}{1 \,\text{mol 아이소뷰틸렌}} \times \frac{88.0 \,\text{g MTBE}}{1 \,\text{mol MTBE}} = 41.4 \,\text{g MTBE}$$

- 3단계: 수득 백분율 식을 계산한다.

$$\frac{32.8 \,\text{g MTBE}}{41.4 \,\text{g MTBE}} \times 100\% = 79.2\%$$

예제 4-11

1년에 700억 정 이상 팔리는 아스피린(아세틸 살리실산)은 세계에서 가장 널리 사용되는 진통제로, 살리실산과 무수 아세트산을 반응시켜 제조한다. 살리실산 104.8 g과 무수 아세트산 110.9 g을 반응시켜 아스피린 105.6 g이 생성되었을 때 수득 백분율을 구하라.

살리실산   무수아세트산   아스피린(아세틸 살리실산)   아세트산

풀이

$$살리실산 = 104.8 \,\text{g C}_7\text{H}_6\text{O}_3 \times \frac{1 \,\text{mol C}_7\text{H}_6\text{O}_3}{138.12 \,\text{g C}_7\text{H}_6\text{O}_3} = 0.7588 \,\text{mol C}_7\text{H}_6\text{O}_3$$

$$무수 \,아세트산 = 110.9 \,\text{g C}_4\text{H}_6\text{O}_3 \times \frac{1 \,\text{mol C}_4\text{H}_6\text{O}_3}{102.09 \,\text{g C}_4\text{H}_6\text{O}_3} = 1.086 \,\text{mol C}_4\text{H}_6\text{O}_3$$

더 작은 몰수인 살리실산($C_7H_6O_3$)이 한계 반응물이고, 살리실산과 아스피린의 화학량론적 몰수 비는 1:1이므로 아스피린도 0.7588 mol 생성된다.

$$0.7588 \,\text{mol C}_9\text{H}_8\text{O}_4 \times \frac{180.15 \,\text{g C}_9\text{H}_8\text{O}_4}{1 \,\text{mol C}_9\text{H}_8\text{O}_4} = 136.7 \,\text{g C}_9\text{H}_8\text{O}_4$$

따라서 아스피린의 이론적 수득량은 136.7 g이지만, 실제 수득량이 105.6 g이므로 수득 백분율은 다음과 같이 구할 수 있다.

$$수득 \,백분율(\%) = \frac{105.6 \,\text{g}}{136.7 \,\text{g}} \times 100\% = 77.25\%$$

4.5 조성 백분율과 실험식, 분자식

화합물을 나타내는 화학식에는 여러 종류가 있지만, 여기서는 가장 중요한 네 가지 화학식인 실험식, 분자식, 시성식, 구조식에 대해서 알아볼 것이다.

- 실험식(empirical formula): 화합물을 구성하는 원자를 가장 간단한 정수비로 나타낸 식
- 분자식(molecular formula): 화합물을 구성하는 원자의 실제 개수를 나타낸 식(실험식과 동일하거나 실험식의 정수배)
- 시성식(rational formula): 화합물의 성질을 보여주는 작용기 등을 표시한 식
- 구조식(structural formula): 화합물을 구성하는 원자 간의 결합을 모두 나타낸 식

예를 들어 식초의 성분인 아세트산의 네 가지 화학식은 다음과 같다.

- 실험식: CH_2O
- 분자식: $C_2H_4O_2$
- 시성식: CH_3COOH(카복실산임을 나타내는 작용기 $-COOH$를 표기하여 약산임을 보여주며, 최근에는 CH_3CO_2H로 표기함)
- 구조식:

$$H-\underset{\underset{H}{|}}{\overset{\overset{H}{|}}{C}}-\overset{\overset{\cdot\cdot O\cdot\cdot}{\|}}{C}-\overset{\cdot\cdot}{\underset{\cdot\cdot}{O}}-H$$

우리가 흔히 사용하던 아세트산의 화학식(CH_3COOH)은 분자식이 아니라 시성식이었으며, 아세트산과 같이 탄소와 수소가 결합한 탄화 수소를 기본 구조로 하는 유기 화합물(탄소 화합물)은 물질의 성질을 나타내기 위해 시성식을 주로 사용한다.

미지 시료의 화학식을 결정하기 위해서는 시료를 분석하여 구성 원소의 종류와 조성 백분율을 알아내야 한다. 화합물의 '조성 백분율'이란 그 화합물을 구성하는 각 원소의 질량을 백분율로 나타낸 것으로, 어떤 화합물의 조성 백분율이 탄소 40.0%, 수소 6.7%, 산소 53.3%라는 것은 이 화합물 100 g 속에 탄소 원자 40.0 g, 수소 원자 6.7 g, 산소 원자 53.3 g을 포함한다는 의미이다. 따라서 원자의 질량 백분율을 각 원자의 원자량으로 나누어 원자들 사이의 간단한 정수비를 나타내는 실험식을 구한다. 만약 분자량 측정이 가능하다면 분자량과 실험식량의 비율을 계산하고 실험식을 정수배하여 분자식을 구한다.

예제 4-12

어떤 화합물의 조성 백분율은 탄소 84.1%와 수소 15.9%이고, 몰질량이 114.2 g/mol일 때, 이 화합물의 실험식과 분자식을 구하라.

풀이

화학식은 조성 백분율을 이용하여 결정할 수 있다.

시료 = 100.0 g (C = 84.1 g, H = 15.9 g)

$$84.1\,g\,C \times \frac{1\,mol\,C}{12.01\,g\,C} = 7.00\,mol\,C$$

$$15.9\,g\,H \times \frac{1\,mol\,H}{1.008\,g\,H} = 15.8\,mol\,H$$

$$C_{\left(\frac{7.00}{7.00}\right)}H_{\left(\frac{15.8}{7.00}\right)} = C_1H_{2.26}$$

$$C_{(1 \times 4)}H_{(2.26 \times 4)} = C_4H_{9.04} = C_4H_9$$

실험식은 최소의 정수비이므로 C_4H_9이고, 실험식량은 57.1이다.

이 화합물의 몰질량은 114.2 g/mol이므로 분자식은 실험식의 2배인 C_8H_{18}이다.

'연소 분석(combustion analysis)'은 유기 화합물의 조성 백분율과 실험식을 결정하는 가장 일반적이고 중요한 방법이다. 미지의 유기 화합물 시료를 산소로 연소시켰을 때 생성되는 이산화 탄소와 물의 질량을 측정하여 시료를 구성하는 탄소와 수소의 질량을 알아낼 수 있다. 이산화 탄소와 물을 구성하는 산소는 시료 속에 포함되어 있던 것인지 연소 반응을 위하여 외부에서 공급된 것인지 확신할 수 없으므

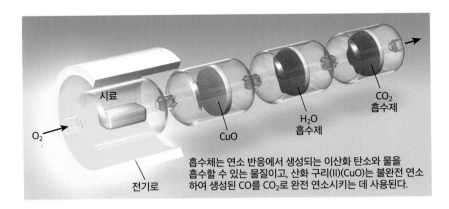

흡수체는 연소 반응에서 생성되는 이산화 탄소와 물을 흡수할 수 있는 물질이고, 산화 구리(II)(CuO)는 불완전 연소하여 생성된 CO를 CO_2로 완전 연소시키는 데 사용된다.

그림 4-6 연소 분석 장치

* 출처: Julia R. Burdge & Jason Overby. (2018). 일반화학: 원자부터 시작하기(3판). (이경림 외 옮김). 교문사.

로 만약 시료 속에 산소가 있었다면 전체 시료의 질량에서 연소 분석을 통해 구해진 탄소와 수소의 질량을 빼서 산소의 질량을 구해야 한다. 이렇게 시료를 구성하는 원소들의 질량을 구한 후 각 원소의 몰질량으로 나누어 몰수로 변환하고 각 원소의 몰수를 가장 간단한 정수비로 환산하여 실험식을 구하고, 질량분석기를 통해 결정된 분자량을 이용하여 분자식까지 구할 수 있다.

C, H, O로 구성된 미지 시료 11.5 g을 연소하여 CO_2 22.0 g과 H_2O 13.5 g이 생성되었을 때 실험식을 결정하는 방법은 다음과 같다.

① 먼저 시료 속 탄소와 수소의 원자 질량부터 계산한다.

$$C의 \ 질량 = 22.0 \, g \, CO_2 \times \frac{1 \, mol \, CO_2}{44.01 \, g \, CO_2} \times \frac{1 \, mol \, C}{1 \, mol \, CO_2} \times \frac{12.01 \, g \, C}{1 \, mol \, C} = 6.00 \, g \, C$$

$$H의 \ 질량 = 13.5 \, g \, H_2O \times \frac{1 \, mol \, H_2O}{18.02 \, g \, H_2O} \times \frac{2 \, mol \, H}{1 \, mol \, H_2O} \times \frac{1.008 \, g \, H}{1 \, mol \, H} = 1.51 \, g \, H$$

② 시료 질량에서 탄소와 수소의 질량을 빼서 시료 속 산소의 질량을 구한다.

$$O의 \ 질량 = 시료 \ 질량 - (C의 \ 질량 + H의 \ 질량)$$
$$= 11.5 \, g - (6.00 \, g + 1.51 \, g) = 4.0 \, g$$

③ 원소의 질량을 각 원소의 몰질량으로 나누어 몰수를 계산한다.

$$C의 \ 몰수 = 6.00 \, g \, C \times \frac{1 \, mol \, C}{12.01 \, g \, C} = 0.500 \, mol \, C$$

$$H의 \ 몰수 = 1.51 \, g \, H \times \frac{1 \, mol \, H}{1.008 \, g \, H} = 1.50 \, mol \, H$$

$$O의 \ 몰수 = 4.0 \, g \, O \times \frac{1 \, mol \, O}{16.00 \, g \, O} = 0.25 \, mol \, O$$

④ 각 원소의 몰수를 최소 정수비로 써서 실험식을 구한다.

실험식: C_2H_6O

예제 4-13

(a) 비타민 C(아스코르브산)는 질량으로 C 40.92%, H 4.58%, O 54.50%를 포함한다. 아스코르브산의 실험식을 구하라.

(b) 아스코르브산 분자 1개에 들어 있는 탄소 원자가 6개일 때 실험식을 분자식으로 변환하려면 실험식에 어떤 정수를 곱해야 하는지 결정하고, 아스코르브산의 분자식을 구하라.

(계속)

풀이

(a) • 1단계: 시료에 있는 각 원소의 질량을 몰수로 변환한다.

$$40.92 \text{ g C} \times \frac{1 \text{ mol C}}{12.0 \text{ g C}} = 3.41 \text{ mol C}$$

$$4.58 \text{ g H} \times \frac{1 \text{ mol H}}{1.01 \text{ g H}} = 4.53 \text{ mol H}$$

$$54.50 \text{ g O} \times \frac{1 \text{ mol O}}{16.0 \text{ g O}} = 3.41 \text{ mol O}$$

• 2단계: 몰수비를 구하기 위해 가장 작은 몰수로 모든 원자들의 몰수를 나누어 임시 화학식을 구한다.

임시 화학식: $C_1H_{1.33}O_1$

• 3단계: 임시 화학식의 모든 원자수가 가장 간단한 정수에 가깝도록 3을 곱하여 실험식에 속한 정수 아래 첨자를 결정한다. 따라서 아스코르브산의 실험식은 $C_3H_4O_3$이다.

$$C_{(1 \times 3)}H_{(1.33 \times 3)}O_{(1 \times 3)} = C_3H_4O_3$$

(b) 아스코르브산 분자 1개에 탄소 원자 6개가 들어 있으므로 아스코르브산의 분자식은 $C_6H_8O_6$이다. 실험식($C_3H_4O_3$)의 아래 첨자에 2를 곱하면 분자식이 된다.

예제 4-14

악취의 원인 물질 중 하나로 유명한 카프로산은 탄소, 수소, 산소를 포함한다. 0.450 g의 카프로산 시료를 연소 분석하여 0.418 g의 H_2O와 1.023 g의 CO_2를 얻었다. 카프로산의 실험식을 구하고, 카프로산의 분자량이 116.2인 경우 분자식을 구하라.

풀이

• 1단계: 시료에 있는 C와 H의 몰수를 구한다.

$$C\text{의 몰수} = 1.023 \text{ g CO}_2 \times \frac{1 \text{ mol CO}_2}{44.01 \text{ g CO}_2} \times \frac{1 \text{ mol C}}{1 \text{ mol CO}_2} = 0.023\,24 \text{ mol C}$$

$$H\text{의 몰수} = 0.418 \text{ g H}_2\text{O} \times \frac{1 \text{ mol H}_2\text{O}}{18.02 \text{ g H}_2\text{O}} \times \frac{2 \text{ mol H}}{1 \text{ mol H}_2\text{O}} = 0.0464 \text{ mol H}$$

(계속)

- 2단계: 시료에 있는 C와 H의 질량을 구한다.

  C의 질량 = $0.023\,24\,\text{mol C} \times \dfrac{12.01\,\text{g C}}{1\,\text{mol C}} = 0.2791\,\text{g C}$

  H의 질량 = $0.0464\,\text{mol H} \times \dfrac{1.01\,\text{g H}}{1\,\text{mol H}} = 0.0469\,\text{g H}$

  $0.450\,\text{g} - (0.2791\,\text{g} + 0.0469\,\text{g}) = 0.124\,\text{g}$

  출발 시료에 남아 있는 산소의 질량은 0.124 g이다.

- 3단계: O의 몰수를 구한다.

  시료에는 산소도 존재하므로 '누락된' 질량은 산소로 인한 것이어야 한다.

  O의 몰수 = $0.124\,\text{g O} \times \dfrac{1\,\text{mol O}}{16.00\,\text{g O}} = 0.007\,75\,\text{mol O}$

- 4단계: 원소의 몰수비를 구한다.

  $C_{\left(\frac{0.02324}{0.00775}\right)} H_{\left(\frac{0.0464}{0.00775}\right)} O_{\left(\frac{0.00775}{0.00775}\right)} = C_3H_6O$

- 5단계: 분자식을 구한다.

  카프로산의 실험식은 C_3H_6O이고, 실험식량은 58.1이다. 카프로산의 분자량이 116.2, 즉 실험식량의 2배이므로 카프로산의 분자식은 $C_{(3\times2)}H_{(6\times2)}O_{(1\times2)} = C_6H_{12}O_2$이다.

MEMO

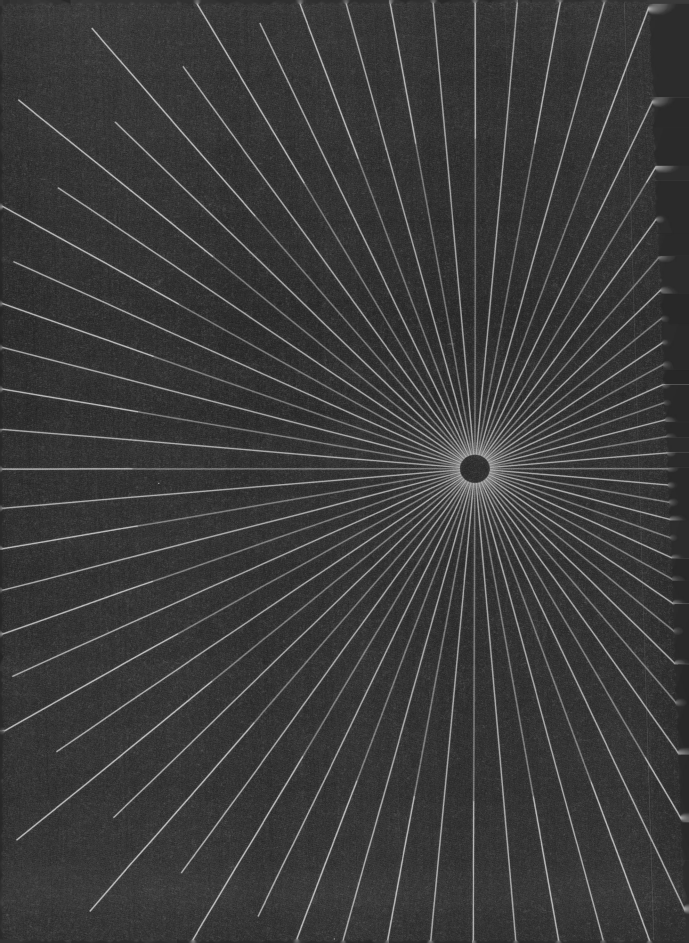

5장

수용액의 기본 반응

'용액(solution)'이란 두 가지 이상의 물질들이 균일하게 섞여 있는 상태, 즉 균일 혼합물을 의미하고, ●표 5-1에 나타난 것처럼 항상 액체 상태인 것은 아니다. 용액을 구성하는 성분 중에서 양이 적은 물질을 '용질(녹아 들어가는 물질, solute)'이라 하고, 양이 많은 물질을 '용매(녹이는 물질, solvent)'라고 한다.

대부분의 화학 반응이 용액 상태로 진행되는 이유는 반응이 빠르고 효과적으로 일어날 수 있도록 반응 물질 간의 거리를 좁히기 위해서이다. 예를 들어 질산 은과 염화 포타슘을 반응시켜 새로운 생성물을 만들려고 할 때 상온에서 고체 상태인 두 물질을 혼합해 봤자 반응 속도가 너무 느려서 반응이 진행되지 않는 것처럼 보인다. 하지만 두 고체 물질을 물에 녹인 수용액 상태로 만들어서 혼합시키면 바로 흰색 앙금이 생성되어 가라앉는 것을 볼 수 있다. 이는 질산 은과 염화 포타슘이 물에 녹아서 해리되어 생긴 양이온과 음이온이 빠르게 반응한다는 사실을 보여주며, 화학자들은 효과적인 반응 진행을 위하여 대부분의 반응물을 용액 상태로 만든다.

- $KCl(s) + AgNO_3(s) \longrightarrow$ 반응 없음

  (하지만 이 두 반응물을 물에 녹이면 이온 결합 물질 간의 새로운 결합이 생기면서 화학 반응이 일어나 침전을 생성한다.)

- $KCl(aq) + AgNO_3(aq) \longrightarrow AgCl(s) + KNO_3(aq)$

- $K^+(aq) + Cl^-(aq) + Ag^+(aq) + NO_3^-(aq) \longrightarrow AgCl(s) + K^+(aq) + NO_3^-(aq)$

이 장에서는 용액 중에서도 가장 널리 사용되는 수용액의 화학 반응에서 가장 중요한 세 가지 종류인 침전 반응, 산-염기 반응, 산화-환원 반응에 대해 알아볼 것이다. 또한 특별한 언급이 없는 한 앞으로 용액은 모두 수용액을 의미한다.

표 5-1 상태에 따른 용액의 종류

용매	용질	용액	예
기체(N_2)	기체(O_2, CO_2, Ar ⋯)	기체	공기
액체(물)	기체(CO_2)	액체	탄산수
액체(물)	액체(H_2O_2)	액체	3% 과산화 수소 소독약
액체(물)	고체(소금, NaCl)	액체	소금물
고체(은, Ag)	액체(수은, Hg)	고체	아말감
고체(구리, Cu)	고체(아연, Zn)	고체	놋쇠

5.1 전해질과 비전해질

소금과 설탕은 모두 물에 녹지만, 설탕은 물에 녹아 물 분자에 둘러싸인 상태로 안정해지는 수화 상태로만 존재하므로 전기가 통하지 않고, 이온 결합 물질인 소금은 물에 녹아 양이온인 소듐 이온(Na^+)과 음이온인 염화 이온(Cl^-)으로 해리되므로 전기를 전도한다. 이때 '해리(dissociation)'는 이온 결합 물질이 물에 녹아 양이온과 음이온으로 분리되는 현상을 말한다.

$$C_{12}H_{22}O_{11}(s) \xrightarrow{\text{H}_2\text{O}} C_{12}H_{22}O_{11}(aq)$$
$$\text{설탕}$$

$$NaCl(s) \xrightarrow{\text{H}_2\text{O}} Na^+(aq) + Cl^-(aq)$$

물에 용해되어 전기를 전도하지 않는 물질을 '비전해질(nonelectrolyte)'이라 하고, 물에 녹아 전기를 전도하는 물질을 '전해질(electrolyte)'이라고 한다. 전해질은 이온으로 분리되는 정도에 따라 강전해질과 약전해질로 나뉜다. 앞의 예시처럼 전해질은 대부분 물에 녹는 이온 결합 물질이지만($CaCO_3$와 같이 물에 녹지 않는 이온 결합 물질은 전해질이 아니라는 것에 주의한다), 몇몇 분자 화합물도 전해질이 될 수 있다.

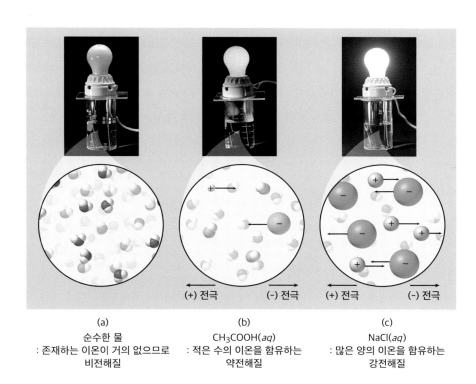

(a)
순수한 물
: 존재하는 이온이 거의 없으므로
비전해질

(b)
$CH_3COOH(aq)$
: 적은 수의 이온을 함유하는
약전해질

(c)
$NaCl(aq)$
: 많은 양의 이온을 함유하는
강전해질

그림 5-1 수용액의 전기 전도도 실험
* 출처: Julia R. Burdge. (2017). 일반화학(4판). (박경호 외 옮김). 교문사.

표 5-2 널리 사용되는 물질들의 전해질 분류

강전해질	약전해질	비전해질
HCl, HBr, HI	CH₃CO₂H	H₂O
HClO₄	HF	CH₃OH(메틸 알코올)
HNO₃	HCN	C₂H₅OH(에틸 알코올)
H₂SO₄	NH₃	C₁₂H₂₂O₁₁(설탕)
KBr		대부분의 탄소 화합물(유기 화합물)
NaCl		
NaOH, KOH		
기타 가용성 이온 결합 화합물		

$$HCl(g) \xrightarrow{\text{H}_2\text{O}} H^+(aq) + Cl^-(aq)$$

$$CH_3COOH(l) + H_2O(l) \rightleftarrows CH_3COO^-(aq) + H_3O^+(aq)$$

가역 반응: 반응이 양방향으로 모두 일어남

$$NH_3(g) + H_2O(l) \rightleftarrows NH_4^+(aq) + OH^-(aq)$$

분자 화합물이 물에 녹아 이온을 생성하는 반응은 '이온화(ionization)'라 하고, 전해질인 분자 화합물에는 염산 용액처럼 화살표가 한 개, 즉 완전 이온화되는 강전해질도 있지만, 아세트산 수용액이나 암모니아 수용액처럼 이중 화살표로 나타내는 물질은 이온화되는 반응과 역반응이 함께 일어나서 적은 양의 이온만을 생성하는 약전해질이 대부분이다. ●표 5-2에서 알 수 있듯이 강전해질은 대부분 강산, 강염기, 그리고 물에 녹는 이온 결합 물질(주로 +1/−1로 구성)이며, 약전해질은 약산과 약염기이다.

예제 5-1

다음 화합물을 강전해질, 약전해질, 비전해질로 분류하라.

(a) 에틸 알코올(C₂H₅OH)   (b) 수산화 소듐(NaOH)   (c) 황화 수소(H₂S)

풀이

(a) 에틸 알코올(C₂H₅OH)은 물과 완전히 섞이지만 이온화되지 않으므로 비전해질이다.

(b) 수산화 소듐(NaOH)은 이온 결합 물질이자 강염기이므로 강전해질이다.

(c) 황화 수소(H₂S)는 물에 녹아 약산인 황화 수소산이 되므로 약전해질이다.

5.2 수용액의 몰농도

화학 반응이 효과적으로 일어나려면 분자나 이온이 접촉하기 쉽도록 반응물을 용액, 주로 수용액 상태로 만들어야 하고, 반응물과 생성물의 양적 관계를 나타내는 화학량론 계산은 항상 몰수를 이용한다. 따라서 용액 속에 들어 있는 용질의 양을 나타내는 농도의 종류 중에서 몰농도를 가장 많이 사용한다. '몰농도(molarity)'는 용액 1 L에 들어 있는 용질의 몰수(mol)로 정의되는 농도이며, 단위는 M(= mol/L)을 사용한다.

- 몰농도(M) $= \dfrac{\text{용질의 몰수(mol)}}{\text{용액의 부피(L)}}$

- 용질의 몰수(mol) $=$ 몰농도(M) $\times$ 용액의 부피(L)

- 용액의 부피(L) $= \dfrac{\text{용질의 몰수(mol)}}{\text{몰농도(M)}}$

    몰농도 용액을 만들 때는 용액의 정확한 부피를 측정할 수 있는 부피 플라스크를 사용하며, 용질이 고체인 경우에는 ●그림 5-2처럼 용질을 먼저 부피 플라스크에 넣고 물을 플라스크 부피의 절반 정도 첨가한 후 완전히 혼합하고 나서 용액의 부피가 눈금에 정확하게 도달할 때까지 물을 더 넣어준다. 그러나 용질이 액체, 그중에서도 물과 섞일 때의 용해열이 엄청나게 큰 진한 황산 같은 물질이라면 절대 용질을 먼저 넣으면 안 되고, 다량의 물에 용질을 한 방울씩 떨어뜨리는 방법을 이용하여 한꺼번에 열이 방출되지 않도록 해야 한다.

몰농도 용액을 만드는 방법

예를 들어 1.0 M NaOH 용액 1.0 L를 만들려면 1.0 mol의 NaOH를 충분한 양의 물에 녹인 후 최종 용액의 부피를 1.0 L가 되도록 해야 한다.

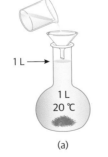

(a)
1 mol의 용질을
1 L의 부피 플라스크에 넣는다.

(b)
용매에 녹인다.

(c)
용매를 1 L 눈금 표시까지
더 넣고 잘 섞는다.

그림 5-2 몰농도 용액을 만드는 방법

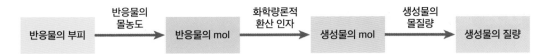

그림 5-3 몰농도를 이용한 용액의 화학량론

　몰농도 용액의 특징 중 가장 중요한 것은 용액의 최종 부피이지, 사용된 물의 부피가 아니다. 예를 들어 ●그림 5-2에서 만든 1.0 M NaOH 수용액 1 L 속에는 NaOH가 1 mol 들어 있으므로 이 용액 300 mL를 다른 용액에 첨가한다면 NaOH 0.3 mol을 첨가한 것과 같으며, 실제 포함된 물의 양은 반응물이 아니기 때문에 알 필요가 없다. 즉, 과장되게 말하면 몰농도는 실험하는 단계마다 저울을 사용하여 질량을 측정하고 싶지 않은 화학자들이 몰수 단위로 실험을 편하게 수행하려고 만든 농도이며, 용액의 부피를 기준으로 하기 때문에 온도에 따라 부피가 변하는 액체의 특성상 온도가 크게 변하는 반응에서는 정확한 실험 수행이 어렵다는 단점이 있다.

예제 5-2

9.34 g의 염화 포타슘(KCl)을 물에 녹여 최종 부피가 250.0 mL인 용액을 만들었다. 이 용액의 몰농도를 계산하라. (단, KCl = 74.55 g/mol이다.)

풀이

$$9.34 \text{ g KCl} \times \frac{1 \text{ mol KCl}}{74.55 \text{ g KCl}} = 0.125 \text{ mol KCl}$$

$$몰농도 = \frac{0.125 \text{ mol KCl}}{0.250 \text{ L 용액}} = 0.5 \text{ M KCl}$$

예제 5-3

0.30 M HCl 수용액 200 mL와 0.50 M NaOH 수용액 100 mL를 혼합하여 다음과 같은 중화 반응을 할 때 생성되는 NaCl의 몰수를 구하라.

$$\text{HCl}(aq) + \text{NaOH}(aq) \longrightarrow \text{H}_2\text{O}(l) + \text{NaCl}(aq)$$

(계속)

풀이

화학량론적으로 HCl과 NaOH는 1:1로 반응하여 동일한 몰수의 NaCl을 생성한다.

용질의 몰수(mol) = 몰농도(M) × 용액의 부피(L)

HCl의 몰수 = 0.30 M × 0.200 mL = 0.06 mol

NaOH의 몰수 = 0.50 M × 0.100 mL = 0.05 mol

따라서 생성되는 NaCl의 몰수는 0.05 mol이다.

진한 용액에 물을 첨가하여 묽은 용액으로 만드는 과정인 '희석(dilution)'도 몰농도의 정의를 이용한 중요한 과정이다. 희석은 진한 용액에 용매인 물만 첨가하여 용액의 농도를 바꾸는 과정이므로 희석 전후 용질의 몰수는 일정하다.

$$\text{용질의 몰수(일정)} = \text{몰농도} \times \text{부피} = M_i \times V_i = M_f \times V_f$$

여기서 M_i는 초기 몰농도, V_i는 초기 부피, M_f는 최종 몰농도, V_f는 희석 후 최종 부피이다. 이때 양변에 사용하는 부피 단위는 원칙적으로 리터(L)이지만, 양쪽 모두 동일하게 밀리리터(mL)를 사용하여 계산해도 된다.

예제 5-4

시약 회사에서 판매하는 진한 염산은 주로 12.0 M이다. 0.125 M 염산 용액 250.0 mL를 만들기 위해서 필요한 진한 염산의 부피(mL)를 계산하라.

풀이

진한 용액의 몰농도 × 진한 용액의 부피 = 묽은 용액의 몰농도 × 묽은 용액의 부피

$12.0 \, M \times X \, mL = 0.125 \, M \times 250.0 \, mL$

$$X = \frac{0.125 \, M \times 250.0 \, mL}{12.0 \, M} = 2.60 \, mL$$

따라서 진한 염산 용액 2.60 mL가 필요하다.

5.3 침전 반응과 용해도 규칙

이온 결합 물질 사이의 반응은 반응물 간 이온이 교환되는 상호 교환(또는 이중 치환) 반응으로 알려져 있으며 분자 반응식, 이온 반응식, 그리고 가장 중요한 알짜이온 반응식 등으로 다양하게 표기할 수 있다. 지금까지 사용한 반응식은 반응에 관여한 모든 물질이 마치 분자인 것처럼 완전한 화학식을 사용하여 표기한 '분자 반응식(molecular equation)'이며, 황산 소듐(Na_2SO_4) 수용액과 수산화 바륨($Ba(OH)_2$) 수용액 사이 반응을 예로 들어 이온 반응식과 알짜이온 반응식을 쓰는 방법을 살펴보자.

① 분자 반응식

$$Na_2SO_4(aq) + Ba(OH)_2(aq) \longrightarrow 2NaOH(aq) + BaSO_4(s)$$

일반적으로 사용하는 분자 반응식에서는 황산 소듐과 수산화 바륨이 완전히 해리되어 이온으로 존재한다는 사실을 알 수가 없다. 따라서 해리된 모든 이온이 명확하게 보이도록 '이온 반응식(ionic equation)'으로 반응을 표기하는 것이 더 정확한 정보를 제공한다.

② 이온 반응식

$$2Na^+(aq) + SO_4^{2-}(aq) + Ba^{2+}(aq) + 2OH^-(aq) \longrightarrow 2Na^+(aq) + 2OH^-(aq) + BaSO_4(s)$$

반응에 참여하는 물질이 더 정확하게 드러나는 이온 반응식보다 분자 반응식을 주로 사용하는 이유는 물질의 화학식 옆에 표기된 상태(g, l, s, aq) 등의 정보를 통하여 분자 반응식을 해석하면 실제 반응한 물질을 구별할 수 있기 때문이다. (모든 반응식을 이온 반응식으로 쓰면 교과서 두께가 약 1.5배 이상 될 것이다.)

③ 알짜이온 반응식

$$2\cancel{Na^+(aq)} + SO_4^{2-}(aq) + Ba^{2+}(aq) + \cancel{2OH^-(aq)} \longrightarrow 2\cancel{Na^+(aq)} + \cancel{2OH^-(aq)} + BaSO_4(s)$$

$$Ba^{2+}(aq) + SO_4^{2-}(aq) \longrightarrow BaSO_4(s)$$

이온 반응식을 통하여 소듐 이온(Na^+)과 수산화 이온(OH^-)은 반응 전후에 변함이 없음을 알 수 있고, 이렇게 반응물과 생성물 모두에서 나타나며 단지 전하의 균형을 맞추는 역할을 하는 이온을 '구경꾼 이온(spectator ion)'이라 한다. 구경꾼 이온을 제거하여 실제 반응하는 물질만을 나타낸 반응식이 '알짜이온 반응식(net ionic equation)'이다.

예제 5-5

염화 소듐(NaCl) 수용액과 질산 은(AgNO₃) 수용액이 결합하여 흰색의 염화 은(AgCl) 고체를 생성하는 반응의 분자 반응식, 이온 반응식, 알짜이온 반응식을 구하라.

풀이

- 분자 반응식: $NaCl(aq) + AgNO_3(aq) \longrightarrow AgCl(s) + NaNO_3(aq)$
- 이온 반응식: $Na^+(aq) + Cl^-(aq) + Ag^+(aq) + NO_3^-(aq)$

$$\longrightarrow AgCl(s) + Na^+(aq) + NO_3^-(aq)$$

- 알짜이온 반응식: $Ag^+(aq) + Cl^-(aq) \longrightarrow AgCl(s)$

그렇다면 이온 결합 물질은 모두 물에 녹을까? '용해도(solubility)'란 특정 온도에서 정해진 양의 용매에 녹을 수 있는 용질의 최대량으로 정의되고, 보통 어떤 물질이 0.01 M 이상의 농도로 용해되면 '가용성(soluble)', 그렇지 못하면 '불용성(insoluble)'으로 구분한다. 이온 결합 물질이 가용성이 되기 위해서는 이온을 당기는 물 분자들의 인력이 이온-이온 사이의 인력보다 크거나 같아서 이온이 해리되어 움직이는 입자들의 수가 많아지는, 즉 무질서도(엔트로피)가 커지는 방향이 우세하게 일어나야 한다. 가용성 반응물이 섞이면서 불용성 침전 생성물을 만드는 침전 반응에서 고체인 침전을 생성한 이온들은 용액에서 제거된다.

화학 반응마다 인력의 크기를 비교하여 이온 결합 물질의 가용성을 판단하기는 쉽지 않으므로 3.2절에서 배운 용해도 규칙을 이용하여 생성물의 가용성을 예측하도록 하자.

이온 결합 물질의 용해도 규칙

① +1 양이온과 −1 음이온이 결합한 물질은 대부분 용해된다.

(예외: Cl^-, Br^-, I^-는 Ag^+, Hg_2^{2+}, Pb^{2+}와 결합할 때만 침전됨)

② +2, +3 양이온과 −2, −3 음이온이 결합한 물질은 대부분 침전된다.

(예외: SO_4^{2-}를 포함하는 화합물은 대부분 용해되며, Ag^+, Hg_2^{2+}, Pb^{2+}, Ca^{2+}, Sr^{2+}, Ba^{2+}와 결합할 때만 침전됨)

③ +1 양이온과 −2, −3 음이온이 결합한 물질은 대부분 침전된다.

(예외: 양이온이 Li^+, Na^+, K^+, NH_4^+일 때는 무조건 용해됨)

④ +2, +3 양이온과 −1 음이온이 결합한 물질은 대부분 침전된다.

  (예외: 음이온이 NO_3^-, CH_3COO^-, ClO_4^-, ClO_3^-일 때는 무조건 용해됨)

⑤ 염기성을 나타내는 수산화 이온(OH^-)은 1족의 양이온(Li^+, Na^+, K^+ …)과 Ba^{2+}와 결합할 때만 물에 용해된다.

표 5-3 자주 쓰이는 무기 이온의 이름

양이온	음이온
구리(I) 이온 또는 제일구리 이온(Cu^+)	과망가니즈산 이온(MnO_4^-)
구리(II) 이온 또는 제이구리 이온(Cu^{2+})	과산화 이온(O_2^{2-})
소듐 이온(Na^+)	다이크로뮴산 이온($Cr_2O_7^{2-}$)
납(II) 이온 또는 제일납 이온(Pb^{2+})	브로민화 이온(Br^-)
루비듐(Rb^+)	사이안화 이온(CN^-)
리튬 이온(Li^+)	산화 이온(O^{2-})
마그네슘 이온(Mg^{2+})	수산화 이온(OH^-)
망가니즈(II) 이온 또는 제일망가니즈 이온(Mn^{2+})	수소화 이온(H^-)
바륨 이온(Ba^{2+})	싸이오사이안산 이온(SCN^-)
세슘 이온(Cs^+)	아이오딘화 이온(I^-)
수소 이온(H^+)	아질산 이온(NO_2^-)
수은(I) 이온 또는 제일수은 이온(Hg_2^{2+})*	아황산 이온(SO_3^{2-})
수은(II) 이온 또는 제이수은 이온(Hg^{2+})	염소산 이온(ClO_3^-)
스트로튬 이온(Sr^{2+})	염화 이온(Cl^-)
아연 이온(Zn^{2+})	인산 수소 이온(HPO_4^{2-})
알루미늄 이온(Al^{3+})	인산 이수소 이온($H_2PO_4^-$)
암모늄 이온(NH_4^+)	인산 이온(PO_4^{3-})
은 이온(Ag^+)	질산 이온(NO_3^-)
주석(II) 이온 또는 제일주석 이온(Sn^{2+})	질소화 이온(N^{3-})
철(II) 이온 또는 제일철 이온(Fe^{2+})	크로뮴산 이온(CrO_4^{2-})
철(III) 이온 또는 제이철 이온(Fe^{3+})	탄산 수소 이온 또는 중탄산 이온(HCO_3^-)
카드뮴 이온(Cd^{2+})	탄산 이온(CO_3^{2-})
포타슘 이온(K^+)	플루오린화 이온(F^-)
칼슘 이온(Ca^{2+})	황산 수소 이온(HSO_4^-)
코발트(II) 이온 또는 제일코발트 이온(Co^{2+})	황산 이온(SO_4^{2-})
크로뮴(III) 이온 또는 제이크로뮴 이온(Cr^{3+})	황화 이온(S^{2-})

* 수은(I)은 표시된 대로 한 쌍으로 존재함

예제 5-6

다음 중 용해도 규칙을 고려했을 때 물에 녹지 않는 물질은 무엇인가?

(a) NaCl   (b) $MgBr_2$ (c) $FeCl_3$ (d) AgBr

풀이

(a) NaCl: 용해도 규칙 ① & ③을 적용하면 물에 용해됨

(b) $MgBr_2$: 용해도 규칙 ①을 적용하면 물에 용해됨

(c) $FeCl_3$: 용해도 규칙 ①을 적용하면 물에 용해됨

(d) AgBr: 용해도 규칙 ①을 적용하면 침전됨

예제 5-7

$CdBr_2$ 수용액과 $(NH_4)_2S$ 수용액을 혼합시킬 때 침전 반응이 생길지 예측하고, 가능한 침전 반응의 알짜이온 반응식을 구하라.

풀이

$$CdBr_2(aq) + (NH_4)_2S(aq) \longrightarrow 2NH_4Br(?) + CdS(?)$$

생성물 중 브로민화 암모늄은 언제나 용해되는 암모늄 이온(NH_4^+)의 특징과 Ag^+, Hg_2^{2+}, Pb^{2+}와 반응하지 않으면 용해되는 브로민화 이온(Br^-)의 특징에 따라 용해될 것이고, $+2$ 양이온과 -2 음이온이 결합한 황화 카드뮴(CdS)은 침전될 것이다.

따라서 알짜이온 반응식은 다음과 같다.

$$Cd^{2+}(aq) + S^{2-}(aq) \longrightarrow CdS(s)$$

5.4 산-염기와 중화 반응

1) 산

산과 염기에 대해 화학적으로 명확하게 정의한 최초의 학자는 스웨덴의 화학자 아레니우스(Svante Arrhenius, 1859~1927)이다. 아레니우스의 정의에 따르면 '산(acid)'은 물에 녹아 해리되어 수소 이온 (H^+)을 생성하는 물질이고, 다음과 같은 특징을 갖는다.

- 신맛을 갖고 있으며, 푸른색 리트머스 종이를 붉게 만든다.
- 금속의 이온화 경향에서 수소보다 왼쪽에 있는 금속들과 반응하면 수소 기체를 생성한다.
  [K > Ca > Na > Mg > Al > Zn > Fe > Ni > Sn > Pb > (H) > Cu > Ag > Hg > Pt > Au]
- 염기와 중화 반응하여 물과 염을 생성한다.
  $$HCl(aq) + NaOH(aq) \longrightarrow H_2O(l) + NaCl(aq)$$
- 탄산 이온과 반응하면 이산화 탄소를 생성한다.
  $$2HCl(aq) + CaCO_3(s) \longrightarrow H_2CO_3(aq) + CaCl_2(aq) \longrightarrow H_2O(l) + CaCl_2(aq) + CO_2(g)$$

하지만 실제 산 용액에 존재하는 이온은 수소 이온이 아니라 하이드로늄 이온(H_3O^+)이다. 완두콩 크기의 양성자와 그 주위에 야구장 부피의 영역을 차지하고 궤도 운동하는 전자로 구성되는 수소 원자에서 전자가 떨어져 나간 수소 이온의 본질은 양성자이며, 양전하 밀도가 너무 높아서 매우 불안정하므로 수용액에서 홀로 존재하지 못하고 물 분자의 비공유 전자쌍에 결합한 하이드로늄 이온으로 존재하지만, 화학식에서 편의상 수소 이온(H^+)으로 쓰는 경우가 많다.

산은 종류에 따라 수용액에서 생성하는 수소 이온의 개수가 다르다. 분자 1개가 물에 녹으면 수소 이온을 1개만 생성하는 염산(HCl)과 같은 산은 '일양성자산', 수소 이온을 2개 생성할 수 있는 황산은 '이양성자산', 그리고 분자 1개당 수소 이온을 3개까지 생성할 수 있는 인산과 같은 물질을 '삼양성자산'이라고 한다.

- 일양성자산

  염산: $HCl(aq) + H_2O(l) \longrightarrow Cl^-(aq) + H_3O^+(aq)$

- 이양성자산

  황산: $H_2SO_4(aq) + H_2O(l) \longrightarrow HSO_4^-(aq) + H_3O^+(aq)$

  $HSO_4^-(aq) + H_2O(l) \rightleftharpoons SO_4^{2-}(aq) + H_3O^+(aq)$

- 삼양성자산

  인산: $H_3PO_4(aq) + H_2O(l) \rightleftharpoons H_2PO_4^-(aq) + H_3O^+(aq)$

  $H_2PO_4^-(aq) + H_2O(l) \rightleftharpoons HPO_4^{2-}(aq) + H_3O^+(aq)$

  $HPO_4^{2-}(aq) + H_2O(l) \rightleftharpoons PO_4^{3-}(aq) + H_3O^+(aq)$

이 식에서 염산과 황산의 첫 번째 이온화 식의 화살표가 하나인 것은 이온화가 100% 진행된다(강산)는 의미이고, 다른 반응의 이중 화살표는 이온화가 많이 진행되지 않는다(약산)는 의미이다.

인류가 현재까지 알고 있는 6,600만여 종의 화학 물질 중 반 이상이 산성과 염기성을 띠고 있으며, 물질마다 산성과 염기성의 정도가 다르다. 하지만 간단한 규칙만으로 강산과 강염기를 확실하게 구별할 수 있으니 꼭 외워두자.

강산의 종류

① 비산소산

염산부터 강산, 염산만 외우면 주기율표의 염소 아래쪽에 있는 브로민과 아이오딘은 염소보다 원자 크기가 커서 수소와의 결합 길이가 길어지므로 결합 에너지가 작아져서 수소 이온이 잘 떨어지기 때문에 더 강산임을 알 수 있다(HCl < HBr < HI).

② 산소산

분자식의 산소 개수 – 수소 개수 ≥ 2이면 무조건 강산이다. 다시 한번 강조하지만 모든 강산은 이온화가 잘 되므로 강전해질이다.

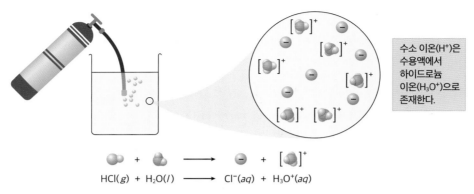

$$HCl(g) + H_2O(l) \longrightarrow Cl^-(aq) + H_3O^+(aq)$$

강산인 염산(HCl)의 이온화 과정(수용액에 남아 있는 HCl이 없음)

수소 이온(H^+)은 수용액에서 하이드로늄 이온(H_3O^+)으로 존재한다.

그림 5-4 강산의 이온화 과정

표 5-4 비산소산의 이름

화학식	화합물(기체)의 이름	수용액(산)의 이름
HF	플루오린화 수소 (Hydrogen fluoride)	플루오린화 수소산 (Hydrofluoric acid)
HCl	염화 수소 (Hydrogen chloride)	염화 수소산 (염산, Hydrochloric acid)
HBr	브로민화 수소 (Hydrogen bromide)	브로민화 수소산 (Hydrobromic acid)
HI	아이오딘화 수소 (Hydrogen iodide)	아이오딘화 수소산 (Hydroiodic acid)
HCN	사이안화 수소 (Hydrogen cyanide)	사이안화 수소산 (Hydrocyanic acid)

표 5-5 산소산의 이름

산소산		산소산 음이온	
HNO_2	아질산(Nitrous acid)	NO_2^-	아질산 이온(Nitrite ion)
HNO_3	질산(Nitric acid)	NO_3^-	질산 이온(Nitrate ion)
H_3PO_4	인산(Phosphoric acid)	PO_4^{3-}	인산 이온(Phosphate ion)
H_2SO_3	아황산(Sulfurous acid)	SO_3^{2-}	아황산 이온(Sulfite ion)
H_2SO_4	황산(Sulfuric acid)	SO_4^{2-}	황산 이온(Sulfate ion)
HClO	하이포아염소산(Hypochlorous acid)	ClO^-	하이포아염소산 이온(Hypochlorite ion)
$HClO_2$	아염소산(Chlorous acid)	ClO_2^-	아염소산 이온(Chlorite ion)
$HClO_3$	염소산(Chloric acid)	ClO_3^-	염소산 이온(Chlorate ion)
$HClO_4$	과염소산(Perchloric acid)	ClO_4^-	과염소산 이온(Perchlorate ion)

2) 염기

아레니우스가 물에 녹아서 해리되어 수산화 이온(OH^-)을 생성하는 물질로 정의한 '염기(base)'는 다음과 같은 일반적인 특징을 갖는다.

- 쓰고 텁텁한 맛을 갖는다.

  [$2NaHCO_3 \longrightarrow Na_2CO_3 + H_2O + CO$: 달고나를 만들 때, 소다(탄산수소나트륨, $NaHCO_3$)를 넣으면 소다가 열분해되어 수증기와 이산화 탄소를 생성하면서 달고나가 부풀게 되고, 달고나의 끝맛이 쓴 이유는 생성물인 탄산나트륨(Na_2CO_3)이 염기성이기 때문이다.]
- 붉은색 리트머스 종이를 푸르게 만든다.
- 단백질을 녹인다.
- 산과 중화 반응하여 물과 염을 생성한다.

염기도 산처럼 물에 녹아 이온화되는 정도에 따라 생성하는 수산화 이온의 수가 달라지므로 강염기(강전해질)와 약염기(약전해질)로 구별할 수 있다.

강염기의 종류
① 1족 알칼리 금속의 수산화물과 산화물
- 수산화물: $LiOH$, $NaOH$, KOH, $RbOH$, $CsOH$
- 산화물: Li_2O, Na_2O, K_2O, Rb_2O, Cs_2O
② 2족 알칼리 토금속 일부의 수산화물과 산화물
- 수산화물: $Ca(OH)_2$, $Sr(OH)_2$, $Ba(OH)_2$
- 산화물: CaO, SrO, BaO

1족 금속과 2족 금속 중 Ca, Sr, Ba를 제외한 금속의 수산화물과 산화물, 암모니아 계열, 탄산수소나트륨은 모두 약염기이다. 알칼리 토금속인 마그네슘이 수산화 이온과 결합한 수산화 마그네슘[$Mg(OH)_2$]은 대표적인 약염기로, 제산제로 사용되며 물에 거의 녹지 않아 흰색 반죽 같은 형태이고 염기성이 약하게 나타난다.

표 5-6 강염기 중 수산화물의 이온화

알칼리 금속	
1A족 수산화물	$LiOH(aq) \longrightarrow Li^+(aq) + OH^-(aq)$
	$NaOH(aq) \longrightarrow Na^+(aq) + OH^-(aq)$
	$KOH(aq) \longrightarrow K^+(aq) + OH^-(aq)$
	$RbOH(aq) \longrightarrow Rb^+(aq) + OH^-(aq)$
	$CsOH(aq) \longrightarrow Cs^+(aq) + OH^-(aq)$
알칼리 토금속	
2A족 수산화물	$Ca(OH)_2(aq) \longrightarrow Ca^{2+}(aq) + 2OH^-(aq)$
	$Sr(OH)_2(aq) \longrightarrow Sr^{2+}(aq) + 2OH^-(aq)$
	$Ba(OH)_2(aq) \longrightarrow Ba^{2+}(aq) + 2OH^-(aq)$

약산과 약염기는 물에 녹아서 이온화되는 과정이 잘 일어나지 않으므로 용액 속에서 이온화되지 않고 원래 형태로 주로 존재하는 약전해질이다.

●표 5-8의 대표적인 약염기를 보면 암모니아를 기본 구조로 하여 암모니아의 수소 원자 위치에 탄화 수소가 치환된 형태임을 알 수 있으며, 이를 확대하면 탄소 화합물 속에 질소 원자가 포함된 물질은 대부분이 약염기라고 해석할 수 있다. 우리 몸의 DNA는 인산과 당, 그리고 염기로 구성되어 있는데, DNA 염기도 탄소 화합물 속에 질소 원자가 들어 있는 약염기이다.

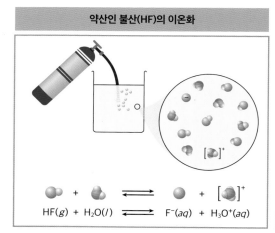

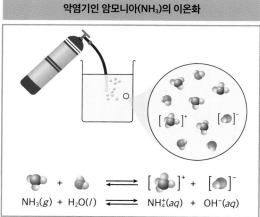

그림 5-5 약산과 약염기의 이온화 과정

표 5-7 대표적인 약산의 종류

약산	화학식	구조
플루오린화 수소산 (Hydrofluoric acid)	HF	H — F
아질산 (Nitrous acid)	HNO_2	O＝N — O — H
폼산 (포름산, Formic acid)	HCOOH	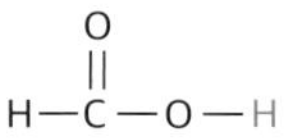
벤조산 (Benzoic acid)	C_6H_5COOH	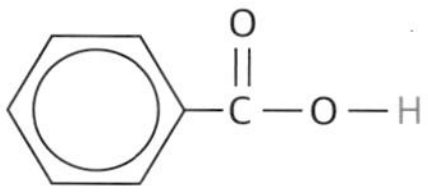
아세트산 (초산, Acetic acid)	CH_3COOH	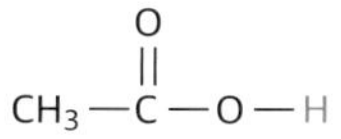

* 출처: Julia R. Burdge & Michelle Driessen. (2018). 일반화학의 기초. (박경호 외 옮김). 교문사.

표 5-8 대표적인 약염기의 종류

약염기	화학식	구조
에틸아민 (Ethyl amine)	$C_2H_5NH_2$	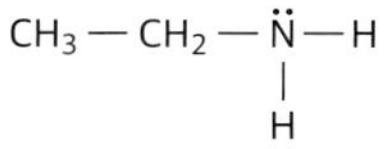
암모니아 (Ammonia)	NH_3	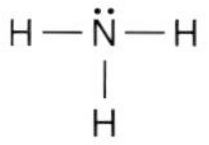
피리딘 (Pyridine)	C_5H_5N	
아닐린 (Aniline)	$C_6H_5NH_2$	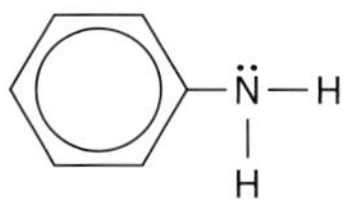
다이메틸아민 (Dimethyl amine)	C_2H_7N	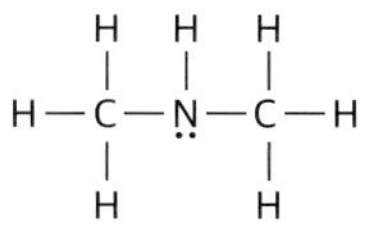

* 출처: Julia R. Burdge & Michelle Driessen. (2018). 일반화학의 기초. (박경호 외 옮김). 교문사.

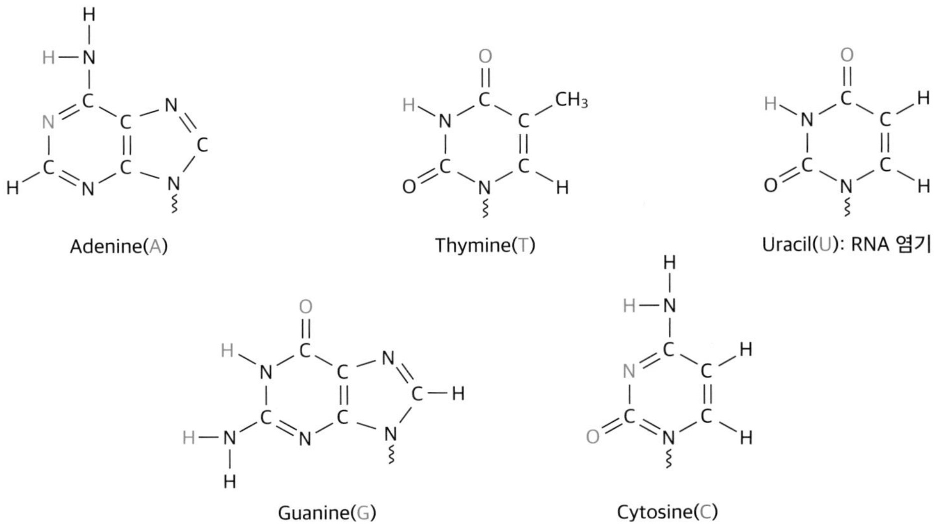

Adenine(A)   Thymine(T)   Uracil(U): RNA 염기

Guanine(G)   Cytosine(C)

DNA 염기도 탄소 화합물에 N 원자가 들어 있는 암모니아에서 파생된 '약염기'이다.

그림 5-6 DNA 염기의 구조

예제 5-8

다음 중 강산은 무엇인가?

(a) H_2CO_3 (b) H_2SO_4 (c) H_2SO_3 (d) H_3PO_4

풀이

모두 산소산이므로 산소의 수 − 수소의 수 ≥ 2인 (b)가 강산이다.

예제 5-9

다음 중 강염기는 무엇인가?

(a) NH_3 (b) $Al(OH)_3$ (c) $Mg(OH)_2$ (d) $Ca(OH)_2$

풀이

금속의 수산화물 중에서 1족 알칼리 금속 양이온 모두와 2족 알칼리 토금속의 칼슘(Ca^{2+}), 스트론튬(Sr^{2+}), 바륨(Ba^{2+}) 양이온이 포함된 물질들만이 강염기이므로 (d)가 강염기이다.

표 5-9 일반적인 산의 용도

이름	화학식	산의 세기	일반적인 용도 및 특징
황산	H_2SO_4	강함	축전지의 산, 부식성이 매우 큼
질산	HNO_3	강함	비료 및 폭발물 제조
염산	HCl	강함	금속 및 벽돌 세척, 보일러 물때 제거
인산	H_3PO_4	중간	비료 제조, 콜라, 녹 제거제
젖산	$C_3H_6O_3$	약함	요구르트 및 소다수의 신맛
아세트산	CH_3COOH	약함	식초의 신맛
탄산	H_2CO_3	약함	불안정, CO_2 수용액에서 형성됨
붕산	H_3BO_3	매우 약함	살균 눈 세척제, 바퀴벌레 약
시안화 수소산	HCN	매우 약함	플라스틱 제조, 매우 독성이 강함

표 5-10 일반적인 염기의 용도

이름	화학식	산의 세기	일반적인 용도 및 특징
수산화 나트륨	NaOH	강함	비누 제조, 산 중화, 송아지의 뿔을 자를 때
수산화 칼륨	KOH	강함	액체비누 제조, CO_2의 흡수
수산화 리튬	LiOH	강함	알칼리성 축전지
수산화 칼슘	$Ca(OH)_2$	강함*	모르타르, 석고, 시멘트, 정수
수산화 마그네슘	$Mg(OH)_2$	약함*	제산제, 변비약
암모니아	NH_3	약함	비료 원료

* 잘 녹지 않는 염기. 수산화 칼슘은 약간 녹지만, 수산화 마그네슘은 사실상 녹지 않음

산과 염기를 섞으면 산의 수소 이온과 염기의 수산화 이온이 결합한 물과, 산의 음이온과 염기의 양이온이 결합한 염이 생성되는 '중화 반응(neutralization reaction)'이 일어난다.

$$\text{중화 반응:} \underset{\text{산}}{HA(aq)} + \underset{\text{염기}}{MOH(aq)} \longrightarrow \underset{\text{물}}{H_2O(l)} + \underset{\text{염}}{MA(aq)}$$

강산과 강염기는 모두 강전해질이므로 중화 반응을 이온 반응식으로 쓰면 화살표의 양쪽에 있는 산의 음이온과 염기의 양이온이 구경꾼 이온임을 알 수 있다.

$$H^+(aq) + A^-(aq) + M^+(aq) + OH^-(aq) \longrightarrow H_2O(l) + M^+(aq) + A^-(aq)$$

따라서 강산과 강염기 중화 반응의 알짜이온 반응식은 다음과 같다.

$$\text{알짜이온 반응식:} H^+(aq) + OH^-(aq) \longrightarrow H_2O(l)$$

$$\text{또는} H_3O^+(aq) + OH^-(aq) \longrightarrow 2H_2O(l)$$

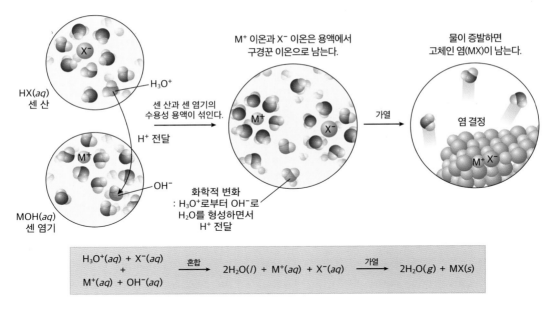

$$\begin{array}{c} \mathrm{H_3O^+}(aq) + \mathrm{X^-}(aq) \\ + \\ \mathrm{M^+}(aq) + \mathrm{OH^-}(aq) \end{array} \xrightarrow{\text{혼합}} 2\mathrm{H_2O}(l) + \mathrm{M^+}(aq) + \mathrm{X^-}(aq) \xrightarrow{\text{가열}} 2\mathrm{H_2O}(g) + \mathrm{MX}(s)$$

그림 5-7 중화 반응의 모식도

하지만 약산과 강염기가 중화 반응을 할 때는 약산이 강전해질이 아니므로 수용액에서 완전히 이온화되지 않아 알짜이온 반응식에 약산의 분자식이 나타나야 한다. 다음은 약산인 플루오린화 수소산 (HF)과 강염기인 수산화 포타슘(KOH)이 중화 반응할 때의 알짜이온 반응식이다.

$$\mathrm{HF}(aq) + \mathrm{OH^-}(aq) \longrightarrow \mathrm{H_2O}(l) + \mathrm{F^-}(aq)$$

예제 5-10

묽은 염산(HCl) 수용액인 위산을 제산제인 탄산수소 소듐(NaHCO₃) 수용액으로 중화하는 반응은 다음과 같다.

$$\mathrm{HCl}(aq) + \mathrm{NaHCO_3}(aq) \longrightarrow \mathrm{NaCl}(aq) + \mathrm{H_2O}(l) + \mathrm{CO_2}(g)$$

0.100 M HCl 80.0 mL를 중화하는 데 필요한 0.125 M NaHCO₃ 수용액의 부피(mL)를 구하라.

풀이

염산의 몰수 : 탄산수소 소듐의 몰수 = 1 : 1이고, 용질의 몰수 = 용액의 몰농도 × 용액의 부피이므로 0.100 M × 80.0 mL = 0.125 M × 탄산수소 소듐 수용액의 부피(mL)이다.

따라서 필요한 탄산수소 소듐 수용액은 64 mL이다.

5.5 산화수 규칙과 산화-환원 반응

역사적으로 '산화(oxidation)'는 어떤 물질이 산소와 결합하여 산화물(oxide)을 생성하는 과정을 의미했고, '환원(reduction)'은 산화물에서 산소를 떼어내는 반응을 의미했다.

$$4Fe(s) + 3O_2(g) \longrightarrow 2Fe_2O_3(s) \qquad \text{철이 녹스는 것: Fe의 산화}$$

$$2Fe_2O_3(s) + 3C(s) \longrightarrow 4Fe(s) + 3CO_2(g) \qquad \text{철의 생산: } Fe_2O_3\text{의 환원}$$

하지만 현대 화학에서 산화 반응은 전자를 당기는 힘이 큰 산소에게 전자를 빼앗긴다는 의미로 확대되어서 전자를 잃는 모든 반응을 산화라고 하고, 전자를 얻는 모든 반응을 환원이라고 한다. 따라서 '산화－환원 반응'은 한 물질로부터 다른 물질로 전자가 전달되는 과정이다. 예를 들어 구리 이온이 들어 있는 용액에 아연 조각을 넣으면 반응성이 큰 아연이 전자를 잃어서(산화되어) 아연 이온이 되고, 구리 이온은 전자를 받아서(환원되어) 구리 원자가 된다.

$$Zn(s) + Cu^{2+}(aq) \longrightarrow Zn^{2+}(aq) + Cu(s)$$

전자를 잃어서 산화되는 물질 옆에는 반드시 전자를 얻어서 환원되는 물질이 있어야 하므로 산화－환원 반응은 언제나 동시에 일어나고, 이를 '산화－환원 반응의 동시성'이라 한다. 아연은 전자를 잃고

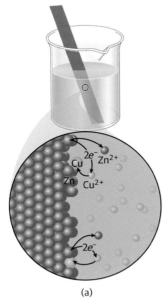
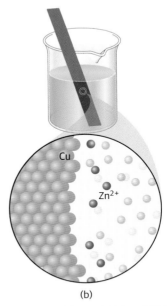

(a) 아연 원자는 아연 이온(Zn^{2+})으로 용액에 들어간다. 구리 이온은 금속 표면에서 구리 원자로 환원된다.

(b) 금속에서 아연 원자는 구리 원자로, 용액에서 구리 이온(Cu^{2+})은 아연 이온(Zn^{2+})으로 대체된다.

그림 5-8 구리 이온과 아연의 산화-환원 반응

아연 이온으로 산화되면서 주변에 있는 구리 이온에게 전자를 공급하였으므로 주변 물질을 환원시킨 '환원제'가 된다. '환원제', '환원력', '환원성'이란 모두 자기 자신이 아닌 '남(다른 물질)'을 환원시키는 물질, 힘, 성질이라는 뜻을 나타내는 단어이므로 자기 자신은 산화되어야 한다.

예제 5-11

다음 반응에서 환원제는 무엇인가?

$$Cd(s) + NiO_2(s) + 2H_2O(l) \longrightarrow Cd(OH)_2(aq) + Ni(OH)_2(aq)$$

풀이

고체 상태 Cd 원자가 수용액 상태의 Cd^{2+} 이온으로 산화되었으므로 Cd가 환원제이다.

아연과 구리 이온의 반응이나 예제 5−11의 반응처럼 이온이 생성되는 반응은 전자의 이동을 확실하게 알 수 있으므로 산화된 물질과 환원된 물질을 찾기가 쉽다. 하지만 분자 화합물이 포함된 반응에서는 전자가 부분적으로 쏠리기 때문에 산화−환원 반응을 찾기가 쉽지 않으므로 각 원자의 산화수(oxidation number)를 계산하여 산화와 환원을 구별한다. 산화수는 공유 결합에서 결합 전자쌍이 두 원자 중 전자를 당기는 힘이 큰 원자에게 속한다고 가정하였을 때 각 원자에 할당되는 전하를 의미하며, 산화수가 커질수록 원자가 전자를 많이 잃은, 즉 산화된 상태이다.

하지만 분자 화합물의 반응에서 산화된 물질과 환원된 물질을 찾기 위하여 언제나 분자의 구조식을 쓰고, 공유 전자쌍을 어느 원소가 모두 당겨가는지 확인하는 것은 번거로우므로 다음의 산화수 규칙을 이용하여 빠르게 산화수를 계산할 것이다.

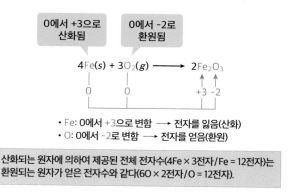

그림 5-9 **산화-환원 반응과 산화수**

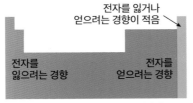

전자를 잃거나
얻으려는 경향이 적음

전자를
잃으려는 경향

전자를
얻으려는 경향

■ 산화제로 작용하기가 더 쉬움(환원되기 쉬움)
■ 환원제로 작용하기가 더 쉬움(산화되기 쉬움)
■ 비활성 기체는 산화와 환원이 잘 일어나지 않음

- 원자가 전자를 얻거나 잃으려는 경향은
  주기율표에서 원소의 위치를 보면 알 수 있다.
- 오른쪽 위에 있는 원소들(비금속)은
  전자를 얻으려는 경향이 있다.
- 왼쪽 아래에 있는 원소들(금속)은
  전자를 잃으려는 경향이 있다.

그림 5-10 산화제 또는 환원제가 되는 경향

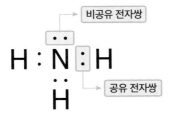

비공유 전자쌍

공유 전자쌍

공유 전자는 모두 전자를 당기는 힘이 센 질소가 갖는다고 가정한다.

- H의 산화수
  = 수소의 원자가전자 - (수소의 비공유 전자 + 공유 전자)
  = 1 - 0 = +1
- N의 산화수
  = 질소의 원자가전자 - (질소의 비공유 전자 + 공유 전자)
  = 5 - 8 = -3

그림 5-11 분자 화합물의 산화수 계산

산화수 규칙

① 원소 상태에 있는 원자의 산화수는 0이다.

   Na, H_2, Br_2, S, Ne의 산화수 $= 0$

② 단원자 이온에서 원자의 산화수는 전하와 동일하다.

   Na^+ Ca^{2+} Al^{3+} Cl^- O^{2-}

   $+1$ $+2$ $+3$ -1 -2

③ 다원자 이온이나 분자 화합물에 있는 원자의 산화수는 일반적으로 그 원자가 단원자 이온일 때의
   산화수와 동일하다.

④ 수소의 산화수는 ●그림 5-12에 나와 있는 규칙을 따른다.

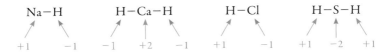

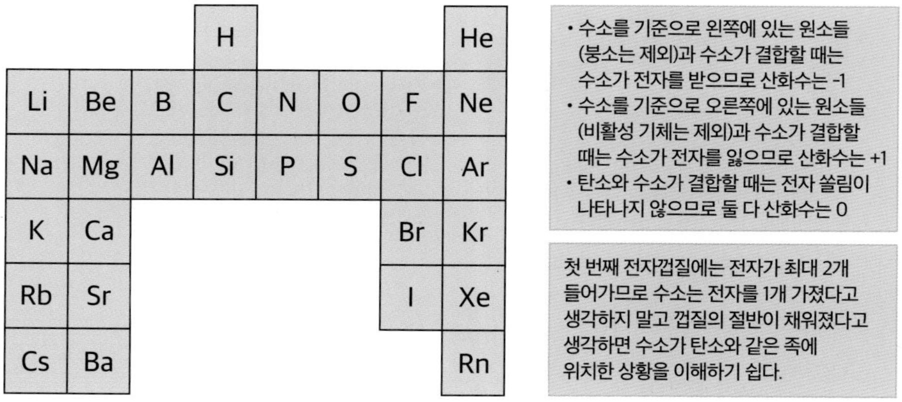

							H		He
Li	Be		B	C	N	O	F		Ne
Na	Mg		Al	Si	P	S	Cl		Ar
K	Ca							Br	Kr
Rb	Sr							I	Xe
Cs	Ba								Rn

• 수소를 기준으로 왼쪽에 있는 원소들
(붕소는 제외)과 수소가 결합할 때는
수소가 전자를 받으므로 산화수는 -1
• 수소를 기준으로 오른쪽에 있는 원소들
(비활성 기체는 제외)과 수소가 결합할
때는 수소가 전자를 잃으므로 산화수는 +1
• 탄소와 수소가 결합할 때는 전자 쏠림이
나타나지 않으므로 둘 다 산화수는 0

첫 번째 전자껍질에는 전자가 최대 2개
들어가므로 수소는 전자를 1개 가졌다고
생각하지 말고 껍질의 절반이 채워졌다고
생각하면 수소가 탄소와 같은 족에
위치한 상황을 이해하기 쉽다.

그림 5-12 수소의 산화수 계산을 위해 변형된 주기율표

⑤ F의 산화수는 언제나 −1, 알칼리 금속의 산화수는 +1, 알칼리 토금속의 산화수는 +2이다.

⑥ 산소의 산화수는 일반적으로 −2이지만, 다음 예외만 반드시 기억하자.

H_2O_2, O_2^{2-} 같은 과산화물의 산화수 = −1

OF_2의 산화수 = +2

KO_2의 산화수 = −1/2

⑦ 중성 분자에 대하여 산화수의 합은 0이고, 다원자 이온에서는 산화수의 합이 이온의 전하와 같아야
한다.

$$H_2SO_4 \qquad 2(+1) + ? + 4(-2) = 0 \qquad ClO_4 \qquad ? + 4(-2) = -1$$

$$+1 \quad ? \quad -2 \qquad ? = 0 - 2(+1) - 4(-2) = +6 \qquad ? \quad -2 \qquad ? = -1 - 4(-2) = +7$$

e^-

전자의
전달이나
이동

X   Y

• X가 전자를 잃는다.
• X가 산화된다.
• X는 환원제이다.
• X는 산화수가 증가한다.

• Y는 전자를 얻는다.
• Y가 환원된다.
• Y는 산화제이다.
• Y는 산화수가 감소한다.

그림 5-13 산화-환원 반응의 요약

① 화합 반응: 둘 이상의 반응물이 하나의 생성물이 된다(X + Y → Z).

$$2Ca(s) + O_2(g) \longrightarrow 2CaO(s)$$

② 분해 반응: 하나의 반응물이 둘 이상의 생성물이 된다(A → B + C).

$$2CuO(s) \longrightarrow 2Cu(s) + O_2(g)$$

③ 치환 반응: 물질의 수는 같지만 원자(또는 이온)가 서로 바뀐다.

$$Fe(s) + Cu^{2+}(aq) \longrightarrow Fe^{2+}(aq) + Cu(s)$$

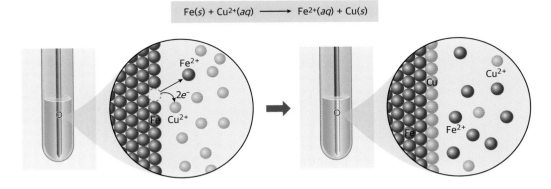

④ 연소 반응: 빛과 열을 내면서 산소와 반응한다.

$$CH_4 + 2O_2 \longrightarrow CO_2 + 2H_2O + 에너지$$
메테인   산소   이산화 탄소   물

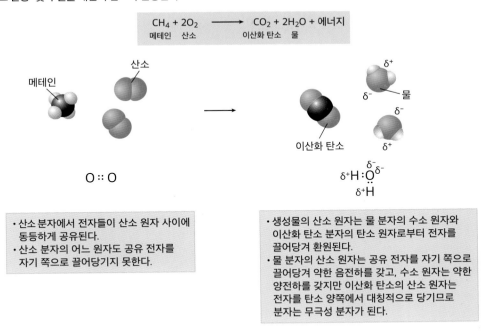

• 산소 분자에서 전자들이 산소 원자 사이에 동등하게 공유된다.
• 산소 분자의 어느 원자도 공유 전자를 자기 쪽으로 끌어당기지 못한다.

• 생성물의 산소 원자는 물 분자의 수소 원자와 이산화 탄소 분자의 탄소 원자로부터 전자를 끌어당겨 환원된다.
• 물 분자의 산소 원자는 공유 전자를 자기 쪽으로 끌어당겨 약한 음전하를 갖고, 수소 원자는 약한 양전하를 갖지만 이산화 탄소의 산소 원자는 전자를 탄소 양쪽에서 대칭적으로 당기므로 분자는 무극성 분자가 된다.

그림 5-14   산화-환원 반응의 종류

예제 5-12

다음 화합물과 이온의 각 원자의 산화수를 결정하라.

(a) SO_2 (b) NaH (c) CO_3^{2-} (d) N_2O_5

풀이

(a) SO_2에서 S와 O의 산화수는 각각 +4와 −2이다.

(b) NaH에서 Na와 H의 산화수는 각각 +1과 −1이다.

(c) CO_3^{2-}에서 C와 O의 산화수는 각각 +4와 −2이다.

(d) N_2O_5에서 N과 O의 산화수는 각각 +5와 −2이다.

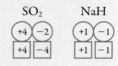

치환 반응에서 금속이 전자를 잘 잃고 이온으로 변하는 경향을 '금속의 활동도 계열'이라 하며 (●표 5-11), 리튬에서 마그네슘까지의 금속은 물과 반응하여 수소 기체를 생성할 정도로 반응성이 크고, 알루미늄에서 납까지의 금속은 산과 반응하여야만 수소 기체를 생성하는 성질을 갖는다. 수소보다 반응성이 작아 산과 반응하지 않는 금속은 일반적으로 귀금속이라 한다.

예제 5-13

다음 산화−환원 반응의 균형 잡힌 반응식을 완성하라.

$$Al(s) + Ag^+(aq) \longrightarrow Al^{3+}(aq) + Ag(s)$$

풀이

알루미늄은 13족이므로 산화수가 +3이 되어야 하고, 은은 전자를 1개 받아 환원될 수 있으므로 알루미늄과 은은 1:3의 몰수비로 반응한다. 따라서 균형 잡힌 반응식은 다음과 같다.

$$Al(s) + 3Ag^+(aq) \longrightarrow Al^{3+}(aq) + 3Ag(s)$$

표 5-11 금속의 활동도 계열

원소	산화 반쪽 반응
리튬	$Li \longrightarrow Li^+ + e^-$
포타슘	$K \longrightarrow K^+ + e^-$
바륨	$Ba \longrightarrow Ba^{2+} + 2e^-$
칼슘	$Ca \longrightarrow Ca^{2+} + 2e^-$
소듐	$Na \longrightarrow Na^+ + e^-$
마그네슘	$Mg \longrightarrow Mg^{2+} + 2e^-$
알루미늄	$Al \longrightarrow Al^{3+} + 3e^-$
망가니즈	$Mn \longrightarrow Mn^{2+} + 2e^-$
아연	$Zn \longrightarrow Zn^{2+} + 2e^-$
크로뮴	$Cr \longrightarrow Cr^{3+} + 3e^-$
철	$Fe \longrightarrow Fe^{2+} + 2e^-$
카드뮴	$Cd \longrightarrow Cd^{2+} + 2e^-$
코발트	$Co \longrightarrow Co^{2+} + 2e^-$
니켈	$Ni \longrightarrow Ni^{2+} + 2e^-$
주석	$Sn \longrightarrow Sn^{2+} + 2e^-$
납	$Pb \longrightarrow Pb^{2+} + 2e^-$
수소	$H_2 \longrightarrow 2H^+ + 2e^-$
구리	$Cu \longrightarrow Cu^{2+} + 2e^-$
은	$Ag \longrightarrow Ag^+ + e^-$
수은	$Hg \longrightarrow Hg^{2+} + 2e^-$
백금	$Pt \longrightarrow Pt^{2+} + 2e^-$
금	$Au \longrightarrow Au^{3+} + 3e^-$

반응성 증가 (↑)

산화력 증가

활성 금속
: 반응성이 매우 커서 원소 형태로 자연에서 발견되지 않는다. 수용액에서 수소 기체를 발생시킨다. (수소 치환 반응)

귀금속
: 반응성이 거의 없다. 보석과 동전으로 사용된다.

6장

열화학
반응식과
엔탈피

6.1 화학 반응과 에너지

고체 얼음이 액체 물로 변하는 물리적 변화가 일어나려면 반드시 에너지(열)를 흡수해야 하며, 고체 소듐(Na)과 염소 기체(Cl_2)가 반응하여 염화 소듐이 되는 화학적 변화는 엄청난 에너지를 빛과 열의 형태로 방출한다.

- 물리적 변화: $H_2O(s)$ + 에너지(열) $\longrightarrow$ $H_2O(l)$
- 화학적 변화: $2Na(s) + Cl_2(g)$ $\longrightarrow$ $NaCl(s)$ + 에너지(빛과 열)

즉, 모든 물리적·화학적 반응에는 언제나 에너지의 흡수(흡열 반응)나 방출(발열 반응)이 수반되므로 반응에 관여하는 에너지를 예측하고 측정하는 열화학은 매우 중요한 화학 분야이다.

'에너지(energy)'는 일을 할 수 있는 능력 또는 열을 전달하는 능력으로 정의할 수 있다. 우주 전체는 우주 밖의 다른 공간(존재 여부가 불확실한)하고 물질과 에너지를 교환할 수 없는 고립계로 정의되므로 '우주 전체의 에너지 총량은 일정하며, 에너지는 형태가 바뀔 수 있지만 생성되거나 소멸되지 않는다'는 열역학 제1법칙인 '에너지 보존 법칙'이 성립한다. 에너지는 운동 에너지와 퍼텐셜 에너지로 분류되며, 열화학에서 중요하게 다루는 운동 에너지와 퍼텐셜 에너지는 다음과 같다.

운동 에너지(kinetic energy)

- 움직이는 물체가 갖는 에너지: $E_k = \frac{1}{2}mv^2$ (m = 물체의 질량, v = 물체의 속도)
- 열에너지: $E_k = \frac{3}{2}kT$ [물질을 구성하는 입자(원자, 분자, 이온)의 평균 운동 에너지를 온도(절대

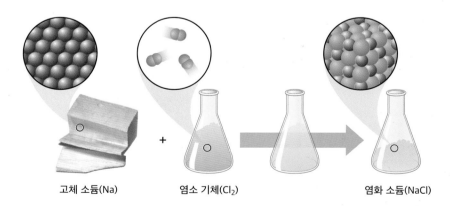

고체 소듐(Na)　　　염소 기체(Cl_2)　　　염화 소듐(NaCl)

그림 6-1 고체 소듐과 염소 기체가 염화 소듐으로 변하는 화학 반응

온도, T)로 정의하므로 열에너지도 운동 에너지의 일종이다.]

퍼텐셜 에너지(potential energy)

- 위치 에너지: $E_p = mgh$ (물체의 위치에 의해 생기는 에너지)(m = 물체의 질량, g = 중력 가속도, h = 물체의 높이)
- 화학 에너지: 물질을 구성하는 입자(원자, 분자, 이온) 사이에 결합의 형태로 저장된 에너지
- 정전기적 에너지: $E = k\dfrac{q_1 \times q_2}{r}$ (하전된 입자의 상호작용으로 생기는 에너지)

에너지의 SI 단위는 J(줄, joule)로 1 J은 1 m/s로 운동하는 2 kg 질량이 갖는 운동 에너지로 정의된다.

$$E_k = \frac{1}{2}mv^2 = \frac{1}{2}(2\,\text{kg})(1\,\text{m/s})^2 = 1\,\text{kg} \cdot \text{m}^2/\text{s}^2 = 1\,\text{J}$$

하지만 1 J은 상당히 작은 값이라서 화학 반응의 에너지는 주로 kJ을 사용한다.

$$1\,\text{kJ} = 1{,}000\,\text{J}$$

과학적 공인 단위는 아니지만 전통적으로 사용된 열량의 단위인 cal(칼로리)는 14.5 ℃의 물 1 g의 온도를 15.5 ℃로 1 ℃ 올릴 때 필요한 열량으로 정의된다.

$$1\,\text{cal} = 4.184\,\text{J}$$

'열(heat)'이란 온도차에 의해 전달되는 에너지이고, 온도는 물체의 차갑고 뜨거운 정도를 나타내는 척도, 즉 물체를 구성하는 입자들의 평균 운동 에너지로 정의되므로 온도가 다른 물체들 사이에서 열의 전달이 발생한다.

예제 6-1

물 100 g이 담겨 있는 플라스크 A와 물 200 g이 담겨 있는 플라스크 B의 물의 온도는 동일하게 20 ℃이다. 열을 가하여 각 플라스크 속 물의 온도를 30 ℃로 올렸을 때 더 많은 열을 흡수한 플라스크는 무엇인가? (단, 플라스크의 열량 변화는 고려하지 않는다.)

풀이

두 플라스크 모두 물의 온도가 동일하게 10 ℃씩 상승하였으므로 물의 양이 더 많은 B 플라스크가 더 많은 열을 흡수하였다.

6.2 열역학 서론

열화학(thermochemistry)은 열과 다른 종류의 에너지 사이의 상호 변환을 연구하는 학문인 열역학 (thermodynamics)의 한 분야이다. 열화학을 이해하기 위해 먼저 계와 주위의 개념을 확실하게 알아야 한다. '계(system)'는 일반적으로 관심을 가지고 보는 우주의 특정한 부분을 지칭하며, 화학에서는 변화가 일어나는 물질을 포함한 반응 영역을 의미한다. '주위(surrounding)'는 계를 제외한 모든 우주, 즉 반응 플라스크, 실험실, 건물 등을 의미한다. (하지만 플라스크 속에서 화학 반응을 일으키는데 거창하게 우주까지 생각할 필요 없이 반응물을 둘러싼 플라스크와 주위 공간 정도로 생각하면 될 것이다.).

$$우주(universe) = 계(system) + 주위(surrounding)$$

계는 열린계(open system), 닫힌계(closed system), 고립계(isolated system) 이렇게 세 종류로 구분할 수 있다.

- 열린계: 계와 주위 사이 에너지와 물질 모두 교환 가능
- 닫힌계: 계와 주위 사이 에너지의 교환은 가능하나, 물질은 불가능
- 고립계: 계와 주위 사이 에너지와 물질의 교환이 모두 불가능(플라스크는 절연된 진공 커버로 둘러 싸임)

열역학에서는 물질의 조성, 에너지, 압력, 부피, 온도와 같은 모든 거시적인 성질의 값으로 정의되는 계의 '상태'가 변하는 과정을 연구한다. 에너지, 압력, 부피, 온도처럼 주어진 상태에 도달하는 과정과 상관없이 오직 계의 상태에 의해서만 결정되는 물리량을 '상태 함수'라고 한다. 즉, 계의 상태가 변

그림 6-2 계의 종류

열(경로 함수)

핫팩

초기 온도(T_i 상태 함수) 37 ℃

일(경로 함수)

초기 온도(T_f 상태 함수) 40 ℃

그림 6-3 상태 함수의 변화

할 때 상태 함수의 변화량은 계의 최종 상태와 초기 상태에만 의존하고 변화 과정과는 상관이 없다. 예를 들어 현재 온도가 37 ℃인 내 손바닥의 온도를 40 ℃로 올렸을 때, 상태 함수인 온도 변화량의 크기($\Delta T = 3$ ℃)는 온도를 올리기 위해 내가 한 과정, 즉 핫팩을 쥐고 있거나(열) 손을 비비는 것(일) 등의 경로와는 무관하고, 오직 최종 온도에서 초기 온도를 뺀 값일 뿐이다.

어떤 계의 '내부 에너지(internal energy, U)'는 계를 구성하고 있는 모든 입자의 운동 에너지와 퍼텐셜 에너지의 합으로 정의된다. 여기서 운동 에너지는 구성 입자 사이의 운동과 입자 내 전자의 운동으로 인한 에너지를 의미하며, 퍼텐셜 에너지는 각 원자에 있는 전자와 핵 사이의 인력, 전자 사이, 핵 사이 반발력뿐만 아니라 분자 간 상호작용으로 인한 에너지를 의미한다. 이러한 모든 에너지를 정확하게 측정하는 것은 불가능하므로 특정 상태에서 계의 내부 에너지를 알 수는 없지만, 반응이 진행되었을 때의 내부 에너지 변화는 실험적으로 구할 수 있다. 내부 에너지도 상태 함수이므로 어떤 계의 내부 에너지 변화량은 최종 상태의 내부 에너지에서 초기 상태의 내부 에너지를 뺀 값이다. 예를 들어 황 1 mol과 산소 1 mol이 반응하여 이산화황 1 mol이 생성되는 경우를 생각해 보자.

- $S(s) + O_2(g) \longrightarrow SO_2(g)$ $\Delta H° = -296.4 \text{kJ/mol}$
- $\Delta U = U(\text{생성물}) - U(\text{반응물})$

  $= 1 \text{ mol의 } SO_2(g) \text{ 에너지} - [1 \text{ mol의 } S(s) \text{ 에너지} + 1 \text{ mol의 } O_2(g) \text{ 에너지}]$

  $= -296.4 \text{kJ/mol}$

이 반응은 화학 에너지의 일부가 열로 방출되어 생성물의 내부 에너지가 반응물의 내부 에너지보다 작다($\Delta U < 0$)는 것을 알 수 있다. 또한 우주 전체의 에너지는 보존되므로(열역학 제1법칙) 계와 주위 사이에 에너지의 이동이 생겨도 우주 전체의 에너지 변화는 0이다.

- $\Delta U_{우주} = \Delta U_{계} + \Delta U_{주위} = 0$

- $\Delta U_{계} + \Delta U_{주위} = 0$ 또는 $\Delta U_{계} = -\Delta U_{주위}$

계의 내부 에너지 변화는 다음과 같다.

$$\Delta U = q + w$$

q는 계가 방출하거나 흡수하는 열이고, w는 계가 흡수하거나 방출하는 일이다.

내부 에너지의 변화량은 열과 일의 형태로 출입하므로 실험으로 측정이 가능하며, 앞으로 모든 열역학적 상태 함수 변화량의 부호는 계를 기준으로 정할 것이므로 내부 에너지의 변화량을 구성하는 열과 일의 부호도 계가 열과 일을 얻으면 (+), 계가 열과 일을 잃으면 (−)로 정한다.

표 6-1 열과 일에 대한 부호

과정	부호
계가 주위에 한 일	−
계에 대해서 주위가 한 일	+
주위로부터 계가 흡수한 열(흡열 과정)	+
계로부터 주위에 방출한 열(발열 과정)	−

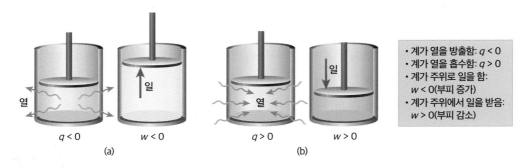

그림 6-4 열과 일의 부호

예제 6-2

어떤 계가 254J의 열을 흡수하고 주위에 123J의 일을 했을 때 내부 에너지 변화 $\Delta U(\text{J})$를 구하라.

풀이

$\Delta U = q + w = 254\text{J} + (-123\text{J}) = 131\text{J}$

6.3 열화학 반응식과 엔탈피

내부 에너지 변화(ΔU)를 구하려면 열(q)과 일(w)의 부호와 값을 모두 알아야 한다. q는 중고등 과정에서 배운 것처럼 물질의 비열과 질량, 그리고 온도 변화를 측정하면 구할 수 있으나($q = c \cdot m \cdot \Delta T$), w는 반응의 조건(일정 부피 또는 일정 압력)에 따라 달라지므로 먼저 반응의 조건을 확인하고 팽창 일을 구하는 방법을 알아야 한다.

1) 팽창 일

물리학에서 일(w)은 물체를 이동시키는 힘(F)과 물체의 이동 거리(s)의 곱으로 정의한다.

$$일(w) = 힘(F) \times 이동 거리(s)$$

화학적 계에서 볼 수 있는 가장 일반적인 일은 계의 부피 변화로 일어나는 팽창 일(또는 압력 – 부피일)이고, 일정 압력 조건에서 계의 부피 변화와 압력을 곱한 값으로 정의되며, 부호는 계를 기준으로 정한다. 프로페인(C_3H_8) 가스가 연소하는 반응을 생각해 보자.

$$C_3H_8(g) + 5O_2(g) \longrightarrow 3CO_2(g) + 4H_2O(g)$$

6 mol 기체   7 mol 기체

6 mol의 기체 반응물이 7 mol의 기체 생성물로 변하는 이 반응이 일정 압력 조건에서 일어나면 다음과 같이 계의 부피가 팽창한다. 물리학에서 압력의 정의는 단위 면적에 작용하는 힘이므로 주어진 단면

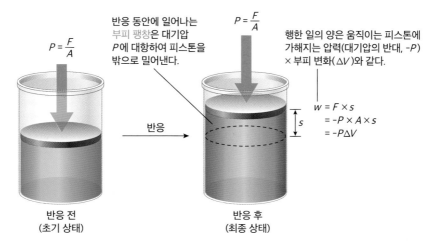

그림 6-5 화학 반응의 팽창 일

적(A)으로 힘(F)을 나눈 값($P = F/A$)이 되고, 단면적(A)과 이동 거리(s)의 곱은 부피 변화(ΔV)와 같아서 힘과 이동 거리의 곱인 일은 압력과 부피의 곱과 같은 값이 된다. 화학에서는 이를 '팽창 일'이라고 한다.

$$w = F \times s = -P \times A \times s = -P \times \Delta V$$

P는 계의 압력이 아닌 대기압, 즉 주위의 압력이므로 부호가 ($-$)이다. 또한 부피가 팽창하며 계가 주위로 일을 한 상태이므로 계의 일이 줄어들어, 즉 계가 일을 하였으므로 일의 부호는 ($-$)가 된다.

여기서 가장 중요한 부분이 바로 단위이다.

- $1\,J = 1\,kPa \times 1\,L$
- $1\,atm = 101.3\,kPa = 760\,mmHg = 760\,torr$

화학에서 주로 사용하는 대기압을 이용하면 다음과 같다.

$$1\,atm \cdot L = 101.3\,kPa \cdot L = 101.3\,J$$

앞으로 화학에서의 팽창 일을 구할 때 $1\,atm \cdot L = 101.3\,J$과 $1\,kPa \cdot L = 1\,J$ 이 두 가지 공식을 주로 활용할 것이다.

예제 6-3

외부 압력이 6.0 atm으로 일정할 때 반응기의 부피가 11.2 L에서 16.5 L로 팽창하였다. 계의 일 변화량(kJ)을 구하라.

풀이

$w = -P \cdot \Delta V = -(6.0\,atm) \times (5.3\,L) = -31.8\,atm \cdot L$

$1\,atm \cdot L = 101.3\,J$이므로

$w = (-31.8) \times 101.3\,J = -3{,}221.3\,J = -3.2\,kJ$

따라서 계가 3.2 kJ의 일을 주위로 행하였다(계가 일을 잃었다).

내부 에너지 변화는 열과 일의 합이고, 팽창 일을 이용하여 다음 식으로 나타낸다.

$$\text{계의 내부 에너지 변화 } \Delta U = q + w = q - p\Delta V$$

같은 물질, 같은 질량으로 동일한 화학 반응을 두 가지 조건(일정 부피와 일정 압력)에서 진행할 때 내부

일정 부피
$\Delta V = 0$
$\therefore w_v = 0$

같은 물질을 똑같은 질량만큼 넣고
동일한 화학 반응을 시킨다.
$\therefore$ 내부에너지 변화 ΔU 동일

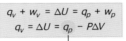
$$q_v + w_v = \Delta U = q_p + w_p$$
$$q_v = \Delta U = q_p - P\Delta V$$

일정 압력
$w = -P\Delta V$

일정 압력에서의 열량 변화
($q_p = \Delta H$ 엔탈피 변화로 정의함)

그림 6-6 일정 부피와 일정 압력 조건에서의 내부 에너지 변화

에너지 변화를 살펴보면 다음과 같다.

일정 부피 조건은 $\Delta V = 0$이므로 $w = 0$이 되어

$$\text{내부 에너지 변화 } \Delta U = q_v$$

일정 압력 조건은 $w = -P\Delta V$이므로

$$\text{내부 에너지 변화 } \Delta U = q_p - P\Delta V$$

대부분의 화학 반응은 일정 압력 과정이므로 일정 압력에서의 열량 변화 q_p를 그 반응에 대한 반응열(heat of reaction) 또는 엔탈피 변화(enthalpy change, ΔH)로 정의한다. 따라서 계의 엔탈피 $H = U + PV$이다.

$$\text{엔탈피 변화 } \Delta H = \Delta U + P\Delta V = q_p$$

엔탈피도 상태 함수이므로 반응 전후 정확한 엔탈피 값을 알 필요 없이 최종 상태와 초기 상태의 차이만 중요할 뿐이다. 다음 식에서 $\Delta H < 0$이면 발열 반응, $\Delta H > 0$이면 흡열 반응이다.

$$\Delta H = H_{생성물} - H_{반응물}$$

앞에서 배운 프로페인(C_3H_8) 연소 반응을 통해 ΔU와 ΔH 사이의 차이를 알아보자.

$$C_3H_8(g) + 5O_2(g) \longrightarrow 3CO_2(g) + 4H_2O(g) \qquad \Delta U = -2{,}046\,\text{kJ}$$
$$\Delta H = -2{,}044\,\text{kJ}$$

6 mol의 기체 반응물이 7 mol의 기체 생성물로 변하는 반응으로 일정 압력 조건에서 부피가 팽창하며 계가 일을 잃게 되므로 ΔU보다 ΔH의 절댓값이 더 작다(일정 부피 조건에서 온도가 더 상승한다).

즉, 일정 부피 조건에서는 $-P\Delta V$가 없으므로 내부 에너지 변화량은 열로만 방출되기 때문에 $q_v = \Delta U = -2{,}046\,\text{kJ}$이지만, 일정 압력 조건에서는 부피가 팽창하면서 외부 대기압에 대항하여 계가 2 kJ

의 일을 하므로(계의 일이 줄어들어) $q_p = \Delta H = -2{,}044\,\text{kJ}$이 된다. 하지만 화학 반응에서 일의 양은 출입하는 열에 비해 작은 편이라서 대부분의 반응에서 ΔU와 ΔH 두 값은 거의 같다. 만약 반응물과 생성물의 기체 몰수가 같아서 부피 변화와 일이 없는 경우 ΔU와 ΔH는 정확하게 동일하다.

$$CH_4(g) + 2O_2(g) \longrightarrow CO_2(g) + 2H_2O(g) \qquad \Delta U = \Delta H = -802.4\,\text{kJ}$$

예제 6-4

질소와 수소로부터 암모니아를 만드는 반응의 $\Delta H = -92.2\,\text{kJ}$이다. 이 반응이 $40.0\,\text{atm}$의 일정 압력에서 진행되고 부피 변화가 $-1.12\,\text{L}$일 때, ΔU 값(kJ)을 구하라.

풀이

$$\Delta U = \Delta H - P\Delta V$$

$$\Delta H = -92.2\,\text{kJ}$$

$$P\Delta V = (40.0\,\text{atm})(-1.12\,\text{L}) = -44.8\,\text{atm}\cdot\text{L}$$

$$\qquad\quad = (-44.8\,\text{atm}\cdot\text{L})\left(101\,\frac{\text{J}}{\text{atm}\cdot\text{L}}\right) = -4{,}520\,\text{J}$$

$$\qquad\quad = -4.52\,\text{kJ}$$

$$\Delta U = (-92.2\,\text{kJ}) - (-4.52\,\text{kJ}) = -87.7\,\text{kJ}$$

이제부터는 화학 반응을 쓸 때 물질의 상태를 표시한 균형 화학 반응식에 엔탈피 변화를 함께 표기한 열화학 반응식(thermochemical equation)으로 나타낼 것이며, 프로페인 연소 반응의 열화학 반응식은 다음과 같다.

$$C_3H_8(g) + 5O_2(g) \longrightarrow 3CO_2(g) + 4H_2O(g) \qquad \Delta H = -2{,}044\,\text{kJ}$$

서로 다른 반응의 반응열을 비교할 수 있도록 모든 측정이 동일한 조건에서 이루어진다는 것을 보장하기 위하여 열역학적 표준 상태라는 특별한 조건을 정의하였다. '열역학적 표준 상태'는 1 atm의 압력과 일반적으로 25 ℃의 온도에서 가장 안정한 물질의 형태[용액인 경우 1 M(몰농도)]를 의미하며, 1982년 이후 표준 상태 압력은 1 bar = 0.986923 atm으로 정하였으나 그 차이가 크지 않아 1 atm으로 쓰는 경우가 많다.

열역학적 표준 상태에서 측정된 값은 기호에 위첨자 °를 써서 나타내며, 표준 조건에서 측정한 엔탈피 변화는 표준 반응 엔탈피 또는 표준 반응열이라 하고, ΔH°로 표기한다. 열역학적 표준 상태에서 프로페인의 연소 반응은 다음과 같이 표기한다.

$$C_3H_8(g) + 5O_2(g) \longrightarrow 3CO_2(g) + 4H_2O(g) \qquad \Delta H^\circ = -2{,}044\,kJ \; (25\,℃,\,1\,atm)$$

열화학 반응식을 쓸 때는 다음 사항을 반드시 고려해야 한다.

① 모든 반응물과 생성물의 물리적 상태를 꼭 표기해야 한다.

$$CH_4(g) + 2O_2(g) \longrightarrow CO_2(g) + 2H_2O(g) \qquad \Delta H = -802.4\,kJ/mol$$

$$CH_4(g) + 2O_2(g) \longrightarrow CO_2(g) + 2H_2O(l) \qquad \Delta H = -890.4\,kJ/mol$$

ΔH의 단위인 kJ/mol은 특정 반응물이나 생성물 1 mol당을 의미하는 것이 아니고, 반응 자체가 일어나는 것을 /mol로 표기한 것이므로 물질의 양에 대한 반응열을 구하려면 균형 화학 반응식의 계수를 이용해야 한다. 예를 들어 메테인의 연소에 대해 $\Delta H = -890.4\,kJ/mol$인 것은 각 물질을 기준으로 다음과 같이 해석해야 한다.

$$\frac{-890.4\,kJ}{1\,mol\,CH_4} \qquad \frac{-890.4\,kJ}{2\,mol\,O_2} \qquad \frac{-890.4\,kJ}{1\,mol\,CO_2} \qquad \frac{-890.4\,kJ}{2\,mol\,H_2O}$$

② 물질의 양이 n배로 변하면 엔탈피 변화량도 n배가 된다.

$$2CH_4(g) + 4O_2(g) \longrightarrow 2CO_2(g) + 4H_2O(g) \qquad \Delta H = -1{,}604.8\,kJ/mol$$

③ 반응식을 역으로 쓰면 반응열(ΔH)의 부호도 바뀌어야 한다.

$$CO_2(g) + 2H_2O(g) \longrightarrow CH_4(g) + 2O_2(g) \qquad \Delta H = 802.4\,kJ/mol$$

예제 6-5

프로페인 5.00 g이 과량의 산소와 반응할 때 발생하는 열(kJ)을 구하라.

$$C_3H_8(g) + 5O_2(g) \longrightarrow 3CO_2(g) + 4H_2O(g) \qquad \Delta H^\circ = -2{,}044\,kJ$$

| 풀이

프로페인(C_3H_8)의 몰질량은 44.09 g/mol이므로 C_3H_8 5.00 g은 0.1134 mol과 같다.

$$5.00\,g\,C_3H_8 \times \frac{1\,mol\,C_3H_8}{44.09\,g\,C_3H_8} = 0.1134\,mol\,C_3H_8$$

1 mol의 프로페인은 2,044 kJ의 열을 발생시키므로 0.1134 mol의 C_3H_8은 232 kJ의 열을 방출한다.

$$0.1134\,mol\,C_3H_8 \times \frac{2{,}044\,kJ}{1\,mol\,C_3H_8} = 232\,kJ \qquad \Delta H = -232\,kJ$$

예제 6-6

광합성의 열화학 반응식은 다음과 같다.

$$6H_2O(l) + 6CO_2(g) \longrightarrow C_6H_{12}O_6(s) + 6O_2(g) \qquad \Delta H = +2{,}803\,kJ/mol$$

$C_6H_{12}O_6(s)$ 75.0 g을 생산하는 데 필요한 태양 에너지를 구하라.

풀이

$C_6H_{12}O_6$ 75.0 g의 몰수 = $75.0\,g \times \dfrac{1\,mol\ C_6H_{12}O_6}{180.2\,g} = 0.416\,mol$

1 mol의 $C_6H_{12}O_6$를 생산하는 데 필요한 태양 에너지는 2,803 kJ이므로, 0.416 mol에 해당하는 에너지는 다음과 같다.

$$0.416\,mol\ C_6H_{12}O_6 \times \frac{2{,}803\,kJ}{1\,mol\ C_6H_{12}O_6} = 1{,}166\,kJ = 1{,}170\,kJ$$

6.4 열량계와 열용량

반응 과정에서 일어나는 열 변화를 측정하기 위해서는 먼저 비열과 열용량의 정의를 알아야 한다. '비열(specific heat, c)'은 물질 1 g의 온도를 1 ℃만큼 올리는 데 필요한 열량으로, 단위가 J/g·℃이다. '열용량(heat capacity, C)'은 물질의 온도를 1 ℃만큼 높이는 데 필요한 열량, 즉 비열과 질량을 곱한 값($C = c \times m$)이고, 단위는 J/℃이다. 따라서 한 잔의 컵에 들어 있는 40 ℃의 물과 욕조에 가득 들어 있는 40 ℃의 물은 비열은 같지만 질량이 다르므로 열용량이 다르다. 비열과 열용량이 큰 물질은 온도 변화에 저항하는 정도가 커서 열량을 흡수해도 상대적으로 온도가 서서히 올라간다. 물질의 온도가 변하였을 때 이동한 열량은 세 가지 물리량의 곱으로 구할 수 있다.

- $q = c \cdot m \cdot \Delta T$
- 열량(J) = 비열(J/g·℃) × 질량(g) × 온도 변화(℃)

예제 6-7

물 235 g의 온도를 25 ℃에서 100 ℃로 올릴 때 필요한 열량을 구하라. (단, 물의 비열은 4.184 J/g·℃이다.)

풀이

$q = c \cdot m \cdot \Delta T$

$\quad = 4.184\,\text{J/g·℃} \times 235\,\text{g} \times (100 - 25)\,℃$

$\quad = 7.4 \times 10^4\,\text{J}$

화학 물질은 주로 몰(mol) 단위로 측정하므로 물질 1 mol의 온도를 1 ℃만큼 올리는 데 필요한 열량인 '몰열용량(molar heat capacity, C_m)'이 유용하게 쓰이며, 단위는 J/mol·℃이다. 온도가 변하였을 때 이동한 열량은 몰열용량을 사용하여 다음 식과 같이 구할 수 있다. ●표 6-2에 몇 가지 물질의 비열과 몰열용량을 나타내었다.

- $q = n \cdot C_m \cdot \Delta T$
- 열량(J) = 몰수(mol) × 몰열용량(J/mol·℃) × 온도 변화(℃)

표 6-2 25 ℃에서 몇 가지 물질의 비열과 몰열용량

물질	비열(c)(J/g·℃)	몰열용량(C_m)(J/mol·℃)
공기(건조)	1.01	29.1
알루미늄	0.897	24.2
구리	0.385	24.4
금	0.129	25.4
철	0.449	25.1
수은	0.140	28.0
염화 소듐(NaCl)	0.859	50.2

예제 6-8

납(Pb) 75.0 g의 온도를 10.0 ℃ 올리기 위해 96.7 J의 열량이 필요하다. 납의 비열과 몰열용량을 구하라. (단, Pb의 몰질량은 207.2 g/mol이다.)

(계속)

$q = c \cdot m \cdot \Delta T$

96.7 J = 납의 비열(J/g·℃) × 75.0 g × 10.0 ℃

따라서 납의 비열은 0.129 J/g·℃이다.

C_m(몰열용량) = 비열 × 몰질량 = 0.129 J/g·℃ × 207.2 g/mol

따라서 납의 몰열용량은 26.7 J/mol·℃이다.

열량계는 반응이 진행될 때 온도 변화를 측정하여 출입한 열량을 구하기 위해 고안된 기구로, 일정 압력 열량계와 일정 부피 열량계(통열량계) 두 종류가 있다.

일정 압력 열량계에서 계는 반응물과 생성물이고, 주위는 용매인 물이며, 컵으로의 열전달은 없다고 가정하고, 주로 산−염기 중화 반응이나 염의 용해 반응의 반응열을 구할 때 사용된다. 측정하는 온도는 용액의 온도(엄밀하게 실제 반응하는 분자나 이온의 온도가 아니고 주위인 용매의 온도)이기 때문에 온도가 올라가는 발열 반응($\Delta T > 0$)은 계가 열량을 잃는 것이므로 계산으로 구한 열량 q의 부호는 $(-)$가 되며, 일정 압력에서의 열량 변화는 엔탈피 변화이므로 $q = \Delta H < 0$이 된다.

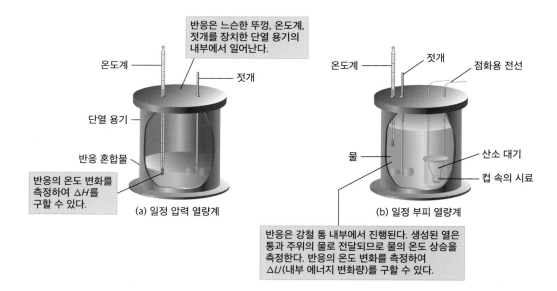

그림 6-7 열량계의 두 종류

예제 6-9

온도가 88.4 ℃인 금속 덩어리를 온도가 25.1 ℃인 물 125 g에 넣었다. 금속과 물의 최종 온도가 40.3 ℃일 때 금속의 열용량을 구하라. (단, 물의 비열은 4.184 J/g·℃이다.)

풀이

금속이 잃은 열량 = − 물이 얻은 열량

금속의 열용량(J/℃) × 온도 변화(℃) = − 물의 비열(J/g·℃) × 물의 질량(g) × 물의 온도 변화(℃)

금속의 열용량(J/℃) × (40.3 − 88.4) ℃ = − 4.184 J/g·℃ × 125 g × (40.3 − 25.1) ℃

따라서 금속의 열용량은 165 J/℃이다.

일정 부피 열량계(통열량계)는 강철 용기에 질량을 알고 있는 시료를 넣고 약 30 atm의 산소를 채운 후, 시료를 전기적으로 점화하여 연소하면서 방출되는 열량을 측정하는 기구로 시료가 계, 강철 용기와 물이 주위가 된다. 반응열은 강철 용기와 물이 흡수한 열을 합해서 구해야 하기 때문에 주로 강철 용기와 물의 열용량을 합한 열량계의 열용량이 주어진다. 일정 부피 조건이므로 이때 방출되는 열량은 내부 에너지 변화량과 같고, 일정 압력 열량계와 마찬가지로 계가 열을 잃는 것이므로 부호는 (−)가 된다.

예제 6-10

질량이 5.35 g인 과자의 열량을 알기 위해 통열량계에 넣고 연소시켰다. 열량계의 열용량은 42.25 kJ/℃이고, 연소 후에 온도가 3.4 ℃ 상승했다. 과자의 그램당 열량(kJ/g)을 구하라.

풀이

발열 반응이므로 연소열의 부호는 (−)이다.

q = − 열량계의 열용량(kJ/℃) × 온도 변화(℃)

  = −42.25 kJ/℃ × 3.4 ℃ = −143.65 kJ

그램당 연소열 = −26.9 kJ/g

따라서 그램당 26.9 kJ의 열량을 함유하는 과자이다.

6.5 헤스(Hess)의 법칙

엔탈피는 온도, 압력, 부피처럼 계의 현재 상태에만 의존하는 상태 함수이므로, 반응이 몇 단계로 일어나든 최초 반응물과 최종 생성물이 같다면 화학 반응의 엔탈피 변화는 언제나 동일한 값을 갖는다. 예를 들어 질소와 수소가 반응하여 암모니아가 생성되는 반응의 $\Delta H° = -92.2\,kJ$인데, 이 반응은 다음과 같이 두 단계로 일어나며, 각 단계의 반응열을 합하면 전체 반응의 반응열과 같게 된다.

$$N_2(g) + 2H_2(g) \longrightarrow N_2H_4(g) \qquad \text{(1단계)}$$

$$N_2H_4(g) + H_2(g) \longrightarrow 2NH_3(g) \qquad \text{(2단계)}$$

$$\overline{N_2(g) + 3H_2(g) \longrightarrow 2NH_3(g) \qquad \Delta H° = -92.2\,kJ}$$

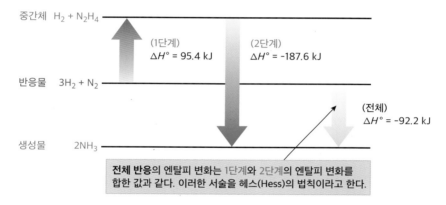

그림 6-8 암모니아 생성 반응으로 나타낸 헤스 법칙

예제 6-11

다음 열화학 반응식을 이용하여

$$NO(g) + O_3(g) \longrightarrow NO_2(g) + O_2(g) \qquad \Delta H = -198.9\,kJ/mol$$

$$O_3(g) \longrightarrow 3/2O_2(g) \qquad \Delta H = -142.3\,kJ/mol$$

$$O_2(g) \longrightarrow 2O(g) \qquad \Delta H = +495\,kJ/mol$$

다음 반응의 엔탈피 변화를 구하라.

$$NO(g) + O(g) \longrightarrow NO_2(g)$$

(계속)

풀이

$$NO(g) + O_3(g) \longrightarrow NO_2(g) + O_2(g) \qquad \Delta H = -198.9 \, \text{kJ/mol}$$

$$3/2O_2(g) \longrightarrow O_3(g) \qquad \Delta H = +142.3 \, \text{kJ/mol}$$

$$+ \quad O(g) \longrightarrow 1/2O_2(g) \qquad \Delta H = -247.5 \, \text{kJ/mol}$$

$$NO(g) + O(g) \longrightarrow NO_2(g) \qquad \Delta H = -304 \, \text{kJ/mol}$$

6.6 표준 생성 엔탈피

'표준 생성 엔탈피(standard enthalpy of formation, ΔH°_f)'는 표준 상태에 있는 성분 원소로부터 어떤 화합물 1 mol이 생성될 때 일어나는 엔탈피 변화로 정의된다. 특정 화합물의 표준 생성 엔탈피가 0보다 작은 음수($\Delta H^\circ_f < 0$)라는 것은 그 화합물이 표준 상태의 원소보다 열함량이 적은 안정한 물질이라는 의미이고, 이것이 바로 화합물이 생성되는 이유이다. 물질의 열함량인 엔탈피는 기준점을 정하기가 어려워서 절대적인 값을 측정할 수 없기 때문에 반응열인 엔탈피 변화를 구하기 위해서 표준 상태에서 안정한 원소의 표준 생성 엔탈피를 0으로 하여 기준을 정하였다.

- $\Delta H^\circ_f[\text{C(흑연)}] = 0 \, \text{kJ/mol}$
- $\Delta H^\circ_f[\text{O}_2(g)] = 0 \, \text{kJ/mol}$
- $\Delta H^\circ_f[\text{Fe}(s)] = 0 \, \text{kJ/mol}$

즉, 안정한 원소 자체로부터 그 원소가 만들어질 때의 엔탈피 변화를 0으로 정함으로써 화합물이 만들어질 때의 엔탈피 변화를 구하는 기준이 되었다.

표준 생성 엔탈피를 이용하여 화학 반응의 반응열을 구하는 방법을, 포도당을 발효시켜 에탄올과 이산화 탄소를 만드는 반응으로 알아보자.

$$C_6H_{12}O_6(s) \longrightarrow 2C_2H_5OH(l) + 2CO_2(g) \qquad \Delta H^\circ = ?$$

표 6-3 중요한 물질들의 표준 생성 엔탈피

물질	화학식	$\Delta H°_f$(kJ/mol)	물질	화학식	$\Delta H°_f$(kJ/mol)
아세틸렌	$C_2H_2(g)$	227.4	염화 수소	$HCl(g)$	−92.3
암모니아	$NH_3(g)$	−46.1	산화 철(Ⅲ)	$Fe_2O_3(s)$	−824.2
이산화 탄소	$CO_2(g)$	−393.5	탄산 마그네슘	$MgCO_3(s)$	−1,095.8
일산화 탄소	$CO(g)$	−110.5	메테인	$CH_4(g)$	−74.8
에탄올	$C_2H_5OH(l)$	−277.7	일산화 질소	$NO(g)$	91.3
에틸렌	$C_2H_4(g)$	52.3	물(g)	$H_2O(g)$	−241.8
포도당(글루코스)	$C_6H_{12}O_6(s)$	−1,273.3	물(l)	$H_2O(l)$	−285.8

● 표 6-3에 있는 자료를 이용하면 다음과 같은 식을 얻을 수 있다.

① $C_6H_{12}O_6(s) \longrightarrow 6C(s) + 6H_2(g) + 3O_2(g)$ $-\Delta H°_f = +1,273.3 \, kJ$

② $2[2C(s) + 3H_2(g) + 1/2O_2(g) \longrightarrow C_2H_5OH(l)$ $2[\Delta H°_f = -277.7 \, kJ] = -555.4 \, kJ$

③ $2[C(s) + O_2(g) \longrightarrow CO_2(g)]$ $2[\Delta H°_f = -393.5 \, kJ] = -787.0 \, kJ$

     $C_6H_{12}O_6(s) \longrightarrow 2C_2H_5OH(l) + 2CO_2(g)$ $\Delta H° = -69.1 \, kJ$

이때 첫 번째 반응은 안정한 원소로부터 포도당이 얻어지는 반응의 역반응이므로 표준 생성 엔탈피 값에 (−) 부호를 붙여야 한다. 결과적으로 포도당 발효의 반응열 $\Delta H° = -69.1 \, kJ$인데, 이 값은 다음과 같이 계산하여도 동일하다.

$$\Delta H° = [2\Delta H°_f(\text{에탄올}) + 2\Delta H°_f(CO_2)] - [\Delta H°_f(\text{포도당})]$$
$$= (2 \, mol)(-277.7 \, kJ/mol) + (2 \, mol)(-393.5 \, kJ/mol) - (1 \, mol)(-1,273.3 \, kJ/mol)$$
$$= -69.1 \, kJ$$

따라서 화학 반응의 반응열은 생성물질의 표준 생성 엔탈피 합에서 반응물질의 표준 생성 엔탈피 합을 빼면 구할 수 있다.

$$\Delta H°_{\text{반응}} = \sum n \, \Delta H°_f(\text{생성물}) - \sum m \, \Delta H°_f(\text{반응물})$$
$$(m = \text{반응물의 화학량론 계수}, \, n = \text{생성물의 화학량론 계수})$$

예제 6-12

다음 자료를 이용하여 아세틸렌(C_2H_2)의 표준 생성 엔탈피를 구하라.

① $C(흑연) + O_2(g) \longrightarrow CO_2(g)$ $\qquad\qquad \Delta H°_{반응} = -393.5 \text{ kJ/mol}$

② $H_2(g) + 1/2O_2(g) \longrightarrow H_2O(l)$ $\qquad\qquad \Delta H°_{반응} = -285.8 \text{ kJ/mol}$

③ $2C_2H_2(g) + 5O_2(g) \longrightarrow 4CO_2(g) + 2H_2O(l)$ $\qquad \Delta H°_{반응} = -2,598.8 \text{ kJ/mol}$

풀이

$C(흑연)$과 $H_2(수소)$가 결합하여 아세틸렌이 되는 반응의 반응식을 쓰고, 주어진 식과 반응 엔탈피를 이용하여(더하거나 빼거나 정수배) 동일한 식을 만든다.

목표식: $2C(흑연) + H_2(g) \longrightarrow C_2H_2(g)$

$\qquad 2C(흑연) + 2O_2(g) \longrightarrow 2CO_2(g)$ $\qquad\qquad \Delta H°_{반응} = -787.0 \text{ kJ/mol}$

$\qquad H_2(g) + 1/2O_2(g) \longrightarrow H_2O(l)$ $\qquad\qquad \Delta H°_{반응} = -285.8 \text{ kJ/mol}$

$+\ \ 2CO_2(g) + H_2O(l) \longrightarrow C_2H_2(g) + 5/2O_2(g)$ $\qquad \Delta H°_{반응} = +1,299.4 \text{ kJ/mol}$

$\qquad 2C(흑연) + H_2(g) \longrightarrow C_2H_2(g)$ $\qquad\qquad \Delta H°_f = +226.6 \text{ kJ/mol}$

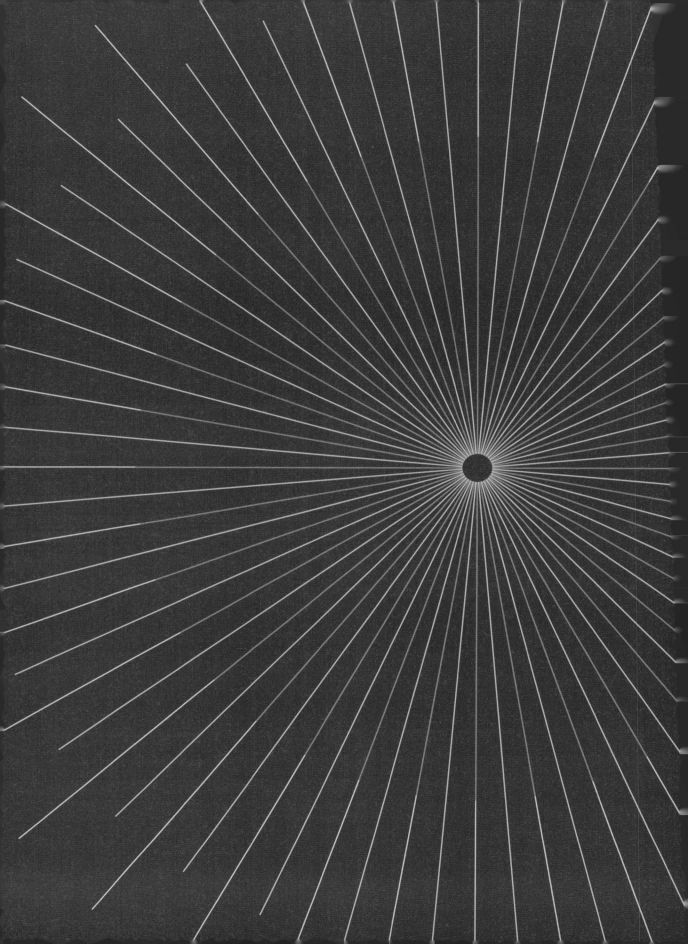

7장
분자 구조와 분자간 힘

7.1 공유 결합과 전기 음성도

공유 결합은 비금속 원자들이 원자가전자를 8개로 채우기 위해 전자를 공동 소유하면서 형성된다. 수소 원자들이 공유 결합을 하기 위해 서로 가까이 접근하면 2개의 원자핵은 모두 (+)이므로 서로 반발하고 각 원자의 전자들도 (−)이므로 서로 반발하지만, 각 원자핵은 두 전자를 끌어당긴다. 원자핵과 전자 사이의 인력이 반발력보다 클 때 두 공유 전자는 원자핵 사이의 영역을 점유하고, 두 원자를 서로 묶어 공유 결합을 형성하고 분자를 만든다(●그림 3-10 참고).

같은 원소의 원자들이 공유 결합을 하는 경우에는 결합 전자쌍을 끌어당기는 힘의 크기가 같아 전자쌍을 균등하게 공유하지만, 종류가 다른 비금속 원자들이 공유 결합을 할 때 결합 전자쌍은 균등하게 공유되지도 않고 완전하게 이동하지도 않는다. 이때 결합 전자쌍을 당기는 힘의 크기가 큰 원자는 부분적으로 음전하를 띠게 되고 부분 전하를 나타내는 기호인 그리스어 소문자 델타(δ)를 사용하여 (δ−)로 표시한다. 결합 전자를 균등하게 공유하는 결합은 '무극성 공유 결합(nonpolar covalent bond)'이라 하고, 결합 전자의 쏠림이 나타나서 부분 양전하와 부분 음전하가 나타나는 공유 결합을 '극성 공유 결합(polar covalent bond)'이라고 한다. 또한 공유 결합하는 원자가 결합 전자쌍을 끌어당기는 힘의 상대적인 크기, 즉 공유 전자쌍을 끌어당기는 원자의 능력을 '전기 음성도(electronegativity)'라고 정의하며, 결합의 극성은 결합하는 원자들의 전기 음성도 차이에 의해 나타난다. 미국의 화학자 라이너스 폴링(Linus Pauling, 1901~1994)에 의해 정립된 원자들의 전기 음성도 값은 단위가 없으며, F의 전기 음성도가 4.0으로 제일 크다. 원자의 크기가 작고 유효 핵전하가 클수록 원자가 결합 전자쌍을 세게 끌어당기므로 원자의 크기가 작아지는 경향과 전기 음성도의 크기가 커지는 경향이 비슷하여, 같은 주기라면 주기율표

전기 음성도는 왼쪽에서 오른쪽으로 갈수록 증가한다.

최대 전기 음성도

																	H 2.1	He
Li 1.0	Be 1.5											B 2.0	C 2.5	N 3.0	O 3.5	F 4.0		Ne
Na 0.9	Mg 1.2											Al 1.5	Si 1.8	P 2.1	S 2.5	Cl 3.0		Ar
K 0.8	Ca 1.0	Sc 1.3	Ti 1.5	V 1.6	Cr 1.6	Mn 1.5	Fe 1.8	Co 1.9	Ni 1.9	Cu 1.9	Zn 1.6	Ga 1.6	Ge 1.8	As 2.0	Se 2.4	Br 2.8		Kr
Rb 0.8	Sr 1.0	Y 1.2	Zr 1.4	Nb 1.6	Mo 1.8	Tc 1.9	Ru 2.2	Rh 2.2	Pd 2.2	Ag 1.9	Cd 1.7	In 1.7	Sn 1.9	Sb 2.1	Te 2.5	I 2.5		Xe
Cs 0.7	Ba 0.9	Lu 1.1	Hf 1.3	Ta 1.5	W 1.7	Re 1.9	Os 2.2	Ir 2.2	Pt 2.2	Au 2.4	Hg 1.9	Tl 1.8	Pb 1.9	Bi 1.9	Po 2.0	At 2.1		Rn

전기 음성도는 아래쪽에서 위쪽으로 갈수록 증가한다.

그림 7-1 주기율표 원자들의 전기 음성도 값과 경향성

의 오른쪽으로 갈수록, 같은 족이라면 주기율표의 위쪽으로 갈수록 전기 음성도 값이 증가한다. ●그림 7-1에서 원자들의 전기 음성도 값과 경향성을 나타내었다.

　●그림 7-1의 수소 원자 위치가 일반적인 주기율표와 다른 것을 주의 깊게 살펴보자. 보통의 주기율 표에서 수소는 원자 번호가 1번이므로 리튬(Li) 원자 위에 있지만 '언제나 1족 원소(알칼리 금속)는 아니다'라는 설명이 수반되는 비금속 원소이다. 수소는 전자껍질이 1개이고 첫 번째 전자껍질에는 최대 2개의 전자가 들어갈 수 있다는 사실을 생각해 보면, 수소는 원자가전자가 4개인 탄소와 마찬가지로 제일 바깥 전자껍질이 절반만 채워진 특징을 갖는 원소이다. 가장 바깥 껍질 전자를 8개로 맞추어 안정한 전자 배치를 갖기 위해 금속은 전자를 잃고 양이온이 되고, 비금속은 전자를 얻어 음이온이 되거나 전자를 공동 소유하는 공유 결합을 이루는데, 가장 바깥 껍질의 전자가 절반 채워진 탄소는 전자를 얻어 비금속이 되기 힘들므로 주로 공유 결합을 한다. 수소도 껍질의 절반이 채워진 상황은 동일하지만 전자가 달랑 1개이므로 주기율표에서 수소보다 왼쪽에 위치한 금속 원자와 결합할 때는 전자를 얻은 음이온(수소화 이온, H^-)이 되어 이온 결합을 하고, 오른쪽에 위치한 전기 음성도가 큰 비금속 원자와 공유 결합할 때는 비금속 원자가 전자를 많이 끌어가서 수소가 부분 양전하(δ^+)를 띠게 된다.

　화합물의 전자 분포는 정전기 퍼텐셜 지도로 나타내는데 연두색은 전자 쏠림이 없는 무극성 분자, 파란색은 전자가 부족한 부분 양전하, 그리고 빨간색은 전자가 풍부한 부분 음전하를 의미하며, 세 화합물 Cl_2, HCl, NaCl의 정전기 퍼텐셜 지도를 이용하여 결합의 범위를 비교해 볼 것이다.

① Cl과 Cl 사이의 결합: 전자의 쏠림 현상이 없어 부분 전하를 갖지 않으며, 정전기 퍼텐셜 지도가 연두색으로 나타나는 무극성 공유 결합은 전기 음성도가 동일한 비금속 원자들 사이와 탄소와 수소 사이의 결합에서 관찰된다.

Cl_2: 무극성 공유 결합(△EN = 0)
연두색은 중성 원자를 나타낸다.

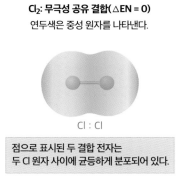

Cl : Cl

점으로 표시된 두 결합 전자는
두 Cl 원자 사이에 균등하게 분포되어 있다.

HCl: 극성 공유 결합(△EN = 0.9)
빨간색은 부분 음전하를 나타내고,
파란색은 부분 양전하를 나타낸다.

$^{\delta+}H - Cl^{\delta-}$ [H :Cl]

두 결합 전자는 H보다 Cl에
더 강하게 끌려 있다.

NaCl: 이온 결합(△EN = 2.1)
빨간색은 부분 음전하를 나타내고,
파란색은 부분 양전하를 나타낸다.

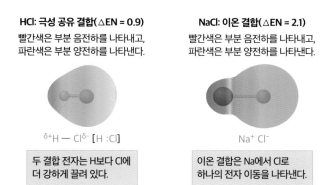

$Na^+ Cl^-$

이온 결합은 Na에서 Cl로
하나의 전자 이동을 나타낸다.

그림 7-2 Cl_2, HCl, NaCl의 정전기 퍼텐셜 지도

② H와 Cl 사이의 결합: 전기 음성도가 큰 Cl 원자 쪽으로 전자가 전이되어 Cl 원자가 빨간색의 부분 음전하를 띠고, H 원자가 파란색의 부분 양전하를 띠는 극성 공유 결합으로, 전기 음성도 값이 서로 다른 비금속 원자들이 하는 공유 결합이다.

③ Na와 Cl 사이의 결합: 전기 음성도 차이가 큰 금속과 비금속 원자 사이에서 전자의 전달이 일어나 금속은 양이온이 되고 비금속은 음이온이 되어 정전기적 힘으로 서로 강하게 묶인 이온 결합을 형성하고, 극성 공유 결합에 비해 양전하와 음전하의 색이 뚜렷하게 나타난다.

예제 7-1

다음 화합물의 결합 종류를 비극성 공유 결합, 극성 공유 결합, 이온 결합으로 분류하라.

(a) 사염화 탄소(CCl_4)의 탄소−염소 결합

(b) 브로민화 세슘($CsBr$)의 세슘−브로민 결합

풀이

(a) 전기 음성도가 다른 비금속 원자들 사이의 결합이므로 극성 공유 결합이다.

(b) 금속과 비금속 원자 사이의 결합이므로 이온 결합이다.

7.2 분자의 루이스 구조

원자들이 상호작용하여 화합물을 생성할 때 가장 중요한 원칙은 원자가 제일 바깥 전자껍질을 채워서 비활성 기체의 전자 배치가 되도록 전자를 공유한다는 것이다. 공유 결합하는 원자의 원자가전자를 점으로 표현하는 '전자점 구조(electron−dot structure)' 또는 '루이스 구조(Lewis structure)'는 화합물의 전자 분포에 대해 자세한 정보를 제공할 뿐만 아니라 화합물의 구조를 예측하는 데 매우 유용하다. 주족 원소의 원자가전자를 원소 주위에 점으로 표시한 루이스 점 기호는 분자의 루이스 구조를 그리는 데 유용하게 사용된다. 예를 들어 7개의 원자가전자를 갖는 플루오린(F) 원자는 비활성 기체의 전자 배치를 완성하기 위해 단 1개의 전자만이 필요하며, 서로에게 전자를 제공하는 이원자 분자(F_2)가 된다.

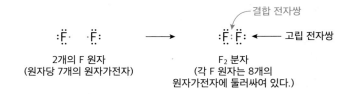

결합 전자쌍

:F̈· ·F̈: ⟶ :F̈:F̈: ◄── 고립 전자쌍

2개의 F 원자
(원자당 7개의 원자가전자)

F_2 분자
(각 F 원자는 8개의
원자가전자에 둘러싸여 있다.)

2개의 F 원자 사이에 있는 전자를 '결합 전자쌍' 또는 '공유 전자쌍'이라고 하고, 각 F 원자에 있는 3쌍의 결합하지 않은 전자쌍을 '비공유 전자쌍' 또는 '비결합 전자쌍'이라고 한다. 주족 원소들이 결합을 형성할 때 원자가껍질에 전자 8개를 채워서 안정해지려는 경향성, 즉 '팔전자 규칙(octet rule)'은 분자의 전자점 구조와 화학식을 예측하는 데 아주 유용하게 사용되는 원리이다. 팔전자 규칙을 이용하면 탄소와 같은 14족 원소는 4개의 결합, 질소와 같은 15족 원소는 3개의 결합과 1개의 비공유 전자쌍, 산소와 같은 16족 원소는 2개의 공유 결합과 2개의 비공유 전자쌍, 그리고 플루오린과 같은 17족 원소는 1개의 공유 결합과 3개의 비공유 전자쌍을 갖는다는 사실을 쉽게 예측하여, 분자의 화학식과 전자점 구조를 쉽게 그릴 수 있다.

4A(14)족 원소: 4개의 공유 결합

$$\cdot \dot{\underset{\cdot}{C}} \cdot \ + \ 4H\cdot \ \longrightarrow \ H : \overset{H}{\underset{H}{\overset{\cdots}{C}}} : H$$

메테인

5A(15)족 원소: 3개의 공유 결합과 1개의 비공유 전자쌍

$$\cdot \dot{\underset{\cdot}{N}} \cdot \ + \ 3H\cdot \ \longrightarrow \ H : \overset{H}{\underset{\cdot \cdot}{N}} : H$$

암모니아

6A(16)족 원소: 2개의 공유 결합과 2개의 비공유 전자쌍

$$\cdot \dot{\underset{\cdot \cdot}{O}} \cdot \ + \ 2H\cdot \ \longrightarrow \ H : \overset{\cdot \cdot}{\underset{\cdot \cdot}{O}} : H$$

물

7A(17)족 원소(할로젠): 1개의 공유 결합과 3개의 비공유 전자쌍

$$: \dot{\underset{\cdot \cdot}{F}} \cdot \ + \ H\cdot \ \longrightarrow \ H : \overset{\cdot \cdot}{\underset{\cdot \cdot}{F}} :$$

플루오린화 수소

13족 원소인 붕소는 특이한 경우로, 주기율표에서 붕소 바로 아래에 있는 알루미늄은 금속이지만 붕소는 준금속이므로 이온 결합이 아닌 공유 결합을 하고, 원자가껍질에 전자가 3개밖에 없어서 3개의 공유 결합을 하여 팔전자 규칙을 만족시키지 못하는 분자를 생성하므로 주변에 비공유 전자쌍을 제공하는 원자가 있을 경우 전자 한 쌍을 통째로 받아서 '배위 공유 결합(coordinate covalent bond)'을 형성한다.

공유 결합 화합물의 루이스 구조를 그리는 방법은 다음과 같은 단계로 구성된다.

① 화합물에 들어 있는 모든 원자가전자수를 더한다. 분자는 구성 원자들의 원자가전자들을 모두 더하면 되지만, 음이온이라면 원자가전자를 합한 후에 음전하의 수만큼 전자 개수를 더하고, 양이온은 양전하의 수만큼 전자 개수를 빼야 한다. 예를 들어 NF_3 분자의 원자가전자수 총합은 (N의 5개) + (3 × F의 7개) = 26개이고, CO_3^{2-} 이온은 (C의 4개) + (3 × O의 6개) + (2− 의 2개) = 24개, NH_4^+ 이온은 (N의 5개) + (4 × H의 1개) − (+ 의 1개) = 8개로 계산한다.

② 전기 음성도가 작은 원자를 중심 원자로 정하고, 원자의 족에 따라 가능한 결합 수를 참고하여 원자를 배열한다. 원자의 족에 따른 결합 수를 ●표 7-1에 나타내었으며, 2주기 원소는 ●표 7-1에 주어진 결합 수를 잘 따른다. 수소는 전기 음성도가 작긴 하지만 단 1개의 결합만이 가능하므로 중심 원자가 될 수 없고, 할로젠 원소들도 대부분 1개의 결합을 하지만 Cl, Br, I가 전기 음성도가 큰 O나 F와 결합할 때는 중심 원자로 작용한다.

③ 배열된 모든 원자를 단일 결합으로 연결한다. 단일 결합은 전자 2개로 이루어지므로 원자가전자의 총합에서 단일 결합에 사용된 전자수를 빼고 남은 전자가 있다면 팔전자를 채우지 못한 원자들에게 필요한 만큼 배분한다. 이때 전기 음성도가 큰 원자를 우선순위로 하여 전자를 배분해야 한다.

④ 3주기 이후의 원소는 d 오비탈에도 전자가 들어갈 수 있어서 제일 바깥 전자껍질에 전자가 8개 이상 배치되는 '확장된 팔전자 규칙(expanded octet rule)'을 따를 때가 많다. 따라서 모든 원자가 팔전자를 만족한 이후에도 전자가 남는다면 확장된 팔전자 규칙이 적용되는 3주기 이상의 중심 원자에 배치한다.

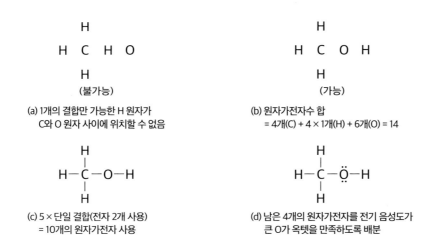

그림 7-3 메탄올(CH_4O)의 루이스 구조를 그리는 방법

⑤ 단일 결합으로 모든 원자를 연결하고 말단 원자가 팔전자를 만족하도록 전자를 배분한 후에도 중심 원자의 전자가 8개보다 적다면 말단 원자의 비공유 전자쌍을 중심 원자와의 이중 결합이나 삼중 결합으로 만들어서 팔전자를 맞추도록 한다.

SF₄: 원자가전자수 합 = 6개(S) + 4 × 7개(F) = 34개

(a) 전기 음성도가 작은 S: 중심 원자
2주기이고 1개의 단일 결합만 하는 F: 말단 원자

(b) 단일 결합 4개(전자 8개 사용)로
연결하여 원자가전자가 26개 남음

(c) 전기 음성도가 큰 말단 원자가 옥텟을
만족하도록 전자 배분(전자 2개 남음)

(d) 3주기 원소인 S에 나머지 전자 배분
(확장된 옥텟 규칙)

그림 7-4   사플루오린화 황(SF₄)의 루이스 구조를 그리는 방법

CH₂O: 원자가전자수 합 = 4개(C) + 2 × 1개(H) + 6개(O) = 12개

(a) 결합 수가 많은 C를 중심 원자로 배치하고
단일 결합으로 연결

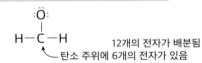

(b) 12개-6개(단일 결합 3개)의 전자를 배분하고
남은 6개의 전자를 전기 음성도가 큰 O가
옥텟을 만족하도록 배분

12개의 전자가 배분됨
탄소 주위에 6개의 전자가 있음

폼알데하이드(CH₂O)

(c) O의 비공유 전자쌍 1개를 C와의 두 번째 결합으로
만들어 C가 옥텟을 만족하도록 배분

그림 7-5   폼알데하이드(CH₂O)의 루이스 구조를 그리는 방법

예제 7-2

OF₂의 전자점 구조를 그려라.

풀이

• 1단계: 전체 원자가전자수를 구한다.

  산소(O)는 6개, 플루오린(F)은 7개이므로 전체 6 + (2 × 7) = 20개의 원자가전자를 가진다.

(계속)

- 2단계: 선을 사용하여 결합을 표시한다.

$$F - O - F$$

- 3단계: 남은 전자수를 구해서 점으로 표시한다.

20 − 4(결합) = 16개(남은 전자수)

:F̈−Ö−F̈:　20개의 전자가 배분됨　

N 원자처럼 홀수개의 원자가전자를 갖는 원자가 짝수개의 원자가전자를 갖는 원자와 공유 결합할 때 옥텟을 맞추기가 쉽지 않다. 이런 상황에서 생성되는 적어도 하나는 절반만 채워진 오비탈을 갖는 물질, 즉 홀전자를 갖는 화학종을 '라디칼(radical)'이라 한다. 대부분의 라디칼은 홀전자 때문에 반응성이 매우 커서 전자들이 짝을 이룰 수 있는 화학 반응을 급격하게 일으켜 보다 안정한 생성물을 만들려는 특성이 강하다. 라디칼의 전자점 구조를 그리는 방법을 예제 7−3을 통하여 알아보자.

예제 7-3

일산화 질소(NO)의 전자점 구조를 그려라.

풀이

- 1단계: 전체 원자가전자수를 구한다.

  질소(N)는 5개, 산소(O)는 6개이므로 전체 5 + 6 = 11개의 원자가전자를 가진다. 홀수개의 전자는 라디칼이 존재함을 의미한다.
- 2단계: 원자들의 연결을 결정한다.

  질소와 산소가 단순 이원자 분자 형태로 서로 결합되어 있다.
- 3~4단계: 결합에 사용된 원자가전자수(2개)를 1단계에서 계산된 전체 전자수(11개)에서 빼고 남은 전자수(9개)를 구한다. 남은 전자들은 말단 원자에 팔전자를 만족하도록 최대한 많이 할당한다. 전기 음성도가 더 큰 산소에 팔전자를 부여하고, 남은 전자는 질소에 둔다.

Ṅ−Ö:　11개의 전자가 배분됨

(계속)

- 5단계: 모든 원자가전자들이 할당되었지만, 이 구조에서 질소는 전자를 5개만 가져 전혀 팔전자를 만족하지 않는다. 따라서 산소의 전자 2개를 고립 전자쌍에서 결합 전자쌍으로 이동시켜 이중 결합을 생성한다.

$$\cdot\ddot{N}=\ddot{O} \quad \text{11개의 전자가 배분됨}$$

예제 7-4

연소할 때 불꽃의 온도가 약 3,000 ℃ 인 아세틸렌(에타인, C_2H_2)은 용접용 가스로 사용된다. 아세틸렌의 루이스 구조를 그려라.

풀이

- 1단계: 전체 원자가전자수를 구한다.

  탄소(C)는 4개, 수소(H)는 1개이므로 전체 $(2 \times 4) + (2 \times 1) = 10$개의 원자가전자를 가진다.
- 2단계: 원자들의 연결을 결정한다.

  2주기 원소(C)를 사슬로 연결한다.

$$H-C-C-H$$

- 3~4단계: 결합에 사용된 원자가전자수(6개)를 1단계에서 계산된 전체 전자수(10개)에서 빼고 남은 전자수(4개)를 구한다. 남은 전자들은 수소를 제외한 말단 원자에 팔전자를 만족하도록 최대한 많이 할당한다. 4개의 전자가 남았고 말단 원자는 모두 수소이므로, 전자들은 중심 탄소 원자에 배치한다.

$$H-\ddot{C}-\ddot{C}-H$$

- 5단계: 모든 원자가전자들이 할당되었지만, 이 구조에서 두 중심 탄소 원자는 팔전자가 아니다. 따라서 두 탄소가 가진 전자쌍을 이동하여 두 탄소 사이에 삼중 결합을 만들어 탄소가 팔전자가 되도록 한다. 수소의 원자가껍질도 2개의 전자로 채워져 있다.

$$H-C\equiv C-H$$

하나의 분자나 이온에 대하여 가능한 루이스 구조를 2개 이상 그릴 수 있으며, 이때 실제 구조는 그려진 루이스 구조들의 혼합으로 나타낼 수 있다. '공명 구조(resonance structure)'란 한 물질을 나타내는 여러 개의 루이스 구조를 지칭하며, 구조식 사이에 양쪽머리 화살표(⟷)를 표기하여 공명 관계임을 나타내야 한다. 공명 구조를 그릴 때 가장 중요한 것은 원자의 위치는 바뀌지 않고 전자의 위치만 바뀐다는 것이다. 여러 개의 공명 구조 중에서 실제 구조에 가장 근접한, 즉 실제 구조에 기여도가 큰 구조를 찾아내기 위해 형식 전하를 비교해야 한다. '형식 전하(formal charge)'란 원자가전자수에서 결합 전자수의 절반과 비공유 전자수를 뺀 값으로 정의하며, 형식 전하가 0이 된다는 의미는 원자의 원래 원자가전자가 원자 주변에 정상적으로 존재한다는 것을 나타내어 0이 가장 선호되는 형식 전하 값이다.

형식 전하 = 원자가전자수 − 1/2(결합 전자수) − 비공유 전자수

따라서 공명 구조 중 가장 실제 구조에 근접하고 타당한 구조는 다음과 같이 형식 전하를 비교하는 기준을 통하여 정할 수 있다.

- 형식 전하는 0이 가장 선호되고, 0 이외의 값은 절댓값이 작은 쪽이 좋다.
- 같은 형식 전하 구성이라면 전기 음성도가 큰 원자가 음의 값을 갖는 것이 좋다.
- 같은 부호의 형식 전하가 인접한 원자에 있으면 안 된다.

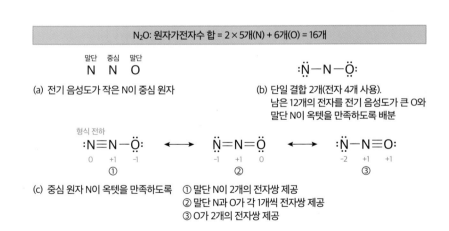

그림 7-6 일산화 이질소(N_2O)의 공명 구조를 그리는 방법

7.3 전자쌍 반발 이론과 분자의 모양

녹는점, 끓는점, 용해도, 반응성 등과 같은 물리적 · 화학적 성질과, 냄새와 맛을 느끼고 신경 자극을 전달하는 생물학적 반응 모두 분자 및 이온의 입체 구조와 전자 분포에 기인한다. 루이스 구조는 원자 사이의 결합을 보여주는 중요한 구조이지만, 2차원적인 평면 구조이기 때문에 분자 및 이온의 실제 성질을 예측하기는 어렵다는 한계가 있어 지금부터 루이스 구조를 바탕으로 분자의 입체 구조를 그리는 방법을 알아볼 것이다. 입체 구조를 이해하기 위해 가장 중요한 이론은 '원자가껍질 전자쌍 반발(Valence−Shell Electron Pair Repulsion, VSEPR) 모형'으로 중심 원자 주위의 전자구름은 정전기적 반발력을 나타내므로 최대한 멀리 떨어지도록 배치해야 한다는 이론이다. 주의할 점은 이중 결합이나 삼중 결합도 두 원자 사이에 전자들이 많이 몰려 있는 상황이므로 각각 1개의 전자구름(물론 전자 밀도가 크니 커다란 구름이라고 생각하면 된다)으로 간주하고, 단일 결합은 두 개의 원자핵이 잡아당기는 홀쭉한 전자구름, 비공유 전자쌍은 중심 원자의 원자핵만이 잡아당겨 중심 원자에 넓적하게 딱 달라붙은 전자구름, 그리고 라이칼의 홀전자도 작은 전자구름이라고 생각하여 중심 원자가 가진 전자구름을 배치해야 한다는 점이다(●그림 7-7).

분자 및 이온의 입체적 구조를 그리는 방법은 다음과 같다.

① 7.2절에서 설명한 대로 분자 및 이온의 루이스 구조를 그리고, 중심 원자 주변의 전자구름 수를 센다.
② 중심 원자 주위의 전자구름을 VSEPR 모형에 맞춰 배치한다.
③ 분자 및 이온을 구성하는 원자들의 원자핵을 연결하여 입체 구조를 결정한다.

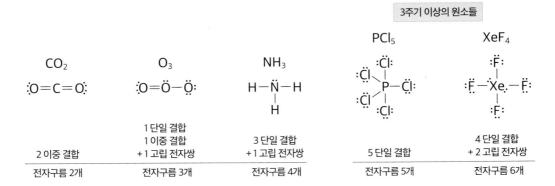

그림 7-7 중심 원자의 전자구름 개수 세는 방법

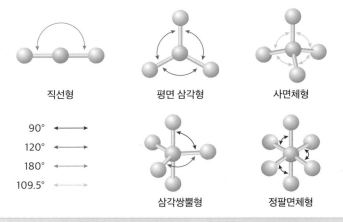

직선형	평면 삼각형	사면체형

90° ←→
120° ←→
180° ←→
109.5° ←→

삼각쌍뿔형   정팔면체형

모든 전자구름이 단일 결합일 때의 이상적인 결합각
→ 전자구름이 비공유 전자쌍이거나 다중 결합인 경우 반발력이 커져서 결합각이 달라진다.

그림 7-8 중심 원자의 전자구름 개수에 따른 배치

이때 가장 중요한 점은 중심 원자 주위의 전자구름이 배치된 모양과 실제 결합된 원자들의 연결을 나타내는 분자 및 이온의 구조는 차이가 날 수 있다는 것이다. 비공유 전자쌍은 중심 원자 주위에 더 많은 공간을 차지하므로 결합 전자쌍보다 반발력이 크고, 다중결합도 전자 밀도가 커서 단일 결합보다 반발력이 크므로 ●그림 7-8에 나오는 모든 결합을 단일 결합이라고 가정한 이상적인 결합각과 차이가 나게 된다.

① 중심 원자가 2개의 전자구름을 가질 때: 전자구름의 배치는 직선형(결합각 180°)

전자구름의 배치
: 직선형

CO_2 분자는 180°의 결합각을 갖는 직선형이다.

HCN 분자는 180°의 결합각을 갖는 직선형이다.

② 중심 원자가 3개의 전자구름을 가질 때: 전자구름의 배치는 평면 삼각형(결합각 120˚)

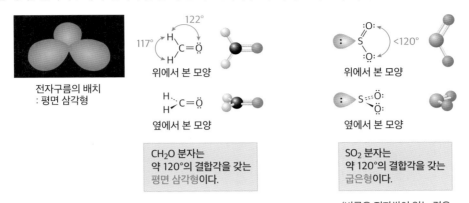

CH₂O 분자는
약 120°의 결합각을 갖는
평면 삼각형이다.

SO₂ 분자는
약 120°의 결합각을 갖는
굽은형이다.

(비공유 전자쌍이 있는 경우
분자의 모양은 전자구름의 배치와 다르다.)

③ 중심 원자가 4개의 전자구름을 가질 때: 전자구름의 배치는 사면체형(결합각 109.5˚)

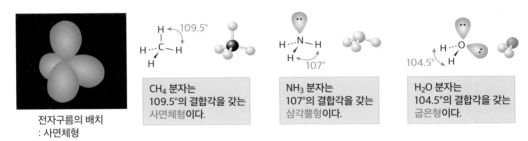

CH₄ 분자는
109.5°의 결합각을 갖는
사면체형이다.

NH₃ 분자는
107°의 결합각을 갖는
삼각뿔형이다.

H₂O 분자는
104.5°의 결합각을 갖는
굽은형이다.

④ 중심 원자가 5개의 전자구름을 가질 때: 전자구름의 배치는 삼각쌍뿔형(적도 방향 평면은 결합각 120˚, 위아래 두 개의 축 방향은 결합각 90˚)

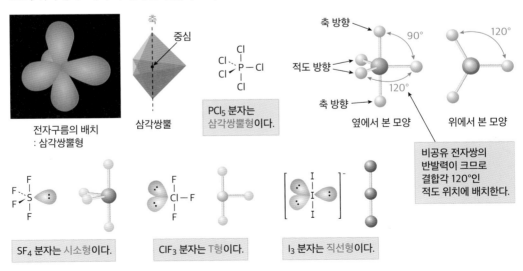

PCl₅ 분자는
삼각쌍뿔형이다.

비공유 전자쌍의
반발력이 크므로
결합각 120°인
적도 위치에 배치한다.

SF₄ 분자는 시소형이다.

ClF₃ 분자는 T형이다.

I₃ 분자는 직선형이다.

⑤ 중심 원자가 6개의 전자구름을 가질 때: 전자구름의 배치는 정팔면체형(결합각 90°)

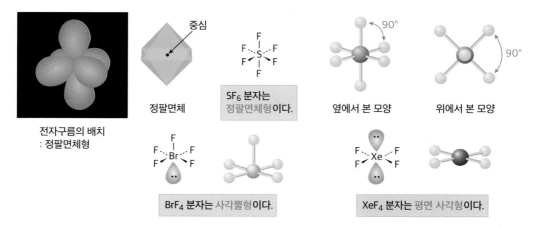

전자구름의 배치
: 정팔면체형

정팔면체

중심

SF₆ 분자는 정팔면체형이다.

옆에서 본 모양

위에서 본 모양

BrF₄ 분자는 사각뿔형이다.

XeF₄ 분자는 평면 사각형이다.

예제 7-5

다음 화합물에 대해 중심 원자 주위의 전자구름의 배치와 분자 구조를 결정하라.

(a) SO_3 (b) ICl_4^-

풀이

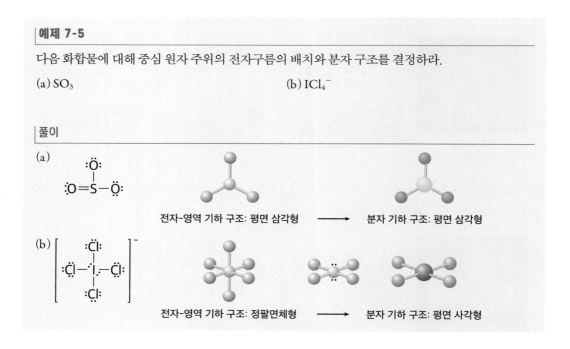

(a)

전자-영역 기하 구조: 평면 삼각형 ⟶ 분자 기하 구조: 평면 삼각형

(b)

전자-영역 기하 구조: 정팔면체형 ⟶ 분자 기하 구조: 평면 사각형

표 7-1 중심 원자의 전자 배치와 분자의 구조

결합 수	비공유 전자쌍 수	전자구름 수	기하 구조 및 모양	예
2	0	2	직선형	$O=C=O$
3	0	3	평면 삼각형	(그림) H, H, C=O
2	1		굽은형	(그림) O, O, S
4	0	4	사면체형	(그림) H-C-H, H, H
3	1		삼각뿔형	(그림) N-H, H, H
2	2		굽은형	(그림) H-O, H
5	0	5	삼각쌍뿔형	(그림) Cl-P-Cl 구조
4	1		시소형	(그림) S, F
3	2		T형	(그림) Cl-F
2	3		직선형	(그림) $[I\ I\ I]^-$
6	0	6	정팔면체형	(그림) S, F
5	1		사각뿔형	(그림) $[Cl-Sb-Cl]^{2-}$
4	2		평면 사각형	(그림) Xe, F

* 출처: John E. Mcmurry, Robert C. Fay, & Jill Kirsten Robinson. (2020). CHEMISTRY 일반화학(제8판). (화학교재연구회 옮김). 자유아카데미.

7.4 분자의 극성: 결합 쌍극자와 쌍극자 모멘트

분자량이 18 g/mol인 물(H_2O)의 끓는점은 100 ℃이지만, 분자량이 16 g/mol인 메테인(CH_4)의 끓는점은 −164 ℃로 엄청난 차이가 난다. 이와 같이 비슷한 분자량을 갖는 물질의 물리적·화학적 특성이 크게 차이 나는 이유에 가장 큰 영향을 주는 것이 분자의 극성이다. 7.1절에서 배운 것과 같이 전기 음성도가 다른 비금속 원자들이 공유 결합을 할 때 결합 전자쌍은 둘 중 전기 음성도가 큰 원자 쪽으로 끌려가서 전자의 밀도가 불균등해진다. 이런 극성 결합에서 전자를 뺏기는 원자와 전자를 끌어당기는 원자를 이은 벡터를 '결합 쌍극자(bond dipole)'라 정의하고, 양전하 쪽에 십자 모양이 있는 화살표(⟵⟶)로 표기한다. 주의할 점은 C와 H의 결합인데, C의 전기 음성도가 2.5이고 H의 전기 음성도가 2.1이라서 이론적으로는 탄소 쪽으로 전자가 살짝 쏠리는 극성 결합이기 때문에 결합 쌍극자를 그려야 하지만, 실제 전자 밀도를 측정해 보면 전자의 쏠림이 거의 나타나지 않아 C−H 결합은 일반적으로 결합 쌍극자를 그리지 않는다.

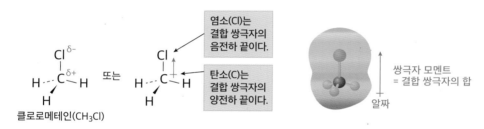

그림 7-9 클로로메테인(염화 메테인, CH_3Cl)의 결합 쌍극자와 쌍극자 모멘트

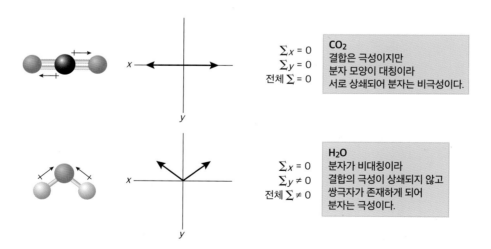

그림 7-10 극성 분자와 무극성 분자

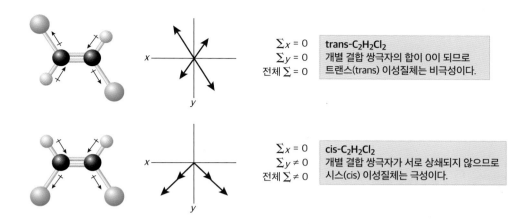

$\sum x = 0$
$\sum y = 0$
전체 $\sum = 0$

trans-$C_2H_2Cl_2$
개별 결합 쌍극자의 합이 0이 되므로
트랜스(trans) 이성질체는 비극성이다.

$\sum x = 0$
$\sum y \neq 0$
전체 $\sum \neq 0$

cis-$C_2H_2Cl_2$
개별 결합 쌍극자가 서로 상쇄되지 않으므로
시스(cis) 이성질체는 극성이다.

그림 7-11 쌍극자 모멘트를 이용한 다이클로로에틸렌 기하 이성질체 구별

분자의 극성은 분자 내 결합 쌍극자의 총합으로 나타내는 '쌍극자 모멘트(dipole moment, μ)'를 기준으로 판단한다. 결합 쌍극자가 존재하는 극성 결합을 가진 분자가 대칭 구조이면 쌍극자 모멘트가 0이 되므로 무극성 분자가 되며, 분자 모양이 비대칭이라서 쌍극자 모멘트가 0이 아닌 경우에만 극성 분자가 된다(●그림 7-10). 쌍극자 모멘트를 이용하여 동일한 화학식을 갖지만 기하 구조가 다른 분자(기하 이성질체)를 실험적으로 구별할 수도 있다(●그림 7-11).

지금까지 배운 내용을 바탕으로 분자의 극성을 예측하는 방법을 정리해 보자.

- 분자의 루이스 구조를 그린다.
- VSEPR 모형을 이용하여 분자의 입체 구조를 정한다.
- 전기 음성도 값을 이용하여 결합 쌍극자를 그린다.
- 결합 쌍극자를 합한 값인 쌍극자 모멘트를 구한다. 쌍극자 모멘트가 0인 대칭 구조 분자는 무극성 분자, 0이 아닌 비대칭 구조 분자는 극성 분자가 된다.

예제 7-6

폴리염화 바이닐(PVC) 고분자를 구성하는 단량체(monomer)인 염화 바이닐($H_2C=CHCl$)은 쌍극자 모멘트를 갖는 분자인지 알아보고, 만약 쌍극자 모멘트를 갖고 있다면 그 방향을 제시하라.

풀이

$C-Cl$ 결합만 실제적인 극성을 가지기 때문에 분자는 염소 원자 방향의 알짜 극성을 갖는다.

(계속)

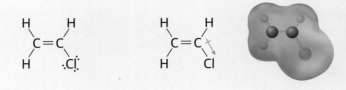

7.5 분자간 힘

'분자간 힘(intermolecular force)'이란 분자, 이온, 원자를 포함한 모든 종류의 입자 사이에 형성되는 힘을 통합하는 용어로 용해도, 녹는점, 끓는점과 같은 물질의 거시적 성질에 지대한 영향을 미치고, 생체 분자의 상호작용의 원인이 되는 중요한 힘이며, 반데르 발스(van der Waals) 힘이라고 불리기도 한다. 분자간 힘은 모든 입자의 표면을 구성하는 전자들의 쏠림 현상으로 인해 생기는 같은 전하 사이 반발력과 다른 전하 사이 인력, 즉 전기적 성질에 의해 결정된다. 입자가 모두 이온이라면 그 힘은 이온 결합의 범위에 들어가므로 이 절에서는 다루지 않을 것이다.

1) 분산력

'분산력(dispersion force)'은 모든 원자와 분자 사이에 작용하는 힘으로, 입자의 구조와 상관없이 표면의 전자가 움직이면서 순간적으로 쏠려서 일시적인 쌍극자 모멘트를 생성하여 나타난다. 분산력을 무극성 분자 – 무극성 분자 사이의 힘이라고 나타내는 경우가 있는데, 이는 잘못된 생각이다. 분산력은 모든 입자 사이에서 나타나는 힘이지만, 무극성 분자 – 무극성 분자 사이에서는 오직 분산력만 존재할 뿐이다.

Br$_2$ 분자의 시간 평균적 전자 분포는 대칭이다.

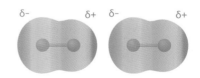

어느 순간 분자 내의 전자 분포가 비대칭이 되면 순간 쌍극자가 생성되어 이웃 분자에 대응되는 쌍극자를 유발한다.

그림 7-12 분산력

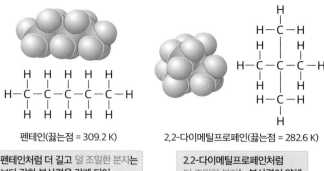

할로젠	녹는점(K)	끓는점(K)
F_2	53.5	85.0
Cl_2	171.6	239.1
Br_2	265.9	331.9
I_2	386.8	457.5

펜테인(끓는점 = 309.2 K)

펜테인처럼 더 길고 덜 조밀한 분자는 보다 강한 분산력을 갖게 되어 끓는점이 높다.

2,2-다이메틸프로페인(끓는점 = 282.6 K)

2,2-다이메틸프로페인처럼 더 조밀한 분자는 분산력이 약해 끓는점이 낮다.

그림 7-13 전자의 수와 분자의 표면적이 분산력에 미치는 영향

분산력은 분자의 전자구름이 주위의 전기장에 의해 쏠리는 정도를 나타내는 편극도(polarizability)에 비례하는데, 분자가 갖는 전자의 수가 많을수록, 표면적이 커서 넓게 퍼진 분자일수록 편극도가 크기 때문에 분산력이 강해진다(●그림 7-13).

2) 극성 분자 – 극성 분자 사이의 힘

'극성 분자 – 극성 분자 사이의 힘(dipole–dipole force)'은 '쌍극자 – 쌍극자 힘'이라고도 부르며, 극성 분자 사이에서 분자의 배향에 따라 극성이 강해지면서 전체 분자 간의 알짜힘이 무극성 분자 사이의 힘

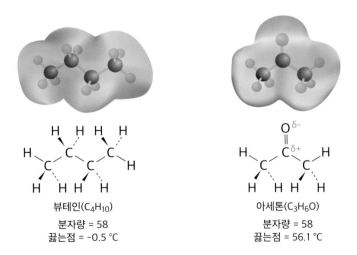

뷰테인(C_4H_{10})
분자량 = 58
끓는점 = -0.5 ℃

아세톤(C_3H_6O)
분자량 = 58
끓는점 = 56.1 ℃

그림 7-14 분자량이 동일한 무극성 분자와 극성 분자의 끓는점 차이

표 7-2 분자량과 쌍극자 모멘트에 따른 끓는점 비교

물질	분자량	쌍극자 모멘트(D)	끓는점(K)
$CH_3CH_2CH_3$	44.10	0.08	231
CH_3OCH_3	46.07	1.30	248
CH_3CN	41.05	3.93	355

보다 세게 나타나므로 비슷한 분자량의 물질이라면 극성 분자의 끓는점이 훨씬 높고, 극성 분자 사이에서도 쌍극자 모멘트가 큰 분자 사이의 힘이 더 크다.

3) 수소 결합

'수소 결합(hydrogen bond)'은 외부 환경에 따라 생명체의 체온이 쉽게 변하지 않도록 하며 지구의 온도가 쉽게 변하지 않게 조절하는 힘으로, 생태계 및 생명체를 유지하는 데 가장 중요한 힘이다. 수소 결합은 쉽게 말해 극성 분자 – 극성 분자 사이의 힘이 극대화된 경우로, 전기 음성도가 제일 큰 세 원자(F, O, N)에 직접 결합한 수소 원자가 양전하 부분을, 다른 분자의 F, O, N 원자의 비공유 전자쌍이 음전하 부분을 담당한다. F, O, N과 결합한 수소는 전자를 거의 빼앗겨 +1에 가까운 전하를 띠게 되고, 다른 분자의 F, O, N의 비공유 전자쌍 또한 −1에 가까운 음전하를 띠게 되어 분자간 힘이 아주 세게 나타나게 된다. 따라서 생체 내의 기질과 효소 사이의 결합(예: 단백질과 펩신)과 DNA의 이중 나선 구조도 수소 결합 때문에 가능하다.

●그림 7-16에서 볼 수 있듯이 같은 족에서 아래쪽으로 내려갈수록 수소 화합물의 분자량이 커지고 전자수가 많아져서 끓는점이 증가하는 경향을 보이지만, 수소 결합을 하는 암모니아(NH_3), 물(H_2O), 플루오린화 수소(HF)의 끓는점은 비정상적으로 높다.

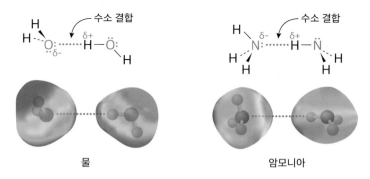

물   암모니아

그림 7-15 물과 암모니아의 수소 결합

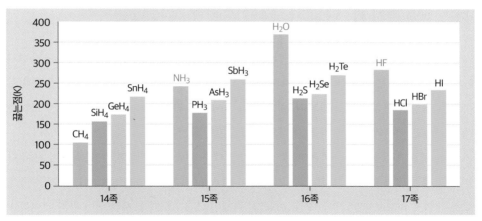

주기율표에서 같은 족에서는 아래쪽으로 내려갈수록 분자량이 증가하므로 일반적으로 끓는점이 증가한다.
질소(NH_3), 산소(H_2O), 플루오린(HF)의 수소화물은 수소 결합을 형성하기 때문에 비정상적으로 높은 끓는점을 갖는다.

그림 7-16 14~17족 이성분 수소 화합물의 끓는점 비교

예제 7-7

한 개의 메탄올(CH_3OH)이 다른 메탄올 분자에 둘러싸일 때 형성할 수 있는 최대 수소 결합 수를 구하라.

풀이

형성 가능한 최대 수소 결합 수는 3개이다.

4) 이온 - 극성 분자 힘

'이온 - 극성 분자 힘(ion-dipole force)'은 이온과 극성 분자의 부분 전하 사이에서 일어나는 전기적 상호작용의 결과로 생기는 힘으로, 극성 분자의 양전하 끝이 음이온 쪽으로, 극성 분자의 음전하 끝이 양이온 쪽으로 배향될 때 강하게 나타난다. 힘의 크기는 이온의 전하와 극성 분자의 쌍극자 모멘트를 곱한 값에 비례하고, 이온과 극성 분자 간 거리의 제곱에 반비례한다.

서로 다른 물질의 끓는점을 예측할 때 분자간 힘은 매우 중요한 단서이지만, 분자량이 차이 나는 물질을 비교할 때는 맞지 않는다. 예를 들어 분자량이 32.04 g/mol인 메탄올(CH_3OH) 분자는 극성 분자이고 수소 결합도 하므로 분자량이 86.18 g/mol인 헥세인(C_6H_{14})보다 분자간 힘이 강할 것이라 예측할 수 있으나, 실제로는 메탄올의 끓는점이 64.7 ℃, 헥세인의 끓는점이 69.1 ℃로 헥세인의 분자간 힘이 더

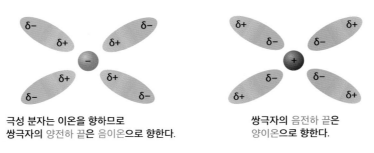

극성 분자는 이온을 향하므로
쌍극자의 양전하 끝은 음이온으로 향한다.

쌍극자의 음전하 끝은
양이온으로 향한다.

그림 7-17 이온 - 극성 분자 힘

그림 7-18 분자간 힘(분자량이 비슷한 분자 사이)의 크기 비교

세다. 이와 같이 분자량이 크게 차이 나는 경우는 분산력에 의한 기여도가 매우 달라지므로 무조건 극성 분자간의 힘이 크다고 생각해서는 안 된다. 분자간 힘은 비슷한 분자량을 갖는 분자 사이에서만 정확하게 예측할 수 있다.

예제 7-8

다음 물질은 어떤 종류의 분자간 힘을 갖는가?

(a) HCl(염화 수소)

(b) CH_3CH_3(에테인)

(c) CH_3NH_2(메틸아민)

(d) Kr

풀이

(a) HCl은 극성 분자이지만 수소 결합을 형성하지 않으며, 극성 분자 – 극성 분자 힘과 분산력이 존재한다.

(b) CH_3CH_3는 무극성 분자이므로 분산력만 존재한다.

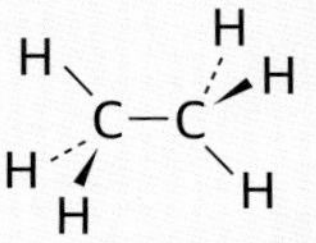

에테인

(c) CH_3NH_2는 수소 결합을 형성할 수 있는 극성 분자이며, 극성 분자 – 극성 분자 힘과 분산력이 존재한다.

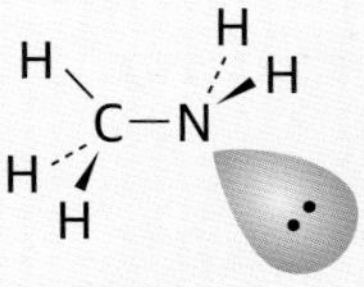

메틸아민

(d) Kr은 무극성 단원자 분자이므로 분산력만 존재한다.

8장

기체의
특성과
기체 법칙

8.1 기체의 성질

육상 생물은 지구의 대기를 구성하는 기체 혼합물인 공기를 호흡하며 살고 있다. 건조한 공기는 질소와 산소 기체가 99 % 이상의 부피를 차지하고, 최근 기후 변화의 원인으로 지탄받고 있는 이산화 탄소는 사실 0.040 %인 400 ppm에 불과하다. 지표면이 방출하는 적외선을 저장하여 지구의 평균 온도를 높이고 있는 이산화 탄소량이 생각보다 적다고 생각할 수도 있지만, 이산화 탄소는 화석 연료 사용과 열대 우림 감소라는 인위적인 활동에 의해 1850년 290 ppm에서 급격하게 증가하였다. ●표 8-1은 해수면에서 건조 공기의 조성을 보여준다.

기체 혼합물인 공기의 움직임을 통해서 기체의 대표적인 특성을 파악할 수 있다.

- 기체는 멀리 떨어진 입자들이 끊임없이 계속해서 운동하므로 고체나 액체와는 달리 어느 부분에서든지 조성이 일정한, 즉 항상 균일한 혼합물을 만든다.
- 기체는 정해진 부피와 모양이 없으며, 기체를 담는 용기의 모양과 부피를 따른다.
- 기체는 압축이 가능하다. 고체나 액체와는 달리 기체에 압력을 가하면 부피가 줄어든다. 일반적으로 기체가 차지하는 부피의 0.1 % 이하만이 기체 입자의 부피이므로 기체가 차지하는 부피의 대부분은 입자 사이의 빈 공간이다.
- 기체의 부피는 온도가 증가할수록 커진다. 물론 고체와 액체도 온도 증가에 따라 약간의 열팽창이 나타나지만, 기체의 부피 변화는 고체나 액체와 비교할 수 없을 정도로 크게 나타난다.
- 기체는 고체나 액체에 비해 입자 사이의 거리가 멀어 밀도가 훨씬 작다.

표 8-1 해수면에서 건조 공기의 조성

성분	부피(%)	질량(%)
N_2	78.08	75.52
O_2	20.95	23.14
Ar	0.93	1.29
CO_2	0.04	0.06
Ne	1.82×10^{-3}	1.27×10^{-3}
He	5.24×10^{-4}	7.24×10^{-5}
CH_4	1.7×10^{-4}	9.4×10^{-5}
Kr	1.14×10^{-4}	3.3×10^{-4}

주기율표에 나타난 118종의 원소 중에서 상온에서 기체로 존재하는 원소는 11가지로 이원자 분자 5개(H_2, N_2, O_2, F_2, Cl_2), 그리고 단원자 분자인 18족 비활성 기체 6개(He, Ne, Ar, Kr, Xe, Rn)이다. 기체의 가장 중요한 특징은 끊임없는 운동으로 인해 기체가 담긴 용기의 외벽에 압력을 나타낸다는 점이다.

$$압력 = \frac{힘}{면적} = \frac{F}{A}$$

기체 입자들이 계속하는 무작위적인 운동의 결과로 용기의 벽에 충돌하면서 나타나는 단위 면적당 작용하는 힘이 '기체의 압력'이며, ●그림 8-1에 나와 있듯이 압축 과정은 입자 간 거리를 줄어들게 하여 기체의 압력을 커지게 한다.

힘의 SI 단위는 뉴턴(newton, N)으로 $1\,N = 1\,kg \cdot m/s^2$이고, 압력의 SI 단위는 파스칼(pascal, Pa)로 $1\,Pa = 1\,N/m^2$로 정의되며, $1\,N$의 힘이 $1\,m^2$를 누르는 값이므로 생각보다 작다. 일반적으로 사용하는 대기압은 지표면에서 대기권의 끝까지 올라간 공기 기둥의 질량이 $1\,cm^2$ 면적을 누르는 힘으로 정의되며, 단위는 atm을 사용한다. 표준 대기압(standard atmospheric pressure, 1 atm)은 0 ℃의 해수면에서 정확히 760 mmHg, 즉 수은 기둥 76 cm를 위로 올리는 압력이다.

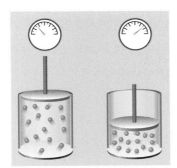

• 움직이는 피스톤이 있는 용기에서 기체 시료는 더 작은 부피로 압축될 수 있다.
• 시료가 압축되면 분자가 이동할 수 있는 거리가 감소해 충돌 빈도가 높아져 기체 압력이 높아진다.

그림 8-1 기체의 압축과 압력 증가

1 atm = 760 mmHg
= 760 torr
= 101,325 Pa(101.3 kPa)
= 14.696 psi

1 bar = 100,000 Pa(100 kPa)

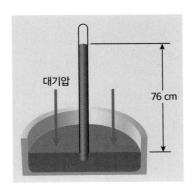

대기압

76 cm

그림 8-2 대기압의 정의와 여러 가지 압력 단위

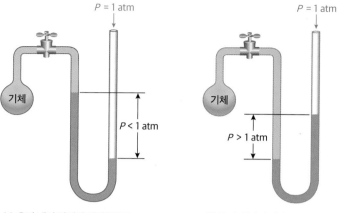

(a) 용기 내의 압력이 대기압보다
낮기 때문에 수은 높이는
용기에 연결된 관 쪽이 더 높다.

(b) 용기 내의 압력이 대기압보다
높기 때문에 수은 높이는
열린 관 쪽이 더 높다.

그림 8-3 기체의 압력을 측정하는 압력계

용기 속에 들어 있는 기체의 압력은 ●그림 8-3과 같이 끝이 열려있는 압력계를 이용하여 측정한다. 기체가 채워진 용기와 수은으로 채워진 U자관으로 구성된 압력계는 기체의 압력과 대기압의 차이가 U자관의 높이 차이가 된다는 원리로 기체의 압력을 측정할 수 있으며, 기체의 압력이 대기압보다 높으면 수은 기둥이 대기 쪽으로 밀려나가고, 기체의 압력이 대기압보다 낮으면 수은 기둥이 기체 용기 쪽으로 밀려온다.

예제 8-1

높이가 4,807 m인 몽블랑 정상의 대기압은 약 378 mmHg이다. 이 값을 Pa과 atm 값으로 환산하라.

풀이

- $(378\,\text{mmHg})\left(\dfrac{101{,}325\,\text{Pa}}{760\,\text{mmHg}}\right) = 5.04 \times 10^4\,\text{Pa}$

- $(378\,\text{mmHg})\left(\dfrac{1\,\text{atm}}{760\,\text{mmHg}}\right) = 0.50\,\text{atm}$

예제 8-2

외부 압력이 표준 대기압일 때 기체의 압력을 mmHg와 bar 단위로 구하라.

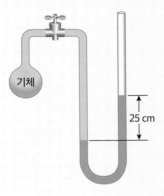

풀이

기체가 수은 기둥을 대기 쪽으로 밀어내므로 기체의 압력이 대기압보다 크다.

표준 대기압은 1 atm = 760 mmHg이므로 기체의 압력은 다음과 같다.

- 760 mmHg + 250 mmHg = 1,010 mmHg

- $(1{,}010 \, \text{mmHg}) \left(\dfrac{1 \, \text{atm}}{760 \, \text{mmHg}} \right) \left(\dfrac{1.013 \, \text{bar}}{1 \, \text{atm}} \right) = 1.35 \, \text{bar}$

8.2 기체 법칙

기체는 고체나 액체와 달리 입자를 구성하는 원소의 종류와 상관없이 물리적 성질이 유사하게 나타난다. 예를 들어 단원자 분자인 헬륨 기체와 이원자 분자인 플루오린 기체는 각각 비활성 기체와 반응성이 큰 할로젠 기체라는 화학적 성질의 큰 차이에도 불구하고 압력과 온도, 그리고 기체 입자의 수에 따른 부피 변화가 거의 동일하게 나타난다. 따라서 기체의 물리적 성질은 부피(V), 압력(P), 온도(T), 몰수(n)로 나타낼 수 있으며, 네 가지 변수 중에서 세 가지를 알면 네 번째 변수를 계산할 수 있다. 이러한 네 가지 변수들 사이의 관계를 '기체 법칙(gas law)'이라 하고, 기체 법칙을 정확하게 따르는 기체를 '이상 기체(ideal gas)'라고 정의한다.

1) 보일의 법칙(Boyle's law): 압력에 따른 기체의 부피 변화

움직일 수 있는 피스톤이 장치된 실린더에 일정한 양의 기체 시료를 넣고 일정한 온도에서 압력만 변화시키는 실험을 생각해 보자. 압력이 증가하면 기체의 부피는 줄어들고 압력이 감소하면 기체의 부피가 늘어나는 결과를 쉽게 예상할 수 있을 것이다. 일정한 온도에서 고정된 몰수를 갖는 기체의 부피는 압력에 반비례한다.

보일의 법칙: $V \propto \dfrac{1}{P}$ 또는 $PV = k$

(기호 $\propto$는 비례함을 나타내며, k는 상수이다.)

일정한 n과 T에서 이상 기체의 부피는 압력이 증가함에 따라 감소한다.
압력이 2배로 증가**하면 부피는 1/2로 감소한다.**

그림 8-4 보일의 법칙: 기체의 부피와 압력 사이의 관계

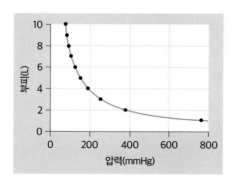

(a) 기체의 부피는 압력에 반비례한다.
(그래프 모양이 쌍곡선의 한 부분)

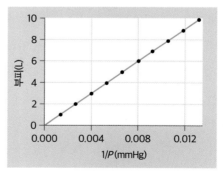

(b) 기체의 부피는 압력의 역수에 비례한다.
(그래프 모양이 직선)

그림 8-5 보일의 법칙 그래프

해수면에 있는 고래의 폐에는 22.6 L의 공기가 차 있다. 고래가 물속으로 들어가 2.14 atm이 되는 곳에 도달했을 때, 폐에서 공기가 차지하는 부피를 구하라. (단, 온도는 일정하고 해수면에서의 압력은 정확하게 1 atm이라고 가정한다.)

풀이

$P_1 = 1.00\,\text{atm},\ V_1 = 22.6\,\text{L},\ P_2 = 2.14\,\text{atm}$

$$V_2 = \frac{P_1 \times V_1}{P_2} = \frac{1.00\,\text{atm} \times 22.6\,\text{L}}{2.14\,\text{atm}} = 10.6\,\text{L}$$

따라서 고래의 폐에서 공기가 차지하는 부피는 10.6 L이다.

2) 샤를의 법칙(Charles's law): 온도에 따른 기체의 부피 변화

하늘을 날아오르는 열기구를 보면 누구나 한 번쯤은 타보고 싶다는 생각을 한다. 열기구는 샤를의 법칙이 적용되는 확실한 예로, 열기구의 풍선 안쪽에 설치된 램프에 불을 붙여 온도를 올림으로써 기체의 부피를 팽창시켜 풍선 안의 기체 밀도를 작게 만들어 하늘 위로 띄우는 원리를 이용한다. 온도를 높일 때 기체의 부피가 증가하는 정도가 매우 커서 여러 명이 탄 열기구를 하늘로 띄울 수도 있고, 반대로 온도를 낮출 때 부피가 급격하게 감소하므로 지표면에 착륙할 수도 있다.

샤를의 법칙에 따르면 일정한 압력에서 고정된 몰수를 갖는 기체의 부피는 절대온도(캘빈온도, K = ℃ + 273.15)에 비례한다.

일정한 n과 P에서 이상 기체의 부피는 절대온도에 비례하여 증가한다.
절대온도가 2배로 증가하면 부피도 2배로 증가한다.

그림 8-6 샤를의 법칙: 기체의 부피와 절대온도 사이의 관계

$$\text{샤를의 법칙}: V \propto T \text{ 또는 } \frac{V}{T} = k$$

매우 낮은 온도에서는 기체 입자 사이의 인력에 의해서 액화 현상이 일어나므로 부피는 기체의 부피에 비해 매우 작아진다. 그래프의 점선으로 표시된 부분은 실제 기체가 액체로 변하는 부분이며, 이상 기체라면 절대온도 0 K에서 기체의 부피는 0이 된다.

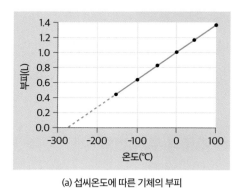

(a) 섭씨온도에 따른 기체의 부피 (b) 절대온도에 따른 기체의 부피

그림 8-7   샤를의 법칙 그래프

예제 8-4

1 atm, 25.0 ℃에서 부피가 31.2 L인 아르곤(Ar) 기체의 온도를 1 atm, 75.0 ℃로 올렸을 때의 부피를 구하라.

풀이

$$\frac{V_1}{T_1} = \frac{V_2}{T_2}$$

$T_1 = 298.15 \, \text{K}, \ V_1 = 31.2 \, \text{L}, \ T_2 = 348.15 \, \text{K}$

$$V_2 = \frac{V_1 \times T_2}{T_1} = \frac{31.2 \, \text{L} \times 348.15 \, \text{K}}{298.15 \, \text{K}} = 36.4 \, \text{L}$$

따라서 아르곤 기체의 부피는 36.4 L이다.

3) 아보가드로의 법칙(Avogadro's law): 몰수에 따른 기체의 부피 변화

아보가드로의 법칙은 일정한 압력과 온도에서 기체의 부피는 오직 기체의 입자수, 즉 몰수에만 비례한다는 법칙이다.

$$\text{아보가드로의 법칙}: V \propto n \text{ 또는 } \frac{V}{n} = k$$

다르게 생각해 보면 같은 온도와 압력에서 서로 다른 종류의 기체라도 몰수가 동일하면 동일한 부피를 나타낸다는 의미이다. 따라서 동일한 온도와 압력 상태에 놓인 H_2, O_2, N_2, NH_3, Ar 기체 1 L에는 모두 같은 수의 입자가 들어 있으므로, 이런 성질을 이용하여 기체의 표준 몰부피(standard molar volume)를 정하였다. 이상 기체 1 mol은 기체의 표준 온도와 압력(Standard Temperature and Pressure, STP), 즉 0 ℃, 1 atm에서 22.414 L의 표준 몰부피를 갖는다.

일정한 T와 P에서 이상 기체의 부피는 몰수에 비례하여 증가한다.
몰수가 2배로 증가하면 부피도 2배로 증가한다.

그림 8-8 아보가드로의 법칙: 기체의 부피와 몰수 사이의 관계

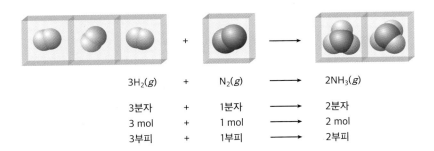

$3H_2(g)$	+	$N_2(g)$	$\longrightarrow$	$2NH_3(g)$
3분자	+	1분자	$\longrightarrow$	2분자
3 mol	+	1 mol	$\longrightarrow$	2 mol
3부피	+	1부피	$\longrightarrow$	2부피

그림 8-9 아보가드로의 법칙과 화학 반응식의 계수와의 관계

아보가드로의 법칙은 화학 반응식에서 기체 상태의 반응물과 생성물의 부피가 반응식의 계수, 즉 물질의 몰수와 비례한다는 사실을 나타내므로 ●그림 8-9와 같이 기체 물질 사이의 부피 관계를 예측하는 데 매우 유용하다.

예제 8-5

일산화 질소(NO) 기체와 산소(O_2) 기체가 반응하여 이산화 질소(NO_2) 기체를 생성한다. 6.4 L의 NO와 3.2 L의 O_2를 반응시켰을 때 생성되는 NO_2의 부피를 구하라. (단, 반응물과 생성물 모두 같은 온도와 압력에 있다고 가정한다.)

풀이

먼저 균형 반응식을 써야 한다.

$$2NO(g) + O_2(g) \longrightarrow 2NO_2(g)$$

화학 반응식의 계수비와 부피비는 동일하므로 생성된 NO_2의 부피는 반응하는 NO의 양과 동일할 것이다. 따라서 6.4 L의 NO_2가 생성된다.

8.3 이상 기체 법칙

기체의 부피와 세 가지 변수인 압력, 온도, 몰수와의 관계를 나타낸 보일, 샤를, 아보가드로의 법칙을 하나로 묶어서 '이상 기체 법칙(ideal gas law)'으로 통합할 수 있다. 즉, 네 변수인 부피(V), 압력(P), 온도(T), 몰수(n) 중 세 가지를 알면 이상 기체 법칙을 이용하여 나머지 한 가지를 구할 수 있는데, 이때 사용되는 비례 상수를 '기체 상수(gas constant, R)'라 하고, 이는 기체의 표준 몰부피로부터 계산할 수 있으며 모든 기체에 대해 동일한 값을 갖는다.

$$V \propto \begin{cases} \dfrac{1}{P} \text{ (보일의 법칙)} \\ T \text{ (샤를의 법칙)} \\ n \text{ (아보가드로의 법칙)} \end{cases} \longrightarrow V = R\dfrac{nT}{P} \text{ (이상 기체 법칙)}$$

기체 1 mol은 0 ℃, 1 atm에서 22.414 L의 부피를 차지하므로 이를 이상 기체 법칙에 적용하여 기체 상수 R을 구하면 다음과 같다. 이때 6.2절 열역학 서론에서 배운 팽창일($w = -P\Delta V$)의 단위를 생각해 보면 1 J = 1 kPa·L이고, 1 atm = 101.3 kPa이라는 단위 환산을 고려하면 1 atm·L = 101.3 J이 된다.

$$R = \frac{P \cdot V}{n \cdot T} = \frac{(1\,\text{atm})(22.414\,\text{L})}{(1\,\text{mol})(273.15\,\text{K})} = 0.082\,058\,\frac{\text{atm·L}}{\text{mol·K}} = 8.3145\,\text{J(mol·K)}$$

물론 실제 기체들은 이상 기체와 다르게 입자 사이 인력과 반발력, 그리고 입자 자체의 부피가 있으므로 이상 기체의 표준 몰부피와 완전히 같다고 볼 수는 없지만, ●그림 8-10에 나타난 바와 같이 이상 기체와 거의 비슷한 값을 가지므로 이상 기체 법칙을 이용하여 계산할 수 있다.

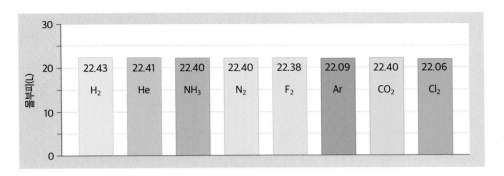

그림 8-10 0 ℃, 1 atm에서 자주 사용되는 실제 기체들의 1 mol당 부피

예제 8-6

25 ℃, 1 atm 상태에 있는 이상 기체 1 mol의 부피를 구하라.

풀이

$n = 1\,\text{mol}$, $T = 298.15\,\text{K}$, $P = 1.00\,\text{atm}$, $R = 0.08206\,\text{atm·L/mol·K}$

$$V = \frac{(1\,\text{mol})(0.08206\,\text{atm·L/mol·K})(298.15\,\text{K})}{1.00\,\text{atm}} = 24.5\,\text{L}$$

따라서 이상 기체 1 mol의 부피는 24.5 L이다.

예제 8-7

1.00 atm의 압력과 정상 체온 38.5 ℃에서 보더콜리의 폐 부피가 3.4 L이다. 보더콜리의 폐 속에 들어 있는 공기 입자의 수를 구하라.

(계속)

$$n = \frac{PV}{RT} = \frac{(1.00\,\mathrm{atm})(3.4\,\mathrm{L})}{\left(0.082\,\dfrac{\mathrm{atm\cdot L}}{\mathrm{mol\cdot K}}\right)(311.65\,\mathrm{K})} = 0.13\,\mathrm{mol}$$

따라서 보더콜리의 폐에는 0.13 mol의 공기 입자가 들어 있다.

이상 기체 법칙은 미지 기체의 분자량(몰질량)을 구할 때 매우 유용하다. 분자량이 44 g/mol인 이산화 탄소 기체가 실제로 88 g이 있다면 바로 2 mol의 이산화 탄소가 있다고 계산할 수 있듯이, 기체의 몰수(n)는 기체의 실제 질량(m)을 분자량(M)으로 나눈 값이다. 이를 이상 기체 법칙에 적용하면 압력과 온도, 그리고 기체의 실제 질량과 부피를 이용하여 미지 기체의 분자량을 계산할 수도 있고, 실제 질량과 부피를 모르더라도 밀도 값이 주어진다면 미지 기체의 분자량을 구할 수 있다.

$$PV = nRT$$

$$n(\text{기체의 몰수}) = \frac{m(\text{기체의 실제 질량})}{M(\text{기체의 몰질량})}$$

$$PV = \frac{m}{M}RT$$

$$\therefore M(\text{기체의 몰질량}) = \frac{mRT}{PV}$$

$$d(\text{기체의 밀도}) = \frac{m(\text{기체의 실제 질량})}{V(\text{기체의 실제 부피})}$$

$$\therefore M(\text{기체의 몰질량}) = \frac{dRT}{P}$$

예제 8-8

이산화 탄소는 공기보다 밀도가 커서 화재 발생 시 산소를 차단하는 역할을 하므로 박물관이나 미술관의 소화 기체로 사용한다. 25 ℃, 1 atm에서 이산화 탄소의 밀도를 계산하라. (단, 공기는 25 ℃, 1 atm에서 약 1.2 g/L의 밀도를 가진다.)

풀이

$$d = \frac{PM}{RT} = \frac{(1\,\mathrm{atm})\left(\dfrac{44.01\,\mathrm{g}}{\mathrm{mol}}\right)}{\left(\dfrac{0.08206\,\mathrm{atm\cdot L}}{\mathrm{mol\cdot K}}\right)(298.15\,\mathrm{K})} = 1.8\,\mathrm{g/L}$$

따라서 이산화 탄소의 밀도는 1.8 g/L이다.

자동차의 에어백은 충격이 가해지면 소듐 아자이드(NaN_3) 고체가 순간적으로 고체 소듐과 질소 기체로 분해되어 급격히 팽창하는 다음 반응을 이용한 기술이다.

$$2NaN_3(s) \longrightarrow 2Na(s) + 3N_2(g)$$

만약 운전자 쪽 에어백에 $60.0\,g$의 NaN_3가 들어 있다면 $35.0\,℃$, $1\,atm$에서 사고가 일어났을 때 생성되는 N_2 기체의 부피를 구하라. (단, NaN_3의 몰질량은 $65.02\,g/mol$이다.)

풀이

$$mol\ NaN_3 = \frac{60.0\,g\ NaN_3}{65.02\,g/mol} = 0.923\ mol\ NaN_3$$

$$0.923\ mol\ NaN_3 \times \frac{3\ mol\ N_2}{2\ mol\ NaN_3} = 1.38\ mol\ N_2$$

$$V_{N_2} = \frac{(1.38\ mol\ N_2)(0.08206\ atm \cdot L/mol \cdot K)(308.15\ K)}{1\ atm} = 34.9\ L\ N_2$$

따라서 사고가 일어났을 때 생성되는 N_2 기체의 부피는 $34.9\,L$이다.

과산화 소듐(Na_2O_2)은 우주선의 공기 공급 장치에서 이산화 탄소를 제거하고 산소를 공급하는 데 사용되며, 반응식은 다음과 같다.

$$2Na_2O_2(s) + 2CO_2(g) \longrightarrow 2Na_2CO_3(s) + O_2(g)$$

$0\,℃$, $1\,atm$에서 $1\,kg$의 과산화 소듐(Na_2O_2)과 반응하는 이산화 탄소의 부피를 계산하라. (단, Na_2O_2의 몰질량은 $77.98\,g/mol$이다.)

풀이

$$1{,}000\,g\ Na_2O_2 \times \frac{1\ mol\ Na_2O_2}{77.98\,g\ Na_2O_2} = 12.82\ mol\ Na_2O_2$$

$$12.82\ mol\ Na_2O_2 \times \frac{2\ mol\ CO_2}{2\ mol\ Na_2O_2} = 12.82\ mol\ CO_2$$

$$V_{CO_2} = \frac{(12.82\ mol\ CO_2)(0.08206\ atm \cdot L/mol \cdot K)(273.15\ K)}{1\ atm} = 287.4\ L\ CO_2$$

따라서 반응하는 이산화 탄소의 부피는 $287.4\,L$이다.

8.4 부분 압력 법칙과 몰분율

앞서 기체 혼합물은 멀리 떨어져 존재하는 입자가 끊임없이 운동하므로 언제나 조성이 균일하다는 특징을 배웠다. 용기 속에 들어 있는 기체 입자는 독립적으로 용기의 벽에 충돌하면서 압력을 나타내므로 기체 혼합물에서 각 기체가 나타내는 압력은 기체의 몰수에 비례한다. 즉, 일정한 부피와 온도에서 용기 내부의 기체 혼합물에 의한 전체 압력은 각 기체가 나타내는 부분 압력의 합과 같으며, 이를 '돌턴의 부분 압력의 법칙(Dalton's law of partial pressure)'이라 한다.

기체 혼합물에서 각 성분 기체의 농도는 몰분율(mole fraction, X)로 나타내며, 각 성분 기체의 몰수를 전체 몰수로 나눈 값으로 정의되므로 단위가 없다. 각 성분의 몰분율은 항상 1보다 작으며, 모든 성분에 대한 몰분율의 합은 항상 1이다.

$$몰분율(X) = \frac{각 성분의 몰수}{혼합물의 전체 몰수}$$

성분 1의 몰분율은 다음과 같이 나타낼 수 있다.

$$X_1 = \frac{n_1}{n_1 + n_2 + n_3 + \cdots} = \frac{n_1}{n_{전체}}$$

정리하면 각 성분의 부분 압력은 전체 압력과 성분의 몰분율을 곱해서 구할 수 있다.

$$X_1 = \frac{P_1\left(\dfrac{V}{RT}\right)}{P_{전체}\left(\dfrac{V}{RT}\right)} = \frac{P_1}{P_{전체}}$$

$$부분 압력(\text{partial pressure})\ P_1 = X_1 \cdot P_{전체}$$

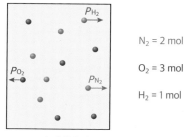

전체 압력 12 atm

P_{H_2}
P_{O_2}
P_{N_2}

N_2 = 2 mol

O_2 = 3 mol

H_2 = 1 mol

V L의 기체 용기

$$P_{N_2} = 12 \, atm \times \frac{2 \, mol}{(2+3+1) \, mol} = 4 \, atm \, (N_2의 \, 부분 \, 압력)$$

- N_2의 몰분율: $X_{N_2} = \dfrac{2 \, mol}{(2+3+1) \, mol} = \dfrac{1}{3}$

$$P_{O_2} = 12 \, atm \times \frac{3 \, mol}{(2+3+1) \, mol} = 6 \, atm \, (O_2의 \, 부분 \, 압력)$$

- O_2의 몰분율: $X_{O_2} = \dfrac{3 \, mol}{(2+3+1) \, mol} = \dfrac{1}{2}$

$$+ \, P_{H_2} = 12 \, atm \times \frac{1 \, mol}{(2+3+1) \, mol} = 2 \, atm \, (H_2의 \, 부분 \, 압력)$$

- H_2의 몰분율: $X_{H_2} = \dfrac{1 \, mol}{(2+3+1) \, mol} = \dfrac{1}{6}$

$$P_{N_2} + P_{O_2} + P_{H_2} = P_{total}$$

$$X_{N_2} + X_{O_2} + X_{H_2} = 1$$

예제 8-11

25 ℃, 1.00 L의 용기에 0.215 mol의 N_2 기체와 0.0118 mol의 H_2 기체가 들어 있다. 각 기체의 부분 압력과 용기의 전체 압력을 구하라.

풀이

$$P_{N_2} = \frac{(0.215 \, mol)\left(\dfrac{0.08206 \, atm \cdot L}{mol \cdot K}\right)(298.65 \, K)}{1.00 \, L} = 5.27 \, atm$$

$$P_{H_2} = \frac{(0.0118 \, mol)\left(\dfrac{0.08206 \, atm \cdot L}{mol \cdot K}\right)(298.65 \, K)}{1.00 \, L} = 0.289 \, atm$$

$$P_{total} = P_{N_2} + P_{H_2} = 5.27 \, atm + 0.289 \, atm = 5.56 \, atm$$

따라서 N_2의 부분 압력은 5.27 atm, H_2의 부분 압력은 0.289 atm, 용기의 전체 압력은 5.56 atm이다.

예제 8-12

신생아의 폐 질환을 치료하기 위해 사용되는 일산화 질소(NO)는 N_2/NO 혼합물의 형태로 병원에 공급된다. 25 ℃에서 6.022 mol의 N_2가 들어 있는 10.00 L 기체 실린더의 전체 압력이 14.75 atm일 때 실린더 속 NO의 몰분율을 구하라.

풀이

$$전체 \, 몰수 = \frac{PV}{RT} = \frac{(14.75 \, atm)(10.00 \, L)}{\left(\dfrac{0.08206 \, atm \cdot L}{mol \cdot K}\right)(298.15 \, K)} = 6.029 \, mol$$

(계속)

NO의 몰수 = 전체 몰수 − mol N_2 = 6.029 − 6.022 = 0.007 mol NO

$$X_{NO} = \frac{n_{NO}}{n_{전체}} = \frac{0.007 \text{ mol NO}}{6.029 \text{ mol}} = 0.001$$

따라서 실린더 속 NO의 몰분율은 0.001이다.

8.5 기체 분자 운동론과 확산 법칙

지금까지 배운 기체의 특성과 기체 법칙들은 모두 분자 운동론(kinetic molecular theory) 모형으로 설명이 가능하며, 기체 분자 운동론은 다음과 같은 가정에 기초한다.

- 기체는 무질서하게 운동하는 원자나 분자와 같은 작은 입자로 구성되어 있다.
- 기체 부피의 대부분은 빈 공간이며, 기체 입자 자체의 부피는 기체 전체 부피에 비해 매우 작아 무시할 수 있다.
- 기체 입자 사이에는 인력과 반발력이 없으며, 입자들은 서로 독립적으로 운동한다.
- 기체 입자 사이의 충돌 또는 입자와 용기의 벽 사이 충돌은 완전 탄성 충돌이므로 일정한 온도에서 기체 입자들의 전체 운동 에너지는 일정하다.
- 기체 입자들의 평균 운동 에너지는 기체의 절대온도에 비례한다.

    $E_k = \frac{3}{2}kT$ (기체 입자 1개의 평균 운동 에너지)

기체 입자들의 무질서하고 끊임없는 운동의 결과로 나타나는 두 가지 중요한 현상에는 확산과 분출이 있다. '확산(diffusion)'은 두 가지 이상의 기체들의 무작위적인 운동으로 혼합되는 과정이며, '분출(effusion)'은 한 종류의 기체가 용기에서 작은 구멍을 통해 진공으로 빠져나가는 과정이다.

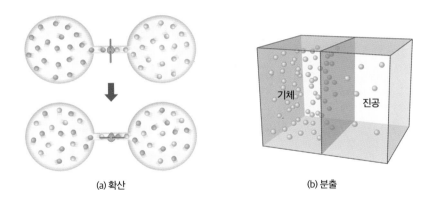

(a) 확산   (b) 분출

그림 8-11 확산과 분출

    기체 분자 운동론에서 가장 중요한 마지막 가정을 통해서 확산과 분출의 속도와 기체의 몰질량 사이의 관계를 유도할 수 있다. 이는 1800년대 스코틀랜드 화학자인 토머스 그레이엄(Thomas Graham, 1805~1869)에 의해 공식으로 만들어져서 '기체 확산 속도의 법칙' 또는 '그레이엄의 법칙(Graham's law)'이라고 부른다. 따라서 같은 온도에서 기체의 확산 또는 분출 속도는 분자량(몰질량)의 제곱근에 반비례하므로 분자량이 작은(가벼운) 기체일수록 확산 속도가 빨라진다.

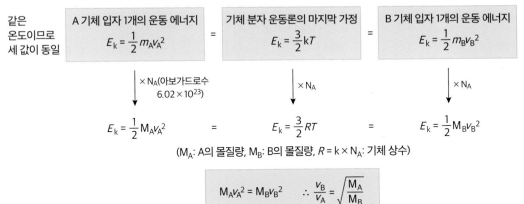

그림 8-12 그레이엄의 확산 법칙

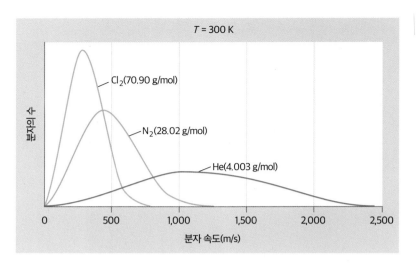

그림 8-13 기체의 몰질량과 확산 속도의 관계

예제 8-13

동일한 온도에서 헬륨 원자가 이산화 탄소 분자보다 얼마나 빨리 이동하는지 구하라. (단, He의 몰질량은 $4.003\,g/mol$, CO_2의 몰질량은 $44.01\,g/mol$이다.)

풀이

$$\frac{u_{rms}(He)}{u_{rms}(CO_2)} = \frac{\sqrt{\dfrac{44.01\,g}{mol}}}{\sqrt{\dfrac{4.003\,g}{mol}}} = 3.316$$

따라서 평균적으로 헬륨 원자는 같은 온도에서 이산화 탄소 분자보다 3.316배 더 빠르게 움직인다.

예제 8-14

$0.500\,atm$의 산소(O_2)와 $0.500\,atm$의 질소(N_2)로 가득 차 있는 우주선에 어떤 물체가 날아와 아주 작은 구멍을 냈다. 다음 중 옳은 것은 무엇인가?

① O_2가 N_2보다 6.9% 빠르게 우주선 밖으로 빠져나간다.

② O_2가 N_2보다 14% 빠르게 우주선 밖으로 빠져나간다.

③ N_2가 O_2보다 6.9% 빠르게 우주선 밖으로 빠져나간다.

④ N_2가 O_2보다 14% 빠르게 우주선 밖으로 빠져나간다.

(계속)

풀이

그레이엄의 확산 법칙에 따르면 분출 속도는 분자량 제곱근에 반비례한다.

$$\frac{v_{N_2}}{v_{O_2}} = \frac{\sqrt{M_{O_2}}}{\sqrt{M_{N_2}}} = \frac{\sqrt{32}}{\sqrt{28}} = 1.069$$

따라서 질소의 분출 속도가 산소의 분출 속도보다 6.9% 빠르므로 옳은 것은 ③이다.

8.6 기후 변화와 온실 기체

지구 온난화라는 단어를 들어본 적이 있을 것이다. '지구 온난화(global warming)'란 지구로 들어오거나 지구에서 방출되는 복사선에 의한 열적 균형이 혼란해진 상태이며, 대기 중 온실 기체의 양이 증가하여 지구 표면의 평균 기온이 올라가는 현상을 말한다. 하지만 지구 표면의 평균 온도가 증가한다고 해서 지구의 모든 부분의 온도가 올라가는 것이 아니고, 대기와 해수의 순환이 흐트러지면서 오히려 저온 현상을 나타내는 지역도 있으므로 최근에는 지구 온난화 대신 '기후 변화(climate change)'라는 용어로 기술하고 있다.

흔히들 좋지 않은 현상으로 알고 있는 '온실 효과'는 사실 태양으로부터 거리가 지구와 거의 같지만 대기가 없는 달의 평균 기온이 $-18\,^\circ\mathrm{C}$인 것에 비해 지구의 평균 기온은 $+16\,^\circ\mathrm{C}$로 유지하여 생명체가 살 수 있는 환경을 제공해 주는 지구 대기의 고마운 작용으로, 대기를 구성하는 기체 중 일부가 적외선

그림 8-14 지구 대기의 온실 효과

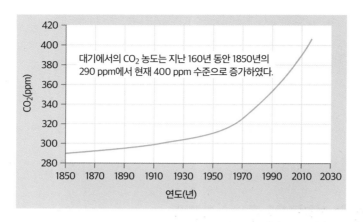

대기에서의 CO_2 농도는 지난 160년 동안 1850년의 290 ppm에서 현재 400 ppm 수준으로 증가하였다.

그림 8-15 대기 중 이산화 탄소 농도의 변화

영역인 지구 복사선을 흡수하여 지구의 표면을 데우는 현상이다.

지구 대기의 78%를 차지하는 질소와 21%를 차지하는 산소는 적외선을 흡수하지 않으므로 온실 기체가 아니다. '온실 기체'는 적외선을 흡수하는 성질이 있는 기체로 수증기, 이산화 탄소, 일산화 이질소, 메테인, 프레온 가스로 알려진 염화불화탄소류(CFC-12 등) 등의 기체이다. 이 중 수증기는 온도에 따라 조절되므로 큰 문제가 되지 않지만, 인간 활동에 의해 인위적으로 배출되는 이산화 탄소를 비롯한 다른 온실 기체들의 증가로 기후 변화가 가속되고 있다.

자외선이나 가시광선에 비해 에너지가 낮은 적외선은 전자를 에너지가 높은 오비탈로 이동시킬 수는 없지만, 분자를 구성하는 원자의 결합 전자의 진동 운동을 증가시켜 평균 운동 에너지를 증가시킬 수 있으며, 8.5절에서 배운 대로 기체의 평균 운동 에너지는 온도에 비례하므로 기체 평균 온도가 상승하여 대기의 온도도 증가하게 되는 것이다. 직선형 구조인 이산화 탄소는 중심 탄소 원자가 양옆의 산소 원자와 이중 결합을 하고 있으나, 모든 결합은 정지 상태가 아니라 결합 전자들이 계속해서 움직이므로 진동하는 상태이다. 이산화 탄소의 바닥 진동 상태와 들뜬 진동 상태의 에너지 차이가 적외선 광자의 에너지와 거의 같아서 이산화 탄소는 적외선을 잘 흡수하는 온실 기체가 된다.

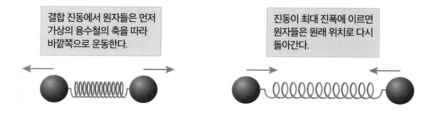

결합 진동에서 원자들은 먼저 가상의 용수철의 축을 따라 바깥쪽으로 운동한다.

진동이 최대 진폭에 이르면 원자들은 원래 위치로 다시 돌아간다.

그림 8-16 결합 전자의 진동

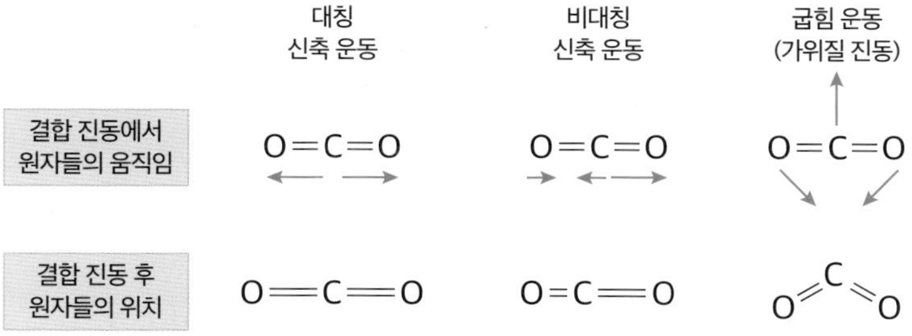

대칭
신축 운동

비대칭
신축 운동

굽힘 운동
(가위질 진동)

결합 진동에서
원자들의 움직임

$O=C=O$

$O=C=O$

$O=C=O$

결합 진동 후
원자들의 위치

$O=C=O$

$O=C=O$

$O^{C}O$

그림 8-17 이산화 탄소의 진동 운동

  '지구 온난화 지수(Global Warming Potential, GWP)'는 단위 질량의 온실 기체가 대기 중에 가둘 수 있는 열의 양을 상대적으로 측정한 값으로, 이산화 탄소를 기준값인 1로 정하고 있다. 하지만 실제 기후 변화에 영향을 미치는 것은 온실 기체의 지구 온난화 지수와 대기 중 농도를 모두 고려한 복사력, 즉 지구의 에너지 균형에 대한 알짜 변화 값이며, 이산화 탄소는 다른 온실 기체에 비해 지구 온난화 지수는 작지만 훨씬 농도가 크므로 기후 변화에 가장 큰 영향을 미친다.

표 8-2 온실 기체의 지구 온난화 지수와 복사력

온실 기체	지구 온난화 지수 (100년 값)	대기에서의 농도	복사력(W/m²)
CO_2	1	400 ppm	1.82
CH_4	21	1.8 ppm	0.48
N_2O	310	325 ppb	0.17
CFC-12	4,600	0.52 ppb	0.17
SF_6	22,800	0.007 ppb	0.004
할로젠화 기체(전체)	–	–	0.360

* 출처: 기후 변화에 대한 정부 간 협의체(Intergovernmental Panel on Climate Change-Climate Change 2013: The Physial Science Basis).

9장
고체, 액체와 상변화

강력한 태풍이 지나가고 난 후 뉴스에 빠지지 않는 것이 산산조각 난 유리창에 의한 피해 상황이다. 유리는 충격을 받으면 방향성 없이 불규칙하고 날카롭게 깨지는 성질이 있어 2차 피해가 심각하다. 반면 자동차 사고가 났을 때 깨진 자동차 유리 조각은 날카로운 부분이 거의 없는 네모난 모양으로 잘게 부서져서 유리 조각에 의한 2차 피해는 심하지 않다. 같은 유리지만 이렇게 다른 이유는 무엇일까? 이는 바로 유리를 구성하는 화학 성분(SiO_2)은 같더라도 첨가물과 제조 공정이 달라, 자동차 유리에는 결정성이 첨가되었기 때문이다.

구성 입자(원자, 분자, 이온)가 무질서하게 배열되어 넓은 영역에 걸쳐 규칙성이 없는 구조를 갖는 비결정성 고체의 대표적인 예가 유리와 고무이다. 결정성 고체는 가열하면 특정 온도(녹는점, melting point)에서 액체 상태로 변하지만, 유리와 고무는 마치 물엿처럼 끈적하게 상태가 변하는 유리 전이 온도(glass transition temperature, Tg)를 거쳐서 녹는점에 도달하게 된다. 일상에서 많이 사용하는 비결정성 고체인 유리의 종류와 특징을 ●표 9-1에 나타내었다. '깨지지 않는 아름다움'이라는 광고 문구로 잘 알려진 코렐(Corelle)의 그릇들도 압축된 삼중 접합 유리로 만들어진 식기이며, 충격에 강해서 1.5 m 높이에서 떨어져도 잘 안 깨진다는 특성이 있지만, 갑작스러운 열팽창에는 유리 속에 채워져 있던 응력(물체가 외부의 힘에 저항하여 원래의 모양을 유지하려는 힘)까지 순간적으로 터져 나와 폭발하듯이 깨지므로 주의하여야 한다.

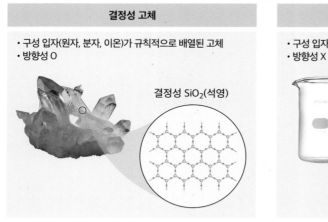

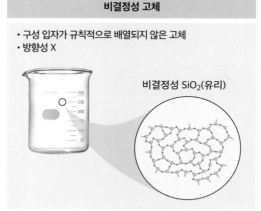

그림 9-1 결정성 고체와 비결정성 고체

표 9-1 비결정성 고체인 유리의 종류와 특징

종류	구성 성분	특징
순수 석영 유리	• 100% SiO_2	• 열 팽창률이 낮음 • 넓은 범위의 파장을 투과시킴 • 광학 연구에 사용함
파이렉스(Pyrex) 유리	• 60~80% SiO_2 • 10~25% B_2O_3 • Al_2O_3 약간	• 열 팽창률이 낮음 • 적외선과 가시광선을 투과시키지만, 자외선은 잘 투과시키지 못함 • 조리용 식기나 실험실용 유리 제품에 사용함
소다 석회 유리	• 75% SiO_2 • 15% Na_2O • 10% CaO	• 화학 물질에 취약하고 열 충격에 민감함 • 가시광선은 투과시키지만, 자외선은 흡수함 • 창문과 유리병에 사용함

결정성 고체는 구성 입자(원자, 분자, 이온)가 넓은 영역에 걸쳐서 규칙적으로 질서 있게 배열된 고체로, 일반적으로 평평한 면과 특징적인 각을 가진다. 결정성 고체의 입자 배열을 '격자 구조(lattice structure)'라고 하고, 기본 구조 단위인 단위 세포(unit cell)가 반복적으로 나타나며, 격자 구조를 형성하는 각각의 구가 격자점(lattice point), 즉 결정을 구성하는 원자, 분자, 이온이 된다. 모든 결정성 고체는 ●그림 9-3에 나타난 7종류의 단위 세포 중 하나로 설명할 수 있지만, 이 절에서는 모든 변과 각이 동일한 입방 단위 세포의 종류와 특징만 공부할 것이며, 입자들의 종류가 같은 금속 결정을 예로 들어 설명할 것이다.

입방 단위 세포는 구성 입자가 쌓이는 방식에 따라 단순 입방, 체심 입방, 면심 입방 단위 세포까지 3가지 종류가 있다. 가장 가까운 거리에서 하나의 입자를 둘러싼 다른 입자들의 수를 '배위수(coordination number)'라고 하는데, 배위수가 클수록 입자들이 촘촘하게 쌓였다는 것을 의미한다. 하나의 단위 세포에 들어 있는 입자의 수를 셀 때는 ●그림 9-4와 같은 방법으로, 꼭짓점에 있는 입자는 8개의 단위 세포가 공유하므로 1/8개로, 모서리에 있는 입자는 4개의 단위 세포가 공유하므로 1/4개로, 면의 중심에 있는 입자는 2개의 단위 세포가 공유하므로 1/2개로 세어서 더해야 한다.

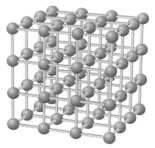

각각의 구는 결정을 구성하는 원자, 분자, 이온을 나타내는 격자점이다.

(a) 단위 세포　　　　　(b) 격자 구조

그림 9-2 단위 세포와 격자 구조

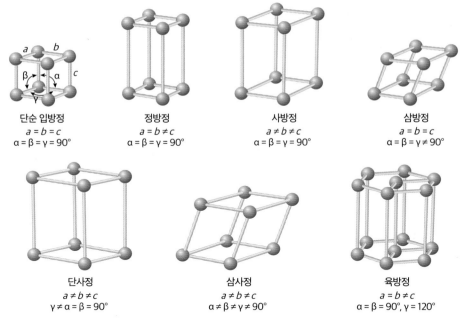

그림 9-3 7종류의 단위 세포

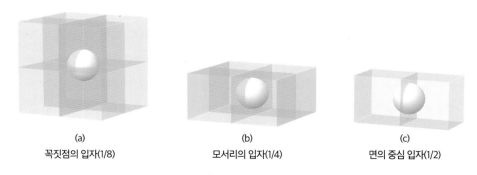

(a)
꼭짓점의 입자(1/8)

(b)
모서리의 입자(1/4)

(c)
면의 중심 입자(1/2)

그림 9-4 단위 세포에 들어 있는 입자의 개수를 세는 방법

1) 단순 입방 단위 세포

'단순 입방 단위 세포(simple cubic cell, scc)'는 구형 입자들이 질서 정연하게 정사각형으로 배열되고, 입자의 바로 위에 다른 입자들이 똑같은 방식으로 쌓이는 단순 입방(또는 원시 입방) 격자 구조의 기본 단위이다. 단순 입방 단위 세포의 배위수는 6으로 가장 작고, 단위 세포 1개에 입자가 딱 1개(1/8 × 8개 = 1개)이므로 단위 세포의 52%만 채워져 있어 빈 공간이 많은 비효율적 구조이다. 금속 중에서 폴로늄(Po)만 이 방식으로 결정을 만든다.

단순 입방

8개의 꼭짓점에
각각 1/8 원자

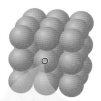

단순 입방

배위수 6
각 구는 6개의 이웃하는 구에
둘러싸이는데, 같은 층에 4개,
바로 위층에 1개, 바로 아래층에
1개가 있다.

원자/단위 세포
= 1/8 × 8 = 1

그림 9-5 단순 입방 단위 세포

2) 체심 입방 단위 세포

'체심 입방 단위 세포(body—centered cubic cell, bcc)'는 첫 번째 층에 구형 입자들이 질서 정연하게 정사 각형으로 배열되고, 입자들 사이의 공간 위에 두 번째 층의 입자들이 쌓이는 체심 입방 격자 구조의 기 본 단위이다. 체심 입방 단위 세포의 배위수는 8로, 중심에 있는 입자를 8개의 꼭짓점에 있는 입자들이 둘러싼 구조이며, 단위 세포 1개에 입자가 2개(1/8 × 8개 + 1개 = 2개)이므로 단위 세포의 68%가 채 워져 있어 공간 활용이 효율적인 구조이다. 금속 중에서 소듐(Na)과 철(Fe)을 포함한 16종이 체심 입방 단위 세포를 갖는다.

8개의 꼭짓점에
각각 1/8 원자
+ 중심에 원자

*a*층
*b*층
*a*층

체심 입방

배위수 8
각 구는 8개의 이웃하는 구에
둘러싸이는데, 위층에 4개,
아래층에 4개가 있다.

원자/단위 세포
= (1/8 × 8) + 1 = 2

그림 9-6 체심 입방 단위 세포

3) 면심 입방 단위 세포

'면심 입방 단위 세포(face-centered cubic cell, fcc)'는 구형 입자들이 좀 더 조밀하게 쌓이는 구조로, 첫 번째 층에 가운데 구를 중심으로 6개의 구가 육각형으로 배열되고, 첫 번째 층의 입자들이 형성하는 작은 삼각형 모양의 오목한 부분에 두 번째 층의 구가 삼각형으로 쌓이고, 이 삼각형과 반대 방향으로 세 번째 층의 입자들이 쌓이는 입방 조밀 격자 구조의 기본 단위이다. 면심 입방 단위 세포의 배위수는 12로, 단위 세포 1개에 입자가 4개(1/8 × 8개 + 1/2 × 6개 = 4개)이므로 단위 세포의 74%가 채워져 있어 공간 활용이 매우 효율적인 구조이다. 금속 중에서 은(Ag)과 구리(Cu)를 포함한 18종이 면심 입방 단위 세포를 갖는다.

결정성 고체의 단위 세포 종류를 알게 되면 단위 세포 한 변의 길이와 구성 원자의 반지름 사이의 관계를 알 수 있으며, 이를 이용하여 금속의 밀도를 구하거나 반대로 밀도를 알고 있는 미지 금속의 원자량을 구할 수 있다.

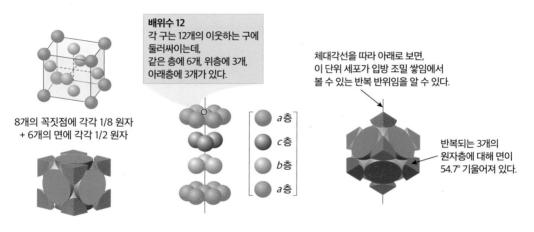

그림 9-7 면심 입방 단위 세포

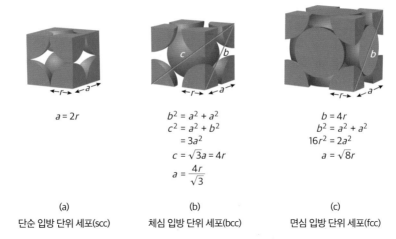

(a)	(b)	(c)
$a = 2r$	$b^2 = a^2 + a^2$ $c^2 = a^2 + b^2$ $= 3a^2$ $c = \sqrt{3}a = 4r$ $a = \dfrac{4r}{\sqrt{3}}$	$b = 4r$ $b^2 = a^2 + a^2$ $16r^2 = 2a^2$ $a = \sqrt{8}r$
단순 입방 단위 세포(scc)	체심 입방 단위 세포(bcc)	면심 입방 단위 세포(fcc)

그림 9-8 단위 세포 한 변의 길이와 원자 반지름 사이의 관계

예제 9-1

니켈은 한 변의 길이가 352.4 pm인 면심 입방 단위 세포를 갖는다. 니켈의 밀도(g/cm³)를 구하라. (단, Ni의 몰질량은 58.69 g/mol이다.)

풀이

면심 입방 단위 세포는 4개의 원자를 갖는다(꼭짓점에 1개, 면에 3개).

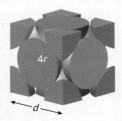

각 원자의 질량은 니켈의 몰질량(58.69 g/mol)을 아보가드로수(6.022×10^{23} 원자/mol)로 나눈 값과 같다.

$$\text{밀도} = \frac{\text{질량}}{\text{부피}} = \frac{(4\text{원자})\left(\dfrac{58.69 \dfrac{\text{g}}{\text{mol}}}{6.022 \times 10^{23} \dfrac{\text{원자}}{\text{mol}}}\right)}{4.376 \times 10^{-23}\,\text{cm}^3} = 8.909\,\text{g/cm}^3$$

따라서 니켈의 밀도는 8.909 g/cm³이다(측정값은 8.90 g/cm³이다).

9.2 결정성 고체의 특성

밀도, 녹는점, 경도와 같은 결정성 고체의 특징은 고체를 구성하는 입자 사이의 힘에 의해 결정된다. 구성 입자의 종류에 따라 결정성 고체는 이온 결정, 분자 결정, 공유 결정, 금속 결정 이렇게 네 종류로 나눈다.

1) 이온 결정

이온 결정은 양이온과 음이온이 정전기적 인력(쿨롱의 힘)에 의해 강하게 결합하기 때문에 녹는점이 높고, 이온들이 정해진 자리에 고정되어 있으므로 고체 상태에서는 전기를 통하지 못하며, 용융 상태이거나 수용액 상태에서만 전기를 전도한다. 구부러지지 않고 단단하지만, 강한 충격을 가하면 이온 사이의 층이 밀려서 같은 전하를 가진 입자들 사이의 반발력에 의해 부스러진다는 특징이 있다. 이온 결정은 다양한 크기와 전하를 갖는 양이온과 음이온이 규칙적으로 배열되므로 여러 가지 단위 세포를 나타낸다. ●그림 9-9와 ●그림 9-10을 이용하여 이온 결정의 단위 세포에 포함된 양이온과 음이온의 개수는 항상 실험식과 동일한 비율이라는 것을 알 수 있다. 일반적으로 원자가 전자를 버려서 전자껍질수가 적어진 양이온이 전자를 받아 반발력 때문에 반지름이 커진 음이온보다 크기가 작으므로 모든 단위 세포에서 크기가 작은 입자가 양이온이고, 크기가 큰 입자가 음이온이라는 것을 기억하자.

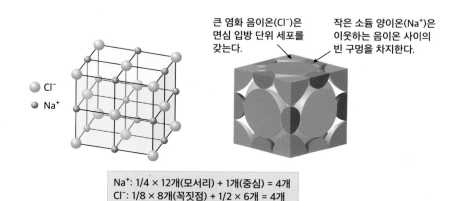

큰 염화 음이온(Cl^-)은 면심 입방 단위 세포를 갖는다.

작은 소듐 양이온(Na^+)은 이웃하는 음이온 사이의 빈 구멍을 차지한다.

Na^+: 1/4 × 12개(모서리) + 1개(중심) = 4개
Cl^-: 1/8 × 8개(꼭짓점) + 1/2 × 6개 = 4개
Na^+:Cl^- = 4:4 = 1:1

그림 9-9 NaCl의 단위 세포

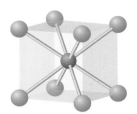

Cs⁺: 1개(중심) = 1개
Cl⁻: 1/8 × 8개(꼭짓점) = 1개
Cs⁺:Cl⁻ = 1:1

(a)

Zn²⁺: 4 × 1개(중심) = 4개
S²⁻: 1/8 × 8개(꼭짓점) + 1/2 × 6개
    = 4개
Zn²⁺:S²⁻ = 4:4 = 1:1

(b)

Ca²⁺: 1/8 × 8개(꼭짓점) + 1/2 × 6개
    = 4개
F⁻: 8 × 1개(중심) = 8개
Ca²⁺:F⁻ = 4:8 = 1:2

(c)

그림 9-10 (a) CsCl, (b) ZnS, (c) CaF₂의 단위 세포

예제 9-2

산소(O)와 레늄(Re)이 결합한 이온 결정의 단위 세포는 다음과 같다.

● 산소
● 레늄

(a) 각 단위 세포에 들어 있는 레늄 원자와 산소 원자의 개수를 구하라.

(b) 산화 레늄의 화학식과 레늄의 산화수를 구하라.

풀이

(a) 레늄 원자: 1/8 × 8개(꼭짓점) = 1개

   산소 원자: 1/4 × 12개(모서리) = 3개

(b) 산화 레늄의 화학식: ReO_3

   산소의 산화수: −2

   레늄의 산화수: Re 원자 1개당 O 원자가 3개 있고, 이온 결정의 단위 세포는 전기적으로 중성이

   므로 +6

2) 분자 결정

분자 결정은 구성 입자가 분자이므로 7.5절에서 배운 분산력, 무극성 분자와 극성 분자 사이의 힘, 극성 분자와 극성 분자 사이의 힘, 수소 결합이 입자들 사이에 작용하는 힘이다. 공유 결합이나 이온 결합의 정전기적 인력에 비하면 분자간 힘은 매우 작은 편이고 분자 결정은 구성 입자가 중성인 분자이므로 전기가 통하지 않으며, 다른 결정들에 비해 쉽게 분리되어 일반적으로 녹는점이 100 ℃ 이하이다.

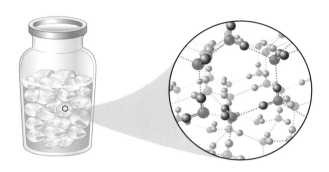

그림 9-11 물 분자의 결정 구조

3) 공유 결정

공유 결정은 원자들이 공유 결합을 하여 거대한 3차원 그물 구조를 이룬 고체이다. 원자들 사이의 강한 공유 결합으로 인해 단단하고 녹는점이 매우 높다는 특징이 있으며, 주로 탄소의 동소체(같은 원소로 이루어진 다른 물질)인 흑연, 다이아몬드, 풀러렌, 탄소 나노 튜브, 그래핀과 지각의 구성 물질인 실리카(이산화 규소, SiO_2)가 알려져 있다.

(1) 흑연(C)

자연 상태에서 열역학적으로 가장 안정한 탄소의 동소체이다. 많은 학생들이 다이아몬드가 가장 안정한 동소체일 것이라고 생각하지만, 에너지가 적은 흑연의 가루에 고온과 고압의 에너지를 강제로 주입하여 단단하지만 에너지가 높은 인공 다이아몬드를 만든다. 원자가전자가 4개인 탄소 원자가 육각형 고리를 이루며 3개의 결합만을 하므로 남아 있는 1개의 전자에 의해 전기가 통할 수 있고, 육각형 고리가 층상 구조를 이루어 윤활제나 연필심, 전극 물질로 사용할 수 있다. 하나의 층만 놓고 보면 매우 안정하기 때문에 몇만 년 전 동굴에 새겨진 흑연 자국을 지금까지 그대로 발견할 수 있다.

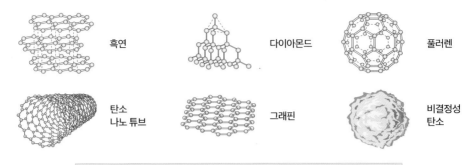

- 공유 결정: 흑연, 다이아몬드, 풀러렌, 탄소 나노 튜브, 그래핀(다이아몬드만 부도체)
- 비결정성 탄소: 숯, 그을음 등을 비롯한 탄소 동소체

그림 9-12 탄소의 동소체

(2) 다이아몬드(C)

탄소 원자가 4개의 원자가전자를 모두 사용하여 다른 탄소 원자와 단일 결합하여 정사면체의 구조를 이루는 공유 결정으로, 남는 전자가 없어서 전기가 통하지 않는 부도체이며, 현재까지 알려진 물질 중에 가장 단단하다. 보석으로 많이 알려져 있지만, 공업용으로 톱이나 드릴의 절삭용 날에 많이 사용되고, 600만~1,000만 기압에서 약 8,700 ℃의 온도를 가해야 녹는다.

(3) 풀러렌(C_{60})

다른 탄소 동소체와는 다르게 탄소 원자 60개가 12개의 오각형 면과 20개의 육각형 면을 갖는 축구공 모양으로 결합한 분자이다. 흑연처럼 모든 탄소 원자가 3개의 단일 결합만을 하므로 전기 전도성이 있고, 가운데가 빈 구형 모양으로 루비듐과 반응하여 풀러렌화 루비듐(Rb_3C_{60})이라는 초전도체 물질을 생성한다.

(4) 탄소 나노 튜브(C)

흑연의 한 층을 알아서 튜브 모양으로 만든 것 같은 구조로, 지름이 약 2~30 nm이며, 길이는 1 mm 이하이다. 흑연처럼 탄소가 3개의 단일 결합을 하므로 전기가 통하고, 인장 강도가 강철에 비해 약 50~60배 더 강하고 탄성이 좋아서 섬유나 고분자의 복합 재료로 널리 사용된다.

(5) 그래핀(C)

흑연의 한 층이 계속 펼쳐진 것처럼 육각형으로 배열된 탄소 원자들의 평면 구조로, 원자 1개의 두께이므로 매우 얇아 550 nm에서 가시광선의 투과율이 97.7%이다. 강하지만 잘 구부러지고, 각 탄소 원자에서 남는 전자들이 비편재(한 곳에 집중되지 않고 모든 탄소 사이를 자유롭게 돌아다님)화되어 Cu보다 100 배 이상 큰 매우 높은 전기 전도도를 갖고, 단결정 Si보다 100배 이상 전자를 빨리 이동시킨다는 특징이 있다. 탄성이 뛰어나 늘리거나 구부려도 전기적 성질을 유지하며, 강철의 200배 강도를 가지고 있어 방탄복, 터치스크린, 디스플레이, 이차 전지, 태양 전지, 조명, 광학 필터, 해수 담수화 필터, 코팅 재료, 초박형 스피커 등 매우 다양한 산업에 이용할 수 있는 놀라운 신소재이다.

(6) 실리카(SiO_2)

석영과 대부분의 모래는 불순물이 거의 없는 실리카이며, 규소가 산소와 4개의 단일 결합을 하는 사면체 구조가 계속 연결된 공유 결정으로, 녹는점이 1기압에서 1,713℃로 매우 높다. 1,600℃ 이상이 되면 결정성 고체에서 점성이 큰 액체(고무상)로 변하고, 이 물질을 냉각하면 Si – O 결합이 무질서하게 바뀌면서 비결정인 유리가 된다. 냉각하기 전에 첨가제를 혼합하여 강도와 색깔이 다양한 여러 종류의 유리를 생산할 수 있다.

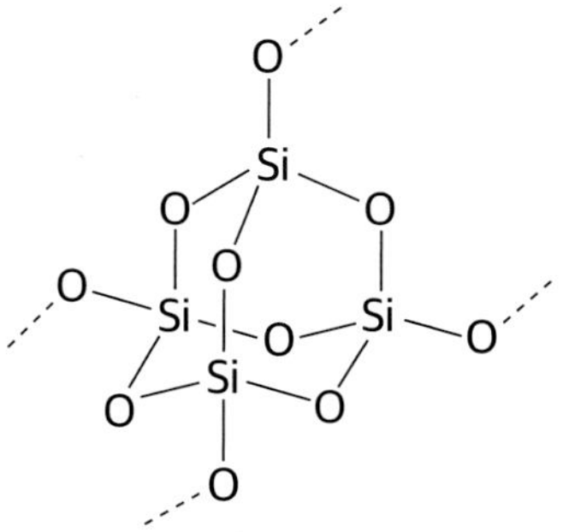

그림 9-13 실리카의 결정 구조

4) 금속 결정

굳기와 녹는점 같은 물리적 성질은 금속의 종류에 따라 상당히 다르다. 하지만 모든 금속은 얇은 선으로 뽑을 수 있고(연성), 비결정성 고체나 이온 결정처럼 깨지지 않으면서 넓게 펼 수 있으며(전성), 전기 전도성이 커서 전류가 잘 흐르고, 열전도성이 커서 만지면 체온을 빨리 빼앗으므로 차갑게 느껴진다는 공통적인 특징이 있다. 이러한 금속의 특징을 잘 나타내는 것이 바로 전자 바다 모형이다. '전자 바다 모형(electron – sea model)'은 금속 원자가 원자가전자를 내놓아 금속 양이온과 자유 전자가 되고, 이런 원자들이 많이 모인 상태(금속 덩어리)는 결국 자유롭게 돌아다니는 전자들의 바다에 금속 양이온이 3차원으로 배열되어 있다고 금속 결합을 설명한다. 따라서 자유롭게 움직이는(비편재화된) 전자들이 연속적으로 금속 양이온을 잡아주는 전기적 접착제처럼 작용하고, 전자들의 움직임에 의해 전기 전도도와 열전도도가 높으며, 연성과 전성 그리고 금속 특유의 광택이 나타나게 된다.

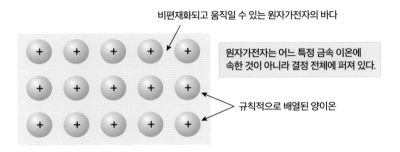

비편재화되고 움직일 수 있는 원자가전자의 바다

원자가전자는 어느 특정 금속 이온에 속한 것이 아니라 결정 전체에 퍼져 있다.

규칙적으로 배열된 양이온

그림 9-14 금속 결정의 전자 바다 모형

9.3 액체의 특성

입자 사이의 거리는 가깝지만 입자 사이의 힘은 고체보다 작아서 입자들끼리 위치를 바꿀 수 있는 응축상을 '액체(liquid)'라고 한다. 액체의 성질은 분자간 힘으로 설명이 가능하며, 다양한 분자간 힘의 크기 때문에 휘발유나 물은 빨리 흐를 수 있지만 식용유나 꿀은 천천히 흐른다. 이때 액체의 흐름에 대한 저항을 나타내는 척도를 '점성도(viscosity)'라고 정의하며, $N \cdot s/m^2$의 단위를 사용한다. 점성도가 클수록 액체가 느리게 흐르고, 이는 분자간 힘이 크다는 의미이며, 온도가 증가하면 입자들의 운동이 활발해져서 점성도가 감소한다.

물   식용유

그림 9-15 물과 식용유의 점성도 차이

표 9-2 자주 사용되는 액체의 점성도와 표면 장력

이름	화학식	점성도(N·s/m²)	표면 장력(J/m²)
펜테인	C_5H_{12}	2.4×10^{-4}	1.61×10^{-2}
벤젠	C_6H_6	6.5×10^{-4}	2.89×10^{-2}
물	H_2O	1.00×10^{-3}	7.29×10^{-2}
에탄올	C_2H_5OH	1.20×10^{-3}	2.23×10^{-2}
수은	Hg	1.55×10^{-3}	4.6×10^{-1}
글리세롤	$C_3H_5(OH)_3$	1.49	6.34×10^{-2}

1) 표면 장력

액체 내부의 입자는 주위를 둘러싼 다른 입자와 분자간 힘에 의해 모든 방향으로 끌어당겨지지만, 표면에 있는 입자는 위쪽 방향에 다른 입자가 없으므로 액체 내부 방향으로 당겨지는 알짜힘을 받게 되어 표면적을 최소화하는 경향이 나타난다. '표면 장력(surface tension)'은 액체 표면을 단위 면적(m²)만큼 늘리는 데 필요한 에너지량으로 정의되며, 분자간 힘이 클수록 표면 장력도 커진다.

　표면 장력에 의해 나타나는 예로 모세관 현상이 있다. 메스실린더에 들어 있는 물의 부피를 측정할 때는 ●그림 9-17(a)와 같이 아래로 오목한 부분인 메니스커스(meniscus)를 읽어야 하는데, 이는 물 분자 사이의 당기는 힘인 응집력(cohesive force)보다 물과 메스실린더의 유리 사이에 당기는 힘인 부착력(adhesive force)이 더 커서 물의 표면이 아래로 내려가기 때문에 나타나는 현상이다. 만약 응집력이 부착력보다 훨씬 큰 수은 같은 액체를 메스실린더에 넣으면 ●그림 9-17(b)와 같이 위로 볼록한 메니스커스가 생긴다.

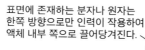
표면에 존재하는 분자나 원자는 한쪽 방향으로만 인력이 작용하여 액체 내부 쪽으로 끌어당겨진다.

표면 장력으로 인해 액체 수은이 방울 모양을 형성한다.

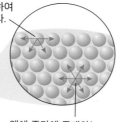
액체 중간에 존재하는 분자나 원자는 모든 방향으로 동일하게 끌어당겨진다.

표면 장력에 의해 잎 위의 빗방울이 구슬 모양으로 맺힌다.

그림 9-16　표면 장력

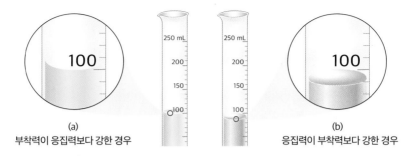

(a)
부착력이 응집력보다 강한 경우

(b)
응집력이 부착력보다 강한 경우

그림 9-17 메니스커스의 두 가지 유형

2) 증기압과 끓는점

액체의 물리적 성질 중에서 가장 중요한 증기압(vapor pressure)과 끓는점(boiling point)도 분자간 힘에 영향을 받는 특징이다. ●그림 9-18에서 볼 수 있듯이 밀폐된 용기에 액체를 넣으면 표면에 있는 입자 중 운동 에너지가 큰 입자가 기체 상태가 되고(증발), 기체 상태로 돌아다니던 입자 중에서 운동 에너지가 상대적으로 작은 입자가 액체 표면과 충돌하여 다시 액체 상태가 된다(응축). 일정 온도에서 증발 속도와 응축 속도가 같아진 평형 상태가 되었을 때 기체 입자가 용기의 벽을 치는 압력을 그 액체의 평형 증기압 또는 증기압이라 하고, 온도에 따라 바뀌는 값이므로 반드시 온도를 함께 나타내야 한다. 평형 상태에서 개별 입자는 끊임없이 증발하고 응축되지만, 두 속도가 같아서 용기 안에 존재하는 기체 입자의 수는 일정하게 유지되며, 이러한 평형 상태를 '동적 평형(kinetic equilibrium)'이라 하고 11장에서 자세히 배울 것이다.

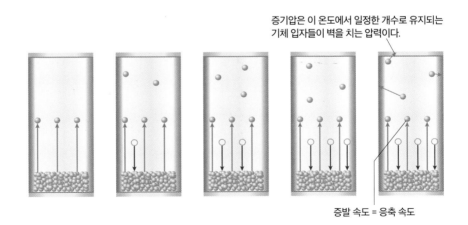

증기압은 이 온도에서 일정한 개수로 유지되는 기체 입자들이 벽을 치는 압력이다.

증발 속도 = 응축 속도

그림 9-18 증기압

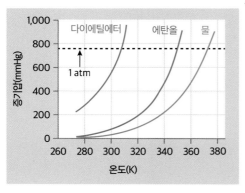

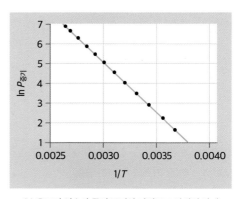

(a) 온도에 따른 세 가지 액체의 증기압   (b) 온도의 역수와 물의 증기압 자연로그 사이의 관계

그림 9-19 액체의 증기압과 온도의 관계

  액체의 증기압 값은 액체의 분자간 힘과 온도에 따라 달라지는데, 분자간 힘이 약할수록 입자가 쉽게 증발하여 같은 온도라도 증기압이 커지고, 같은 액체라 할지라도 온도가 높을수록 증발하기에 충분한 운동 에너지를 갖는 입자가 많아지기 때문에 증기압이 커진다. 상온에서 높은 증기압을 갖는 물질을 '휘발성(volatile) 물질'이라고 하며, ●그림 9-19(a)에서 다이에틸에터가 휘발성 물질이다. ●그림 9-19(a)의 자료를 이용하여 온도에 따른 물의 증기압에 자연로그를 취한 값을 y축으로 하고, 절대온도의 역수($1/T$)를 x축으로 하는 그래프를 그리면 ●그림 9-19(b)와 같은 선형 관계가 나타나는데, 이를 식으로 표현한 것이 바로 증기압과 증발열과의 관계를 나타내는 그 유명한 '클라우시스−클라페이론 식(Clausius−Clapeyron equation)'이다. '증발열(heat of vaporization, $\Delta H_{증발}$)'이란 끓는점에서 액체 1 mol이 기체 1 mol로 바뀔 때 필요한 에너지량으로, kJ/mol 단위를 사용한다.

클라우시스-클라페이론 식

$$\ln P = \left(-\frac{\Delta H_{증발}}{R}\right)\left(\frac{1}{T}\right) + C$$

$$y = mx + b$$

$$\ln P_1 = -\frac{\Delta H_{증발}}{RT_1} + C$$

$$\ln P_2 = -\frac{\Delta H_{증발}}{RT_2} + C$$

$$\ln P_1 - \ln P_2 = -\frac{\Delta H_{증발}}{RT_1} - \left(-\frac{\Delta H_{증발}}{RT_2}\right)$$

$$\ln \frac{P_1}{P_2} = \frac{\Delta H_{증발}}{R}\left(\frac{1}{T_2} - \frac{1}{T_1}\right)$$

P: 액체의 증기압

T: 절대온도

$\Delta H_{증발}$: 증발열

R: 기체 상수

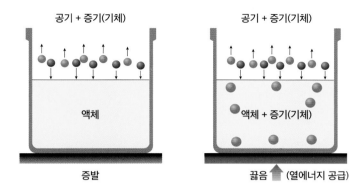

그림 9-20 **증발과 끓음의 차이**

클라우시우스–클라페이론 식은 서로 다른 온도에서 미지 액체의 증기압을 측정하면 그 액체의 증발열을 구할 수 있으므로 액체의 종류를 알아내기 위해 사용할 수도 있고, 어떤 액체의 증발열과 한 온도에서의 증기압을 안다면 다른 온도에서의 증기압을 예측하거나 액체의 끓는점을 예측하는 데도 유용하게 쓰인다.

'끓는점(boiling point)'이란 액체의 증기압이 외부 압력과 같게 되어 액체 내부에서도 기화 현상이 일어나는 온도이며, 분자간 힘이 클수록 끓는점이 높다. 라면을 먹으려고 물을 가열할 때 '끓는다'라는 표현은 액체 내부에 작은 기포가 생겼다가 없어지는 시점이 아니라 내부의 기포들이 물의 압력에 저항하여 위로 올라오면서 점점 더 큰 기포를 만들 때를 말한다. 외부 압력이 정확하게 1 atm(760 mmHg)일 때 액체의 끓는점을 '정상 끓는점(normal boiling point)'이라고 하고, 특별한 언급이 없는 한 끓는점은 정상 끓는점을 의미한다.

정리하면 '증발'은 액체 표면에서 운동 에너지가 큰 입자가 기체로 변하는 과정이고, '끓음'은 액체 내부에서 입자가 기체로 변하는 과정이다. 분자간 힘이 큰 액체일수록 일정 온도에서 증기압이 다른 액체보다 낮으므로 끓는점과 증발열은 상대적으로 높아진다.

예제 9-3

다이에틸에터는 휘발성이 있고 인화성이 매우 큰 유기 액체로, 19세기에는 마취제로 사용되었으나 독성 때문에 요즘에는 주로 산업용 용매로 사용한다. 다이에틸에터의 증기압은 18 ℃에서 401 mmHg이고, 증발열($\Delta H_{증발}$)은 26 kJ/mol일 때 32 ℃에서의 증기압을 구하라.

(계속)

풀이

$$\ln \frac{P_1}{P_2} = \frac{\Delta H_{증발}}{R}\left(\frac{1}{T_2} - \frac{1}{T_1}\right)$$

$$\ln \frac{401\,\text{mmHg}}{P_2} = \frac{2.6 \times 10^4\,\text{J/mol}}{8.314\,\text{J/mol·K}}\left(\frac{1}{305.15\,\text{K}} - \frac{1}{291.15\,\text{K}}\right) = -0.4928$$

$$P_2 = 6.6 \times 10^2\,\text{mmHg}$$

9.4 상변화와 에너지

'상(phase)'이란 물질의 균일한 부분이며, 물질의 화학적 특성은 변하지 않고 물리적 형태만 변하는 과정을 '상태 변화' 또는 '상변화(phase change)'로 정의한다. 일반적으로 상변화는 물질이 고체, 액체, 기체 상 사이에서 변하는 과정을 의미하며, ●그림 9-21에서 볼 수 있듯이 각각의 상변화 과정을 나타내는 용어가 정해져 있다. 그림에서 빨간색 화살표로 나타낸 상변화 과정은 에너지(주로 열의 형태)를 흡수하는 흡열 과정을, 파란색 화살표는 에너지를 방출하는 발열 과정을 나타낸다.

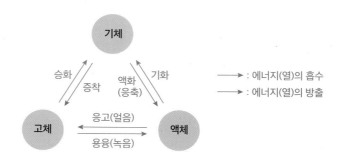

그림 9-21 **다양한 상변화 과정을 나타내는 용어**

예제 9-4

다음 중 발열 반응이 아닌 것은 무엇인가?

① 핫팩 속의 철가루와 산소의 반응

② 프로페인(프로판) 가스의 연소 반응

③ 추운 겨울 호수의 윗부분이 어는 반응

(계속)

④ 더운 여름 빨래가 마르는 반응

풀이

① $4Fe(s) + 3O_2(g) \longrightarrow 2Fe_2O_3(s) \quad \Rightarrow \quad \Delta H < 0$

② $C_3H_8(g) + 5O_2(g) \longrightarrow 3CO_2(g) + 4H_2O(g) \quad \Rightarrow \quad \Delta H < 0$

③ $H_2O(l) \longrightarrow H_2O(s) \quad \Rightarrow \quad \Delta H < 0$

④ $H_2O(l) \longrightarrow H_2O(g) \quad \Rightarrow \quad \Delta H > 0$

따라서 발열 반응이 아닌 것은 ④이다.

고체 물질에 지속적으로 열을 가하여 액체를 거쳐 기체로 변하는 과정을 나타낸 그래프를 '가열 곡선(heating curve)'이라고 하는데, ●그림 9-22에 나타낸 얼음의 가열 곡선을 이용하여 상변화에 사용되는 에너지(열량)를 계산해 보자.

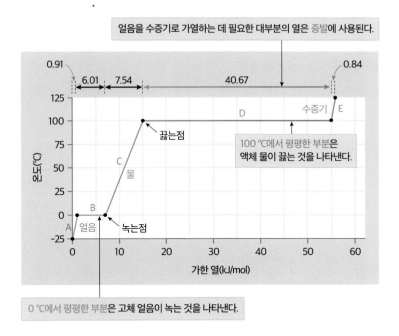

그림 9-22 고체 H_2O 1 mol에 열을 가할 때의 상변화를 나타낸 가열 곡선

- **[구간 A]** 고체 H_2O의 가열

  흡수한 열량 = 몰수 × 얼음의 몰열용량 × 온도 변화

  $$= 1\,mol \times 36.57\,J/mol \cdot ℃ \times 25\,℃$$

  $$= 0.914\,kJ/mol$$

- **[구간 B]** 고체 $H_2O \longrightarrow$ 액체 H_2O (용융)

  흡수한 열량 = 몰수 × H_2O의 용융열

  $$= 1\,mol \times 6.01\,kJ/mol$$

  $$= 6.01\,kJ/mol$$

'용융열(heat of fusion, $\Delta H_{용융}$)'은 녹는점에서 고체가 분자간 힘을 극복하고 액체로 변하기 위해 필요한 에너지(열량)를 의미하며, 물질 고유의 값이다.

- **[구간 C]** 액체 H_2O의 가열

  흡수한 열량 = 몰수 × 물의 몰열용량 × 온도 변화

  $$= 1\,mol \times 75.4\,J/mol \cdot ℃ \times 100\,℃$$

  $$= 7.54\,kJ/mol$$

- **[구간 D]** 액체 $H_2O \longrightarrow$ 기체 H_2O (기화)

  흡수한 열량 = 몰수 × H_2O의 증발열

  $$= 1\,mol \times 40.67\,kJ/mol$$

  $$= 40.67\,kJ/mol$$

'증발열(heat of vaporization, $\Delta H_{증발}$)'은 끓는점에서 액체가 분자간 힘을 극복하고 기체로 변하기 위해 필요한 에너지(열량)를 의미하며, 물질 고유의 값이다.

- **[구간 E]** 기체 H_2O의 가열

  흡수한 열량 = 몰수 × 수증기의 몰열용량 × 온도 변화

  $$= 1\,mol \times 33.6\,J/mol \cdot ℃ \times 25\,℃$$

  $$= 0.840\,kJ/mol$$

표 9-3 자주 사용되는 물질의 용융열과 증발열

이름	화학식	$\Delta H_{용융}$(kJ/mol)	$\Delta H_{증발}$(kJ/mol)
암모니아	NH_3	5.66	23.33
벤젠	C_6H_6	9.87	30.72
에탄올	C_2H_5OH	4.93	38.56
헬륨	He	0.02	0.08
수은	Hg	2.30	59.11
물	H_2O	6.01	40.67

예제 9-5

25℃ 물 50.0 g을 150℃ 수증기로 바꾸는 데 필요한 열량을 구하라. [단, 물의 끓는점은 100℃이고, $C_m[H_2O(l)] = 75.4\,\text{J/mol}\cdot℃$, $\Delta H_{증발} = 40.67\,\text{kJ/mol}$, $C_m[H_2O(g)] = 33.6\,\text{J/mol}\cdot℃$이다.]

풀이

먼저 물의 몰수를 알아낸다.

$$50.0\,\text{g}\,H_2O \times \frac{1\,\text{mol}\,H_2O}{18.0\,\text{g}\,H_2O} = 2.78\,\text{mol}\,H_2O$$

- 1단계: 액체 H_2O를 25℃에서 100℃까지 가열

$$q = C_m \times \text{물질의 몰수} \times \Delta T$$

$$= \left(75.4\,\frac{\text{J}}{\text{mol}\cdot℃}\right)(2.78\,\text{mol})(75℃) = 1.57 \times 10^4\,\text{J}$$

$$= 15.7\,\text{kJ}$$

- 2단계: 액체 H_2O 기화

$$q = \Delta H_{증발} \times \text{물질의 몰수}$$

$$= (40.67\,\text{kJ/mol})(2.78\,\text{mol})$$

$$= 113.0\,\text{kJ}$$

- 3단계: 기체 H_2O를 100℃에서 150℃까지 가열

$$q = C_m \times \text{물질의 몰수} \times \Delta T$$

$$= \left(33.6\,\frac{\text{J}}{\text{mol}\cdot℃}\right)(2.78\,\text{mol})(50℃) = 4.67 \times 10^3\,\text{J}$$

$$= 4.67\,\text{kJ}$$

필요한 전체 열량은 세 단계에서의 열량을 합한 것이므로 15.7 kJ + 113.0 kJ + 4.67 kJ = 133 kJ이다.

물질의 상은 온도와 압력에 따라 다른 상으로 변할 수 있다. 닫힌계에서 온도와 압력에 의한 순수한 물질의 상변화 과정을 나타낸 그래프를 '상도표(phase diagram)'라고 하고, ●그림 9-23에 H_2O의 상도표를 나타내었다. 대부분의 물질이 압력이 올라가면 녹는점이 높아지는 것과 달리, 물은 고체 상태의 부피가 커서 압력이 높아지면 부피가 작아지는 액체 상태가 되려는 성질이 있어서 압력이 높아질수록 녹는점이 낮아진다. 아이스링크의 정빙은 스케이트 날에 가해진 사람의 무게로 인한 압력 때문에 스케이트가 지나간 부분의 얼음이 녹기 때문에 일정한 시간 간격으로 계속해 주어야 한다. 상도표의 실선은 두 상의 경계를 나타내고, 세 개의 상이 모두 만나는 점을 '삼중점(triple point)'이라 하는데, 물의 경우에는 0.01 ℃, 0.006 atm이므로 물의 삼중점을 일반적으로 보기는 어렵다. 액체와 기체 사이의 경계는 임계점(critical point)에서 끊어지는데, 임계 압력(critical pressure, P_c)은 아무리 온도를 높여도 액체가 기화될 수 없는 압력이고, 임계 온도(critical temperature, T_c)는 아무리 압력을 높여도 기체가 액화될 수 없는 온도이므로, 임계점 이상의 영역에서는 고체와 액체의 경계가 없는 초임계 유체(supercritical fluid) 상태가 된다.

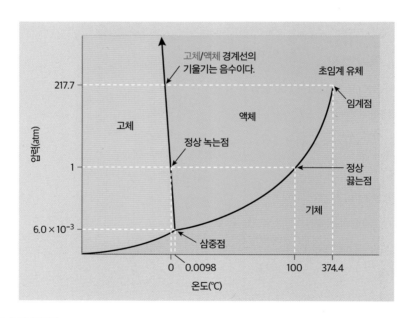

그림 9-23 H_2O의 상도표

MEMO

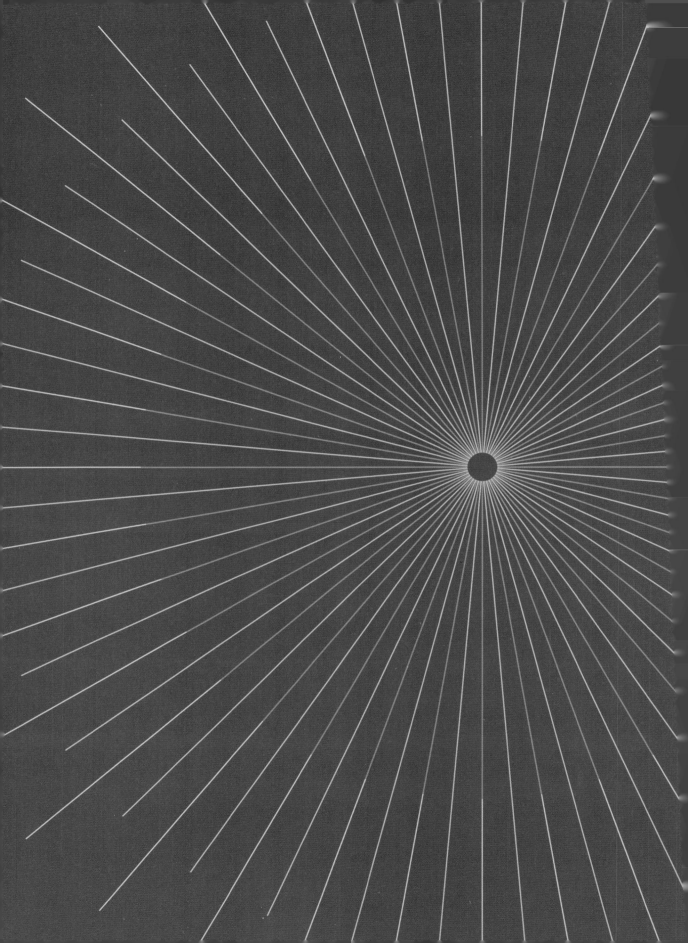

10장
용액과
용액의 성질

10.1 용액의 특성

3.1절에서 물질은 순물질과 혼합물로 나눌 수 있고, 순물질은 원소와 화합물로, 혼합물은 균일 혼합물과 불균일 혼합물로 분류된다고 배웠다. 두 가지 이상의 순물질이 일정한 조성으로 섞여 있는 균일 혼합물은 녹아 들어간 소량 물질인 '용질(solute)'과 양이 가장 많아서 다른 물질을 녹이는 역할을 하는 '용매(solvent)'로 구성되어 있고, 입자의 크기에 따라 용액과 콜로이드로 나눌 수 있다. 모든 균일 혼합물은 오랜 시간 가만히 두어도 분리되지 않지만, 입자의 크기가 0.1~2 nm 범위인 '용액(solution)'은 색을 띠는 경우에도 투명하고, 이온음료나 비눗물처럼 입자의 크기가 2~500 nm로 좀 더 큰 '콜로이드(colloid)'는 약간 흐릿하고(가라앉지는 않으나 뭔가가 있다는 느낌이 드는 이온음료의 흐릿함) 불투명하지만, 레이저 포인터와 같은 빛을 비추면 빛이 지나는 길이 보이는 틴들 현상이 나타난다. 다시 한번 강조하지만 용액은 항상 액체 상태인 것이 아니고, 고체(놋쇠나 18K 금)나 기체(공기) 상태의 용액도 많지만, 이 장에서는 주로 액체 상태 용액의 특성에 대해 알아볼 것이다.

예제 10-1

식초는 일반적으로 아세트산이 약 5% 들어 있는 수용액이다. 식초의 용질과 용매를 구별하라.

풀이

식초의 용질은 아세트산, 용매는 물이다.

예제 10-2

흡연하면서 마시는 것이 금지된 보드카인 스피리터스는 알코올 농도가 96%이다. 이 보드카의 용질과 용매를 구별하라.

풀이

스피리터스의 용질은 물, 용매는 에틸 알코올(에탄올)이다.

식초나 보드카처럼 잘 섞이는 액체 혼합물의 경우에는 예제 10-1과 예제 10-2에서 확인했듯이 양에 따라서 용질과 용매가 바뀔 수 있지만, 고체나 기체 용질이 액체 용매에 녹은 용액은 특정 온도에서 용매 일정량에 녹을 수 있는 용질의 양이 정해져 있고, 이를 그 용질의 '용해도(solubility)'라고 정의한다. 따라서 녹아 있는 용질의 양을 기준으로 불포화 용액, 포화 용액, 과포화 용액으로 분류할 수 있다.

- 불포화 용액(unsaturated solution): 특정 온도에서 용해도보다 적은 양의 용질이 녹아 있는 용액으로, 바닥에 녹지 않은 용질이 없다.
- 포화 용액(saturated solution): 특정 온도에서 녹을 수 있는 최대량(용해도)의 용질이 녹아 있는 용액으로, 바닥에 녹지 않은 용질이 일정량 유지된다.
- 과포화 용액(supersaturated solution): 특정 온도에서 용해도보다 많은 양의 용질이 녹아 있는 불안정한 용액으로, 주로 고온에서 다량의 용질을 녹인 후 아주 천천히 온도를 낮추어서 만든다.

●그림 10-1에서 볼 수 있듯이 과포화 용액은 입자 사이의 거리가 가까워서 응결핵을 첨가하면 분자 간 인력에 의해 용질 입자들이 서로 붙게 되고, 억지로 녹아 있던 입자들이 급격하게 결정을 만들어서 포화 용액과 고체 결정으로 나뉘게 된다. 꿀은 여러 종류의 당분과 물이 섞인 용액이지만, 장기간 보관을 위해 벌들이 끊임없이 날갯짓을 하여 물이 전체 무게의 20% 미만이 되게 만든 과포화 용액이므로 썩지 않고 차가운 곳에서 결정이 생긴다. 이처럼 용액은 온도의 변화나 여과, 증류와 같은 물리적 방법을 이용하여 용질과 용매로 분리할 수 있다.

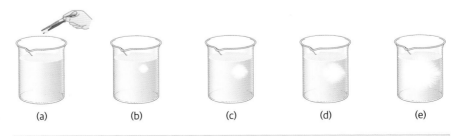

(a) (b) (c) (d) (e)

(a) 과포화 용액에 작은 응결핵을 첨가하면
(b)~(e) 과량으로 녹아 있던 용질이 결정화되는 과정이 급속히 진행되어 포화 용액과 고체 결정을 생성한다.

그림 10-1 과포화 용액의 결정 생성 과정

10.2 용해 과정의 엔탈피 변화

앞으로 주로 다루게 될 액체 용액은 고체나 액체 용질이 액체인 용매에 녹은 응축된 상으로 용질 – 용질, 용매 – 용매, 용질 – 용매 사이의 분자간 힘에 의한 상호작용을 거쳐서 용질 입자들이 용매 전체에 골고루 퍼지게 된다(용해). 용해 과정을 입자 간 상호작용과 출입하는 열량을 기준으로 세 단계로 나누면 다음과 같다.

① 용질 – 용질 상호작용: 용질 입자들을 결정 상태로 잡아두려는 분자간 힘을 이기고 용질 입자들을 분리하는 흡열 과정

② 용매 – 용매 상호작용: 용매 입자들 사이 분자간 힘을 이기고 용매 입자들의 거리를 떨어뜨려 용질 입자들이 들어갈 자리를 만드는 흡열 과정

③ 용질 – 용매 상호작용: 용질과 용매 입자들이 분자간 힘으로 서로 당겨서 용매 입자가 용질 입자를 둘러싸는 용매화 현상이 일어나는 발열 과정

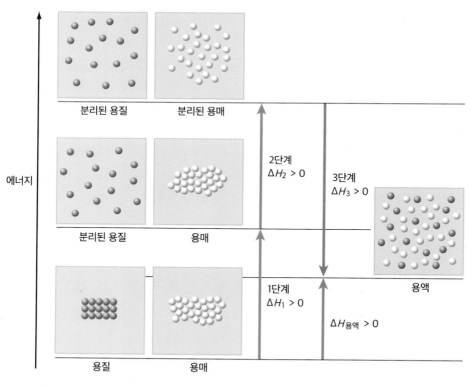

그림 10-2 용해 과정의 3단계

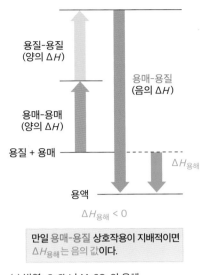

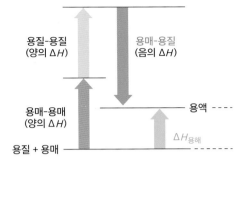

(a) 발열: CaCl$_2$나 MgSO$_4$의 용해

(b) 흡열: NH$_4$NO$_3$의 용해

그림 10-3 용해열의 종류

용액 형성 과정의 전체 엔탈피 변화를 '용해열(heat of solution, $\Delta H_{용해}$)' 또는 '용해 엔탈피'라 부르고, 각 단계 엔탈피 변화의 합으로 정의한다.

$$\Delta H_{용해} = \Delta H_{용질-용질} + \Delta H_{용매-용매} + \Delta H_{용질-용매}$$

(용해열/용해 엔탈피)　　흡열　　　　　　흡열　　　　　　발열

1단계와 2단계는 흡열(endothermic) 반응이고, 3단계만 발열(exothermic) 반응이므로 용해열이 (+) (흡열)인지 (−)(발열)인지의 여부는 3단계가 결정한다.

사실 용해 과정에는 용해열($\Delta H_{용해}$)뿐만 아니라 용질이 용매에 용해될 때의 무질서도의 변화인 용해 엔트로피(entropy of solution, $\Delta S_{용해}$)도 작용한다. 물에 NaCl을 녹이면 규칙적으로 배열된 이온 결정이 용액 중에서 자유롭게 움직이는 이온으로 변하고, 에틸 알코올과 물을 혼합하면 입자들이 배열되는 경우의 수가 많아지므로 무질서도, 즉 용해 엔트로피가 증가한다. 따라서 용해열이 흡열 반응인 경우라도 용해 엔트로피가 크게 증가하면 용해 과정은 자발적으로 일어나게 되고, 엔탈피 변화와 엔트로피 변화를 하나의 열역학 함수로 묶은 것이 자유 에너지 변화(ΔG)이다.

$$\Delta G_{용해} = \Delta H_{용해} - T\Delta S_{용해}$$

깁스 자유 에너지 변화(ΔG)는 반응의 자발성을 나타내는 척도이다.

- $\Delta G < 0$: 외부에서 에너지나 물리적인 일을 가하지 않아도 반응이 자발적인 과정
- $\Delta G > 0$: 외부에서 에너지나 일을 가해 주어야 하는, 반응이 비자발적인 과정
- $\Delta G = 0$: 반응이 평형 상태(정반응과 역반응의 속도가 동일하여 농도 변화 없음)

NaCl의 용해 과정은 양의 용해열을 가져서 일어나기 어려울 것으로 예측되지만, 25℃에서의 용해열과 용해 엔트로피를 모두 합한 자유 에너지 변화를 계산해 보면 $\Delta G < 0$이므로 자발적으로 일어난다는 것을 알 수 있다.

$$\Delta G^\circ = \Delta H^\circ - T\Delta S^\circ$$
$$\Delta G^\circ = (+3{,}900\,\text{J/mol}) - (298\,\text{K})(43{,}4\,\text{J/mol}\cdot\text{K})$$
$$= -9{,}033\,\text{J/mol} = -9.0\,\text{kJ/mol}$$

●그림 10-3, ●그림 10-4와 ●표 10-1에서 볼 수 있듯이 용해열과 용해 엔트로피 값에 따라 용해 과정의 자발성이 결정되는 결과는 '끼리끼리 녹는다(Like disolves like)'라는 유명한 경험 규칙으로 요약이 가능하다. 즉, 용질 – 용질, 용매 – 용매, 용질 – 용매 입자들 사이 분자간 힘의 종류와 크기가 유사할 때 용액이 자발적으로 잘 형성된다. 따라서 무극성 용질은 무극성 용매에(분산력), 극성 용질과 이온성 용질은 극성 용매에(극성 분자 – 극성 분자 힘/극성 분자 – 이온 사이 힘) 더 잘 녹고, 무극성 용질인 기름과 극성 용매인 물은 분자간 힘이 달라서 서로 섞이지 않는다.

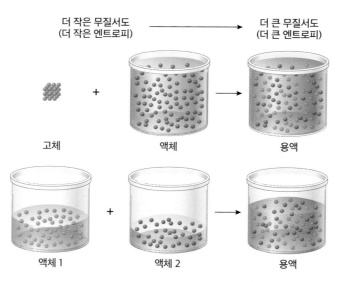

그림 10-4 용해 엔트로피

표 10-1 25℃에서 물에 잘 녹는 몇 가지 이온 결합 물질의 용해열과 용해 엔트로피

물질	$\Delta H°_{용해}$(kJ/mol)		$\Delta S°_{용해}$(J/mol·K)	
LiCl		−37.0	10.5	
NaCl	3.9		43.4	
KCl	발열 또는 흡열	17.2	75.0	
LiBr		−48.8	21.5	거의 양의 값
NaBr		−0.6	54.6	
KBr	19.9		89.0	
KOH		−57.6	12.9	

예제 10-3

다음 용질이 극성인 물과 무극성인 벤젠(C_6H_6) 중에서 어느 용매에 더 잘 녹을지 예측하라.

(a) 브로민(Br_2)
(b) 아이오딘화 소듐(NaI)
(c) 사염화 탄소(CCl_4)
(d) 폼알데하이드(CH_2O)

풀이

(a) 같은 원소로 이루어진 이원자 분자로, 무극성이므로 벤젠에 더 잘 녹는다.

(b) 이온 결합 물질이므로 물에 더 잘 녹는다.

(c) 극성 공유 결합을 갖지만, 대칭 구조이므로 무극성 분자라서 벤젠에 더 잘 녹는다.

(d) 극성 분자이며, 물과 수소 결합을 가질 수 있으므로 물에 더 잘 녹는다.

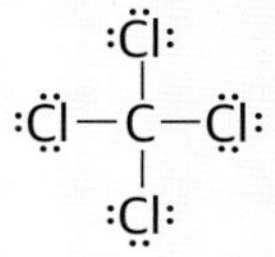

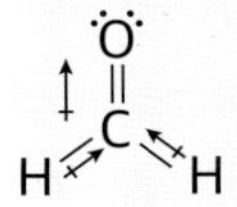

탄소와 수소로 이루어진 무극성 부분에 −OH(하이드록시기)가 붙은 알코올은 대표적인 유기용매이지만, 물에 잘 녹는 종류도 있다. 극성 분자간 힘이 극대화되어 나타나는 수소 결합을 이용하여 설명하면, 알코올의 −OH기는 물과 3개의 수소 결합을 생성할 수 있으므로 탄소 개수가 3개 이하인 알코올은 물과 잘 섞이지만, 탄소 개수가 4개 이상인 알코올은 무극성 부분이 길어져서 물과 섞이지 않는다.

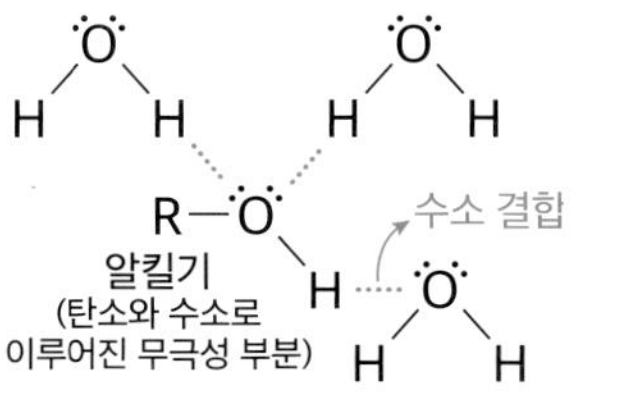

그림 10-5 −OH가 물과 할 수 있는 수소 결합의 수

표 10-2 극성 용매인 물과 무극성 용매인 헥세인(C_6H_{14})에서 여러 알코올의 용해도

알코올	모형	물에 대한 용해도	헥세인에 대한 용해도
CH_3OH (메탄올)		∞	1.2
CH_3CH_2OH (에탄올)		∞	∞
$CH_3(CH_2)_2OH$ (1-프로판올)		∞	∞
$CH_3(CH_2)_3OH$ (1-뷰탄올)		1.1	∞
$CH_3(CH_2)_4OH$ (1-펜탄올)		0.30	∞
$CH_3(CH_2)_5OH$ (1-헥산올)		0.058	∞

* 20 ℃에서 알코올의 몰수/용매 1,000 g으로 나타냄

10.3 용해도에 영향을 주는 인자

용해도란 일정 온도에서 용매 일정량에 녹을 수 있는 용질의 최대량으로 정의하는데, 용매의 단위(g, mL, L) 또는 용질의 단위(g, mL, mol) 등에 따라서 다양한 값과 쓰임새를 갖는다. 고등학교 과학에서는 용매 일정량(100 g)에 녹는 용질의 질량(g)으로 단위가 없는 값인 용해도를 주로 사용하지만, 화학에서

는 용액 1 L에 녹아 있는 용질의 몰수(mol/L)로 정의되는 '몰 용해도(molar solubility)'를 주로 사용하며, 이는 몰농도와 단위가 같다. 용해도는 온도에 의존하는 성질이므로 반드시 측정 온도를 함께 표기해야 하고, 일반적으로 몰 용해도가 0.1 mol/L 이상이면 가용성이라고 한다.

1) 온도가 용해도에 미치는 영향

커피믹스를 뜨거운 물에 녹이는 것이 익숙한 것처럼 대부분의 고체는 온도가 높을수록 잘 녹지만(용해도가 증가하지만), 몇몇 고체는 온도에 영향을 받지 않거나 온도가 증가할수록 용해도가 감소하기도 한다. 따라서 고체 물질의 용해도는 온도에 따라 일정한 경향을 보인다고 말할 수 없다(●그림 10-6).

그러나 모든 기체 물질의 용해도는 온도에 따라 감소한다. 액체에 녹아 용액 상태가 되면 규칙적인 배열이 깨어지고 움직이기 쉬워져서 엔트로피가 증가하는 고체와는 달리, 기체 입자의 용해는 자유롭게 움직이던 엔트로피가 큰 기체 상태에서 응축된 상태인 액체 용액으로 들어가는 상황이므로 엔트로피가 매우 감소하게 된다. 따라서 온도가 증가하면 운동 에너지가 큰 기체 입자가 더 많이 용액 밖으로 탈출하게 되므로 기체의 용해도는 작아지고(●그림 10-7), 이것이 바로 탄산음료를 차갑게 먹는 이유이다.

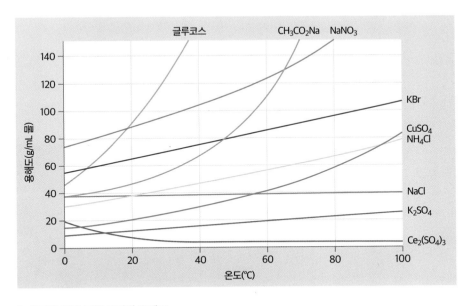

그림 10-6 온도에 따른 고체 물질의 용해도

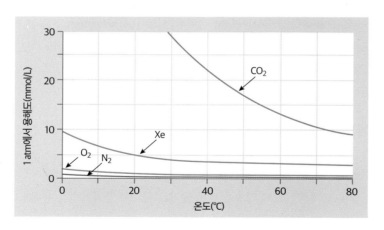

그림 10-7 온도에 따른 기체 물질의 용해도

2) 압력이 용해도에 미치는 영향

응축상인 액체와 고체는 압력에 따른 용해도의 변화가 거의 없지만, 자유롭게 움직이는 기체는 압력이 증가할수록 기체 입자와 용매 입자 사이의 충돌이 많아져서 용해도가 커진다. 일정한 온도에서 액체에 대한 기체의 용해도는 용액 위 기체의 부분 압력에 정비례한다는 '헨리의 법칙(Henry's law)'으로 정리할 수 있다.

$$\text{헨리의 법칙: 용해도}(c) = \mathbf{k} \cdot P$$

평형

주어진 압력에서 같은 수의 기체 입자가 용액으로 들어가고 나오는 평형이 형성되어 있다.

압력 증가

피스톤을 밀어서 압력이 증가하면, 떠날 수 있는 기체 입자보다 더 많은 수의 기체 입자가 순간적으로 용액 속으로 들어간다.

평형 회복

그러므로 용해도는 새로운 평형에 도달할 때까지 증가한다.

압력이 낮아지면 기체의 용해도도 감소한다.

그림 10-8 분자적 관점에서 표현한 헨리의 법칙

용해도(c)는 용해된 기체의 몰 용해도(mol/L)이고, k는 헨리 법칙 상수로 기체 고유의 값이며 단위는 mol/atm·L이고, P는 용액 위에 있는 기체의 부분 압력(atm)이다. 따라서 용액 위 기체의 부분 압력이 작아질수록 용해도는 감소하며, ●그림 10-8에 나온 맥주 거품도 통에서 강한 압력에 의해 맥주 속에 녹아 있던 이산화 탄소가 밖으로 나오는 과정에서 기체로 변하며 날아가면서 발생한 것임을 알 수 있다.

예제 10-4

25℃에서 CO_2의 분압이 5.0 atm인 병에 들어 있는 청량음료 안의 CO_2의 농도를 구하라. [단, 물에 대한 CO_2의 헨리 법칙 상수(k)는 3.1×10^{-2} mol/atm·L(25℃)이고, 청량음료에 대한 헨리 법칙 상수는 물에 대한 값과 같다고 가정한다.]

(a) 병이 열리기 전(CO_2의 분압 = 5.0 atm)

(b) 25℃에서 김이 다 빠진 후(공기 중 CO_2의 분압 = 0.0003 atm)

풀이

(a) $c = (3.1 \times 10^{-2} \text{ mol/atm·L})(5.0 \text{ atm}) = 1.6 \times 10^{-1} \text{ mol/L}$

(b) $c = (3.1 \times 10^{-2} \text{ mol/atm·L})(0.0003 \text{ atm}) = 9 \times 10^{-6} \text{ mol/L}$

10.4 용액의 농도 단위

1) 농도

'농도'는 일정량의 용액에 존재하는 용질의 양이며, 농도를 정확하게 알아야 화학량론을 이용하여 반응물의 양으로 생성물의 양을 예측할 수 있다. 화학에서 주로 사용하는 농도는 몰농도(molarity), 몰랄 농도(molality), 몰분율(mole fration), 백분율(percent), 백분율에서 파생된 ppm(백만분율)과 ppb(십억분율), 최근 여러 연구에 등장하는 ppt(일조분율) 등이 있고, 각각 장단점이 존재한다.

(1) 몰농도

$$몰농도(M) = \frac{용질의\ 몰수(mol)}{용액의\ 부피(L)} = \frac{n}{V}$$

$$용질의\ 몰수(mol) = 몰농도(M) \times 용액의\ 부피(V)$$

용액 1 L에 포함된 용질의 몰수(mol)로 정의되는 '몰농도'는 화학에서 가장 널리 사용하며, 단위는 M(= mol/L)이다. 예를 들어 농도가 2.0 M인 용액을 0.4 L만큼 취하면 그 속에는 항상 용질이 0.8 mol 들어 있기에 매번 질량을 측정할 필요 없이 부피만 측정하면 되므로 실험 과정이 쉬워지며, 몰수를 이용하는 화학량론 계산에도 적합하다. 하지만 온도에 따른 용액의 부피 변화가 일어나므로 온도가 변하는 환경에서는 정확도가 떨어지며, A 용액 1.0 L와 B 용액 2.0 L를 섞었을 때 용액 간 반응으로 생기는 생성물의 특성과 출입하는 반응열에 따라 최종 부피가 3.0 L라고 확신할 수 없다는(그러나 일반화학에서는 특별한 언급이 없는 한 3.0 L라고 생각할 것이다) 단점이 있다.

(2) 몰랄 농도

$$몰랄\ 농도(m) = \frac{용질의\ 몰수(mol)}{용매의\ 질량(kg)}$$

'몰랄 농도'는 용매 1 kg에 들어 있는 용질의 몰수(mol)로 정의되며, 기준이 질량이므로 온도가 바뀌어도 농도의 변화가 없기 때문에 증기압 내림, 끓는점 오름, 어는점 내림과 같은 묽은 용액의 총괄성에 해당하는 특성을 측정하고 계산하기에 적합하다. 하지만 실험할 때 언제나 질량을 측정해야 하므로 실험 과정이 복잡해지며, 일반적인 화학 실험에 널리 사용되는 몰농도로 변환하기 위해서는 반드시 용액의 밀도를 알아야 한다.

예제 10-5

소독용 알코올은 아이소프로필 알코올(C_3H_7OH)과 물의 혼합액이고, 아이소프로필 알코올의 질량 백분율은 70%(20℃에서 밀도는 0.79 g/mL)이다. 소독용 알코올의 농도를 (a) 몰농도와 (b) 몰랄 농도로 나타내라. (단, 아이소프로필 알코올의 몰질량은 60.09 g/mol이다.)

풀이

소독용 알코올 1 L의 질량은 790 g이다.

(a) $\dfrac{790\,g\ 용액}{L\ 용액} \times \dfrac{70\,g\ C_3H_7OH}{100\,g\ 용액} = \dfrac{553\,g\ C_3H_7OH}{L\ 용액}$

$\dfrac{553\,g\ C_3H_7OH}{L\ 용액} \times \dfrac{1\,mol}{60.09\,g\ C_3H_7OH} = \dfrac{9.20\,mol\ C_3H_7OH}{L\ 용액} = 9.2\,M$

(계속)

(b) $790\,g\,용액 - 553\,g\,C_3H_7OH = 237\,g\,물 = 0.237\,kg\,물$

$$\frac{9.20\,mol\,C_3H_7OH}{0.237\,kg\,물} = 39\,m$$

(3) 백분율

$$질량\,백분율(w/w\,\%) = \frac{용질의\,질량(g)}{용액의\,질량(g)} \times 100$$

$$부피\,백분율(v/v\,\%) = \frac{용질의\,부피(mL)}{용액의\,부피(mL)} \times 100$$

$$질량-부피\,백분율(w/v\,\%) = \frac{용질의\,질량(g)}{용액의\,부피(mL)} \times 100$$

일상에서 가장 널리 사용하는 백분율에는 총 3가지 종류가 있다. '8.0% 소금물 100.0 g과 12.0% 소금물 200.0 g을 섞은 용액의 최종 %를 계산하라.'와 같은 수학 문제에 등장하는 일상적으로 사용하는 용액은 주로 질량 백분율(w/w%)로 농도를 나타내지만, 포도주와 보드카 같은 액체 – 액체 혼합물 용액은 부피 백분율(v/v%)을 이용하여 농도를 측정하고 계산한다. 대부분 잘 모르는 질량 – 부피 백분율(w/v%)은 의료 분야에서 사용하는 포도당 수액 등을 만들 때 사용한다.

예제 10-6

$350.0\,g$의 $12.3\%\,w/w$ 수용액을 만들기 위해 필요한 Na_2CO_3의 질량을 구하라.

풀이

$$질량\,백분율(w/w\%) = \frac{용질의\,질량(g)}{용액의\,질량(g)} \times 100$$

$$용질의\,질량(g) = \frac{질량\,백분율(w/w\%) \times 용액의\,질량(g)}{100}$$

$$= \frac{12.3 \times 350.0\,g}{100} = 43.1\,g\,Na_2CO_3$$

예제 10-7

$12.0\,g$의 H_2O_2를 포함하고 있는 $3.0\%\,w/v\,H_2O_2$ 용액의 부피를 구하라.

(계속)

풀이

$$질량-부피\,백분율(w/v\%) = \frac{용질의\,질량(g)}{용액의\,부피(mL)} \times 100$$

$$용액의\,부피(mL) = \frac{용질의\,질량(g)}{질량-부피\,백분율(w/v\%)} \times 100$$

$$= \frac{12.0\,g}{3.0} \times 100 = 4.0 \times 10^2\,mL\,H_2O_2$$

(4) ppm, ppb, ppt

$$백만분율(ppm) = \frac{용질의\,양}{용액의\,양} \times 10^6$$

$$십억분율(ppb) = \frac{용질의\,양}{용액의\,양} \times 10^9$$

$$일조분율(ppt) = \frac{용질의\,양}{용액의\,양} \times 10^{12}$$

ppm(백만분율), ppb(십억분율), ppt(일조분율)는 매우 묽은 용액의 농도를 나타낼 때 사용하는 단위로, 원래 질량 백분율에서 파생된 단위여서 질량을 기준으로 나타냈었으나, 최근에는 공기 속에 들어 있는 오염 물질 농도 등을 측정할 때처럼 기체 혼합물에도 널리 사용해서 부피의 비로 나타내기도 하므로 본서에서도 용질의 양/용액의 양으로 표현하였다. 농도가 질량 백분율로 90%인 용액은 사실 용질 질량/용액 질량 = 0.9이지만 100을 곱하여 90%라고 표시하는 것처럼, 1 ppm은 용질의 양/용액의 양 = 0.000001인데 10^6을 곱하여 1 ppm이라고 표시하는, 아주 작은 양을 나타내기 위해 사용하는 농도이다. 호흡기에 악영향을 미치고 고무나 플라스틱을 부식시킬 정도로 반응성이 좋아서 표백이나 살균 과정에도 사용되는 오존(O_3) 분자는 공기 중에 10 ppb만 있어도 사람이 냄새를 감지할 수 있는데, 이는 공기 입자 10억 개 중에 오존 분자가 10개 있을 때의 농도, 즉 오존 분자가 공기 중에 1억분의 1 정도만 있어도 알 수 있다는 뜻이다.

예제 10-8

170.1 g의 포도당($C_6H_{12}O_6$)을 충분한 양의 물에 녹여 1 L의 용액을 만들었다. 이 용액의 농도를 (a) 몰랄 농도, (b) 질량 백분율, (c) 백만분율로 나타내라. (단, 포도당의 몰질량은 180.2 g/mol이고, 용액의 밀도는 1.062 g/mL이다.)

(계속)

풀이

$$\text{포도당 몰수} = \frac{170.1\,\text{g}}{180.2\,\text{g/mol}} = 0.9440\,\text{mol}$$

$$1\,\text{L 용액} \times \frac{1{,}062\,\text{g}}{1\,\text{L}} = 1{,}062\,\text{g}$$

$$1{,}062\,\text{g 용액} - 170.1\,\text{g 포도당} = 892\,\text{g 물} = 0.892\,\text{kg 물}$$

(a) $\dfrac{0.9440\,\text{mol 포도당}}{0.892\,\text{kg 물}} = 1.06\,\text{m}$

(b) $\dfrac{170.1\,\text{g 포도당}}{1{,}062\,\text{g 용액}} \times 100\% = 16.02\%$ 포도당 질량 백분율

(c) $\dfrac{170.1\,\text{g 포도당}}{1{,}062\,\text{g 용액}} \times 1{,}000{,}000 = 1.602 \times 10^5\,\text{ppm}$ 포도당

(5) 몰분율

$$\text{몰분율}(\chi) = \frac{\text{특정 성분의 몰수}}{\text{용액을 구성하는 모든 성분의 몰수}}$$

$$\text{A, B, C, D가 혼합된 용액}$$

$$\chi_A = \frac{n_A}{n_A + n_B + n_C + n_D}$$

용액 중 특정 성분의 '몰분율'은 이 성분의 몰수를 전체 몰수로 나눈 값으로 정의되고, 단위가 없는 농도이며, 온도에 무관한 값이다. 8.4절에서 배운 대로 액체 상태 용액보다는 주로 기체 혼합물과 관련된 화학량론 계산에 유용하게 사용된다.

예제 10-9

0.750 M의 황산(H_2SO_4) 수용액의 밀도는 20℃에서 1.046 g/mL이다. 이 용액의 (a) 몰분율, (b) 질량 %, (c) 몰랄 농도를 구하라. (단, H_2SO_4의 몰질량은 98.1 g/mol이다.)

풀이

$$1.00\,\text{L 용질의 질량} = 1.00\,\text{L} \times \frac{1\,\text{mL}}{1 \times 10^{-3}\,\text{L}} \times \frac{1.046\,\text{g}}{1\,\text{mL}} = 1{,}046\,\text{g}$$

(계속)

$$1.00\,\text{L 용액 내 H}_2\text{SO}_4 \text{ 질량} = 0.750\,\text{mol} \times \frac{98.1\,\text{g}}{1\,\text{mol}} = 73.6\,\text{g}$$

$$1.00\,\text{L 용액 내 H}_2\text{O의 질량} = 1{,}046\,\text{g} - 73.6\,\text{g} = 972.4\,\text{g}$$

$$1.00\,\text{L 용액 내 H}_2\text{O의 몰수} = 972.4\,\text{g} \times 1\,\text{mol} / 18.0\,\text{g} = 54.0\,\text{mol}$$

$$(a)\ \chi_{\text{H}_2\text{SO}_4} = \frac{0.750\,\text{mol H}_2\text{SO}_4}{0.750\,\text{mol H}_2\text{SO}_4 + 54.0\,\text{mol H}_2\text{O}} = 0.0137$$

$$(b)\ \text{H}_2\text{SO}_4\text{의 질량\%} = \frac{73.6\,\text{g H}_2\text{SO}_4}{1{,}046\,\text{g 용액}} \times 100\% = 7.04\%$$

$$(c)\ \text{H}_2\text{SO}_4\text{의 몰랄 농도} = \frac{0.750\,\text{mol H}_2\text{SO}_4}{0.9724\,\text{kg H}_2\text{O}} = 0.771\,\text{m}$$

표 10-3 용액의 농도 단위

농도	단위	정의	특징
몰농도	mol/L = M	$\dfrac{\text{용질의 몰수(mol)}}{\text{용액의 부피(L)}}$	• 실험의 편리성 • 온도 변화나 용액 간 혼합 과정에서 부피가 달라질 수 있음
몰랄 농도	mol/kg = m	$\dfrac{\text{용질의 몰수(mol)}}{\text{용매의 질량(kg)}}$	• 측정 과정이 번거로움 • 온도와 무관하여 총괄성 측정에 적합함
몰분율	없음	$\dfrac{\text{성분 물질의 몰수}}{\text{용액을 구성하는 전체 몰수}}$	• 단위가 없으며, 온도와 무관함 • 주로 기체 혼합물 계산에 사용
질량 백분율	w/w%	$\left(\dfrac{\text{용질 g수}}{\text{용액 g수}}\right) \times 100$	• 소금물과 설탕물 같은 일상적인 고체 + 액체 혼합물에 널리 사용
부피 백분율	v/v%	$\left(\dfrac{\text{용질 mL수}}{\text{용액 mL수}}\right) \times 100$	• 소주와 포도주 같은 액체 + 액체 혼합물에 주로 사용
질량/부피 백분율	w/v%	$\left(\dfrac{\text{용질 g수}}{\text{용액 mL수}}\right) \times 100$	• 포도당 수액 같은 의료 분야 혼합물에 사용
백만분율	ppm	$\left(\dfrac{\text{용질의 양}}{\text{용액의 양}}\right) \times 10^6$	• 매우 묽은 용액의 농도를 나타낼 때 사용
십억분율	ppb	$\left(\dfrac{\text{용질의 양}}{\text{용액의 양}}\right) \times 10^9$	• 매우 묽은 용액의 농도를 나타낼 때 사용
일조분율	ppt	$\left(\dfrac{\text{용질의 양}}{\text{용액의 양}}\right) \times 10^{12}$	• 매우 묽은 용액의 농도를 나타낼 때 사용

2) 희석

희석(묽힘, dilution)은 화학 실험에서 중요한 역할을 담당한다. 대부분의 화학 물질은 진한 용액 상태로 공장이나 실험실에 운반된 후 필요한 농도로 희석하여 사용한다. 앞에서 배운 대로 일반적인 화학 반응에서는 몰농도가 가장 널리 사용되며, 몰농도 용액의 희석 과정에서 가장 중요한 것은 오로지 용매만을 첨가하여 용액의 부피를 변화시켰을 뿐 용질의 몰수는 일정하다는 것이다.

$$용질의 몰수(일정) = 몰농도 \times 부피 = M_i \times V_i = M_f \times V_f$$

(M_i는 초기 몰농도, V_i는 초기 용액의 부피, M_f는 최종 몰농도, V_f는 희석 후 최종 부피이다.)

그러므로 3.00 M HCl 용액 60.0 mL를 최종 부피가 180.0 mL가 되도록 희석했다면 용액의 부피가 3배 증가했으므로 용액의 몰농도는 1/3로 줄어들어 1.00 M 용액이 된다. 희석 과정 전에 희석하려는 물질의 용해열을 반드시 확인해야 한다. 용질이 고체인 경우 용액을 희석할 때는 고농도 용액에 용매를 첨가하면 되지만, 만약 진한 황산을 희석하는 경우라면 매우 높은 용해열이 발생하여 폭발이 일어날 수도 있으므로 다량의 용매에 소량의 용액을 조금씩 넣어가며 희석해야 한다.

예제 10-10

0.2500 M NaOH 500.0 mL를 제조하는 데 필요한 1.000 M NaOH 용액의 부피를 구하라.

풀이

$$V_i = \frac{M_f}{M_i} \times V_f = \frac{0.2500\,M}{1.000\,M} \times 500.0\,mL = 125.0\,mL$$

10.5 묽은 용액의 총괄성

'묽은 용액의 총괄성'이란 용질 입자의 화학적 특성과 관계없이 오직 용액 속의 입자수에 의해서만 좌우되는 고유 성질로, 순수한 용매에 비하여 용액의 증기압은 낮아지고, 끓는점은 높아지며, 어는점은 낮아지고, 삼투 현상과 삼투압이 나타나는 것을 묶어서 표현하는 용어이다.

1) 증기압 내림

●그림 10-9에서 볼 수 있듯이 비휘발성 용질이 녹아 있는 용액은 표면에 있는 용질 분자가 용매 분자

그림 10-9 증기압 내림

의 증발을 방해하므로 동일 온도에서 용매보다 증기압이 낮아지는데, 이를 용액의 '증기압 내림'이라고 한다. 주로 묽은 용액에서 나타나는 현상으로, 용액의 농도가 높아질수록 증기압은 더 내려가는데, 특이한 점은 용질의 종류와 상관없이 용질 입자의 개수에만 영향을 받는다는 것이다. 즉, 용질이 설탕, 포도당, 요소와 같은 비휘발성, 비전해질이라면 화학적 성질과 상관없이 오로지 용액 속에 포함된 용질의 입자수에만 비례하여 증기압이 내려간다.

　같은 온도에서 비휘발성, 비전해질 용질이 녹은 용액의 증기압은 순수한 용매의 증기압에 용액 중 용매의 몰분율을 곱한 값과 같다.

라울의 법칙

① $P_{용액} = P_{용매} \times \chi_{용매}$

　$\chi_{용질} + \chi_{용매} = 1$

　$P_{설탕물} = P_물 \times \chi_물 \left(3 = 5 \times \dfrac{6}{10}\right)$

② $\Delta P = P_{용매} - P_{용액}$

　$= P_{용매} - P_{용매} \times \chi_{용매}$

　$= P_{용매}(1 - \chi_{용매})$

　$= P_{용매} \times \chi_{용질}$

　공식 ①에서 볼 수 있듯이 용액의 증기압은 동일 온도의 용매 증기압에 용액 중 용매의 몰분율을 곱하여 구할 수 있다. 하지만 용액의 증기압이 용매의 증기압에 비해 얼마나 낮아졌는지를 알기 위해서는 공식 ②를 이용하여 용매의 증기압에 용질의 몰분율을 곱해야만 한다. 8.3절에서 배운 이상 기체 법칙처럼 라울의 법칙도 '이상 용액(ideal solution)'이라 부르는, 농도가 낮고 용질과 용매 입자 사이의 분자 간 힘이 비슷한 묽은 용액에서 잘 맞는다.

　만약 소금물 같이 비휘발성이지만 전해질이 녹은 용액의 경우라면 해리된 모든 이온의 수를 더하여 입자의 수로 계산해야 한다. 용질의 종류에 따라 이온화되는 정도가 다르므로 실제 해리되는 정도는 반트호프 인자(van't Hoff factor, i)를 이용하여 나타낸다.

$$\text{반트호프 인자}\, i = \frac{\text{용액 중 입자의 몰수}}{\text{용해된 용질의 몰수}}$$

$$\text{용액 중 입자의 몰수} = i \times \text{용해된 용질의 몰수}$$

설탕과 같은 비전해질 용질은 $i = 1$로 계산하고, NaCl은 Na^+와 Cl^-로 해리된다고 가정하여 $i = 2$, $CaCl_2$는 Ca^{2+}와 2개의 Cl^-로 해리된다고 가정하여 $i = 3$으로 생각하지만, 실제로는 i 값이 예상한 값보다 작다. 용액 중에서 자유롭게 움직이는 이온은 일시적으로 서로를 끌어당겨 이온쌍(ion pair)을 형성하므로 완전한 해리 현상이 일어나기 어려우며, 이 경향은 이온의 전하가 클수록 뚜렷하게 나타난다.

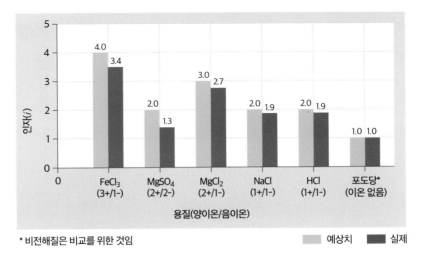

* 비전해질은 비교를 위한 것임

그림 10-10 이온 결합 물질의 반트호프 인자

예제 10-11

반트호프 인자가 1.9라고 가정하였을 때, 70 ℃에서 500.0 g의 H_2O에 18.30 g의 염화 소듐(NaCl)을 용해시킨 용액의 증기압(mmHg)은 얼마인가? (단, 70 ℃에서 순수한 물의 증기압은 233.7 mmHg이다.)

풀이

NaCl의 몰수 $= 18.3\,\text{g NaCl} \times \dfrac{1\,\text{mol NaCl}}{58.44\,\text{g NaCl}} = 0.313\,\text{mol NaCl}$

H_2O의 몰수 $= 500.0\,\text{g}\,H_2O \times \dfrac{1\,\text{mol}\,H_2O}{18.02\,\text{g}\,H_2O} = 27.75\,\text{mol}\,H_2O$

(계속)

$$\text{용액 중 입자의 몰수} = i \times \text{용해된 용질의 몰수} = 1.9 \times 0.313 \, \text{mol} = 0.59 \, \text{mol}$$

$$H_2O\text{의 몰분율} = \frac{27.75 \, \text{mol}}{0.59 \, \text{mol} + 27.75 \, \text{mol}} = 0.9792$$

$$P_{\text{용액}} = P_{\text{용매}} \times \chi_{\text{용매}} = 233.7 \, \text{mmHg} \times 0.9792 = 228.8 \, \text{mmHg}$$

2) 끓는점 오름과 어는점 내림

9.3절에서 배운 대로 액체의 증기압은 온도가 높아질수록 증가하며, 증기압이 외부 대기압과 같아질 때의 온도가 끓는점이다. 비휘발성 용질이 녹은 용액은 표면에 있는 용질 입자가 용매 입자의 증발을 방해하여 같은 온도에서 증기압이 용매보다 낮으므로 외부 대기압과 같은 증기압이 되려면 더 높은 온도로 가열해야 한다.

따라서 용액의 끓는점이 용매보다 높아지는 끓는점 오름 현상이 일어나며, 농도가 진할수록 끓는점도 더 높아진다. 라면을 끓일 때 스프를 먼저 넣으면 용액이 되어 끓는점이 높아지므로 면을 넣었을 때 익는 속도가 빨라져서 더 빨리 쫄깃한 식감의 라면을 먹을 수 있다는 것이 끓는점 오름 현상을 이용한 조리법이다.

$$\Delta T_b = K_b \cdot m \cdot i$$

(K_b는 각 용매의 고유한 몰랄 끓는점 오름 상수, m은 용질 입자의 몰랄 농도, i는 반트호프 인자이다.)

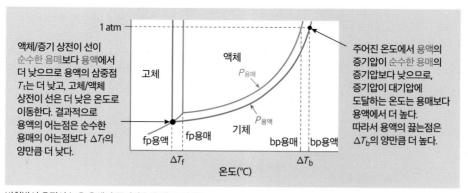

비휘발성 용질이 녹은 용액의 증기압은 용매보다 낮다.
→ 결과적으로 순수한 용매에 비하여 용액의 끓는점은 상승하고, 어는점은 내려간다.

그림 10-11 순수한 용매와 비휘발성 용질이 녹은 용액의 상도표

마찬가지로 용액이 되면 고체로 변하는 온도인 어는점도 더 낮아지는데, 이는 용매 입자 사이에 용질 입자가 존재하여 용매 입자의 결정화를 방해하기 때문이다. 어는점이 내려가는 정도도 용액의 농도에 따라 증가하는데, 끓는점 오름이나 어는점 내림 모두 온도 변화와 관계된 현상이므로 온도와 무관한 몰랄 농도를 이용하여 계산하고, 용질이 전해질인 경우에는 전체 이온수를 입자의 수로 계산해야 하므로 반트호프 인자를 곱해야 한다.

$$\Delta T_f = -K_f \cdot m \cdot i$$

(K_f는 각 용매의 고유한 몰랄 어는점 내림 상수, m은 용질 입자의 몰랄 농도, i는 반트호프 인자이다.)

표 10-4 일반적인 용매의 끓는점 오름 상수와 어는점 내림 상수

용매	표준 끓는점(℃)	K_b(℃/m)	표준 어는점(℃)	K_f(℃/m)
물	100	0.52	0.0	1.86
벤젠	80.1	2.53	5.5	5.12
에탄올	78.4	1.22	−114.1	1.99
아세트산	117.9	2.93	16.6	3.90
사이클로헥세인	80.7	2.79	6.6	20.0

예제 10-12

에틸렌 글리콜[$CH_2(OH)CH_2(OH)$]은 흔히 사용되는 자동차 부동액 원료로, 물과 완전히 섞이는 비휘발성 액체이다. 685 g의 에틸렌 글리콜을 2,075 g의 물에 녹인 용액의 (a) 어는점과 (b) 끓는점을 구하라. (단, 에틸렌 글리콜의 몰질량은 62.07 g/mol이고, 물에 대한 K_f와 K_b는 각각 1.86℃/m와 0.52℃/m이다.)

풀이

$$\frac{685\,g\,C_2H_6O_2}{62.07\,g/mol} = 11.04\,mol\,C_2H_6O_2$$

$$\frac{11.04\,mol\,C_2H_6O_2}{2.075\,kg\,H_2O} = 5.32\,m\,C_2H_6O_2$$

(a) $\Delta T_f = K_f\,m = (1.86\,℃/m)(5.32\,m) = 9.89\,℃$

따라서 용액의 어는점은 (0℃ − 9.89℃) = −9.89℃이다.

(b) $\Delta T_b = K_b\,m = (0.52\,℃/m)(5.32\,m) = 2.77\,℃$

따라서 용액의 끓는점은 (100℃ + 2.77℃) = 102.77℃이다.

3) 삼투압

물 또는 물보다 작은 분자는 통과시키지만, 큰 용질 분자나 용매로 둘러싸인 이온은 통과시키지 않는 반투과성 막을 이용하여 진한 용액과 용매를 분리한 실험 장치를 ●그림 10-12에 나타내었다. 양쪽 튜브의 높이는 처음에는 같지만[●그림 10-12(a)], 시간이 지나면서 용액이 담겨 있는 오른쪽 튜브의 높이가 높아지는 삼투 현상이 일어나고[●그림 10-12(b)], 평형에 도달하면 더 이상 올라가지 않고 유지되며, 이때의 높이차에 해당하는 압력이 바로 '삼투압'이다. 반투막에 접하고 있는 용매 분자는 모두 용액 쪽으로 넘어갈 수 있지만, 용액 쪽에서는 용질 입자가 넘어가지 못하고 용매 입자만 넘어가기 때문에 용매 쪽에서 용액 쪽으로 넘어가는 알짜 흐름이 생기게 되어 삼투 현상이 일어난다. 더 이상 튜브의 높이가 올라가지 않는 이유는 높이 차이로 인해 생긴 압력이 용액 쪽의 용매를 눌러서 양쪽으로 이동하는 용매 입자의 개수가 같아져서 알짜 흐름이 나타나지 않기 때문이며, 이렇게 삼투 현상을 멈추는 데 필요한 압력이 삼투압(π)이다. 삼투압도 용질 입자수에만 비례하는 묽은 용액의 총괄성 성질 중 하나이지만, 온도가 바뀌는 상황이 아니므로 몰랄 농도가 아닌 몰농도로 측정한다.

삼투압은 주로 atm 단위로 표시한다. 용액에 대한 압력인데 기체 상수를 공식에 사용하는 이유는 이상 기체처럼 묽은 용액을 입자가 독립적으로 움직이는 이상 용액으로 생각할 수 있기 때문이다. 따라서 이상 기체 법칙을 이용하여 분자의 몰질량을 계산한 것처럼 삼투압 공식을 이용하여 미지 용질의 몰질량을 계산할 수 있다.

$$\pi = MRTi$$

[M은 용질 입자의 몰농도, R은 기체 상수(0.08206 atm·L/mol·K), T는 절대온도, i는 반트호프 인자이다.]

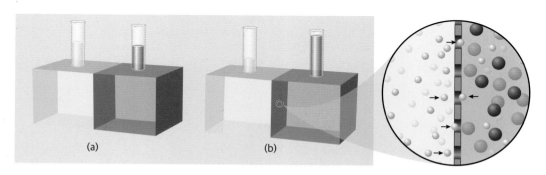

그림 10-12 반투막으로 분리된 용액과 용매

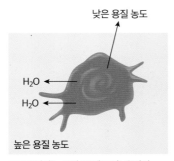

낮은 용질 농도

H₂O ←

H₂O ←

높은 용질 농도

고장액에서는 용액 중(세포 밖) 용질의
농도가 세포 안 용질의 농도보다 높다.
물은 세포로부터 세포 밖으로 흘러나와
세포가 쭈글쭈글해지거나 수축된다.
(1.6% 식염수)

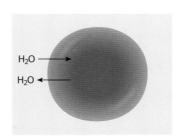

H₂O →

H₂O →

등장액에서는 용액 중(세포 밖) 용질의
농도와 세포 안 용질의 농도가 같다.
세포막을 통한 물의 이동은 없다.
(혈액과 동일한 농도, 0.9% 식염수)

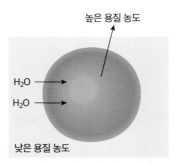

높은 용질 농도

H₂O →

H₂O →

낮은 용질 농도

저장액에서는 용액 중(세포 밖) 용질의
농도가 세포 안 용질의 농도보다 낮다.
물은 세포 안으로 이동해서 세포는 부풀다가
내부 압력이 너무 높으면 터지게 된다.
(0.2% 식염수)

그림 10-13 용액의 농도가 적혈구 세포에 미치는 영향

예제 10-13

충분한 양의 물에 50.0 g의 헤모글로빈(Hb)을 녹여 1.00 L의 용액을 만들었다. 이 용액의 삼투압이 25 ℃에서 14.3 mmHg일 때, 헤모글로빈의 몰질량을 구하라. (단, 헤모글로빈이 물에 첨가될 때 부피 변화는 없었다고 가정한다.)

풀이

$R = 0.08206 \, \text{atm·L/mol·K}$

$T = 298 \, \text{K}$

$\pi = \dfrac{14.3 \, \text{mmHg}}{760 \, \text{mmHg/atm}} = 1.88 \times 10^{-2} \, \text{atm}$

$\pi = MRT = \dfrac{n}{V} RT$

$n = \dfrac{\pi V}{RT} = \dfrac{1.88 \times 10^{-2} \, \text{atm} \times 1.00 \, \text{L}}{0.08206 \, \text{atm·L/mol·K} \times 298 \, \text{K}} = 7.69 \times 10^{-4} \, \text{mol}$

따라서 헤모글로빈의 몰질량은 $\dfrac{50.0 \, \text{g}}{7.69 \times 10^{-4} \, \text{mol}} = 6.50 \times 10^4 \, \text{g/mol}$이다.

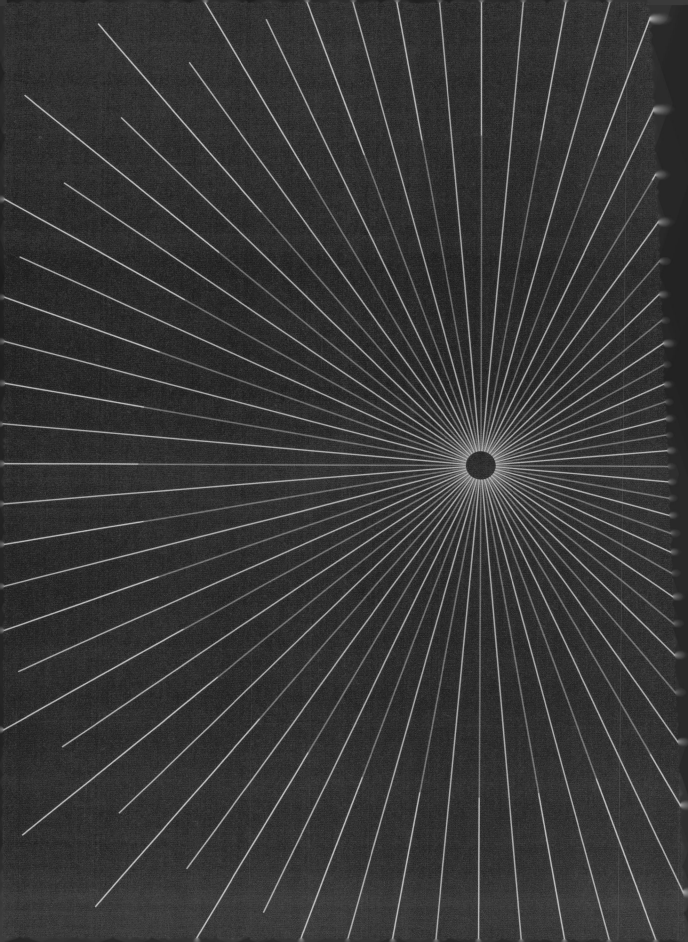

11장
화학 평형

화학에서 아주 중요한 개념인 평형은 일상과 밀접하게 연관되어 있다. 탁상시계가 멈춘 경우 '건전지 수명이 다했군'이라 생각하며 건전지를 교체하는 과정도 사실은 화학 평형과 관계가 있다. 건전지에서는 전자를 내보내는 화학 반응만 일어나는 것이 아니라 전자를 갖고 들어가는 화학 반응도 일어나는데, 처음에는 내보내는 반응이 더 잘 되어 외부로 전자를 공급하지만 평형 상태에 도달하면 두 반응의 속도가 같아져서 더 이상 외부로 알짜 전자를 공급하지 못하게 되고, 이때 우리는 건전지의 수명이 다했다고 생각하고 폐기하는 것이다. 또한 짠 음식을 먹고 나서 자꾸만 물을 마시는 이유도 몸속의 이온 농도가 일정한 상태, 즉 세포 소기관이 제 기능을 할 수 있는 평형 상태를 유지하기 위한 생체의 반응 때문이다. 따라서 화학 평형 상태에 대해 정확하게 알아야만 산업적으로 평형 이전의 상태를 유지하여 반응의 자발적 진행을 유도할 수 있으며, 생체 반응에서는 체내 항상성 유지를 위한 자극과 반응 과정을 이해할 수 있다.

11.1 평형 상태와 평형 상수

1) 평형 상태와 평형 상수

$$N_2O_4(g) \rightleftharpoons 2NO_2(g)$$
무색   적갈색

무색의 사산화 이질소 기체가 적갈색의 이산화 질소로 변하는 반응은 화학 평형 상태를 가장 잘 보여주는 반응이다. 반응물인 N_2O_4가 생성물인 NO_2로 변하는 반응이 '정반응(forward reaction)', 거꾸로 오른쪽에 있는 생성물인 NO_2가 왼쪽의 반응물 N_2O_4로 돌아가는 반응이 '역반응(reverse reaction)'이고, 원론적으로 모든 화학 반응은 정반응과 역반응이 모두 일어나는 '가역 반응(reversible reaction)'이다. 하지만 역반응의 속도가 너무 느리거나 조금만 일어나는 화학 반응은 비가역 반응으로 분류하기도 하는데, 대표적인 비가역 반응 3가지는 다음과 같다.

① 이온 결합 물질의 침전(앙금) 생성 반응

$$Ag^+(aq) + I^-(aq) \longrightarrow AgI(s) \text{ (노란색 침전)}$$

② 강산과 강염기의 중화 반응

$$HCl(aq) + NaOH(aq) \longrightarrow H_2O(l) + NaCl(aq)$$

③ 기체 생성 반응

- 연소 반응: $C_3H_8(g) + 5O_2(g) \longrightarrow 3CO_2(g) + 4H_2O(g)$

- 금속과 산의 반응: $Zn(s) + 2HCl(aq) \longrightarrow ZnCl_2(aq) + H_2(g)$

'화학 평형' 상태는 정반응의 속도와 역반응의 속도가 같아져서 외부에서 보기에는 변화가 없는 것처럼 보이는 상태를 말하며, 평형 상태의 계에는 반응물과 생성물이 공존한다. 이는 실제로는 정반응과 역반응이 계속해서 일어나고 있는 동적 평형(kinetic equilibrium), 즉 반응물과 생성물의 농도가 일정하게 유지되지만 계속 반응이 진행되고 있는 상태이다. 물론 반응이 완결되어 더 이상 진행되지 않아도 반응물과 생성물의 농도가 유지되지만, 화학 평형 상태를 반드시 정반응과 역반응의 속도가 같고 계속 반응이 진행되는 동적 평형이라고 강조하는 이유를 ●그림 11-1에 나타내었다.

흰 설탕을 물에 녹여 포화 용액을 만들면 더 이상 녹지 않는 고체 흰 설탕이 바닥에 남게 되는데 이때 황설탕을 넣어본다. 만약 화학 평형이 반응의 완결이라면 황설탕은 녹을 수 없지만, 실제로는 황설탕이 녹으면서 용액의 색이 점차 진해지고, 고체로 석출되는 흰 설탕이 조금 늘어난 상태로 유지되는 것을 볼 수 있다. 따라서 화학 평형이란 정반응과 역반응이 같은 속도로 계속해서 일어나는 동적 평형 상태이다.

흰 설탕 포화 용액

황설탕 첨가

용매(물)

용질(설탕)

그림 11-1 설탕 포화 용액을 이용한 화학 평형

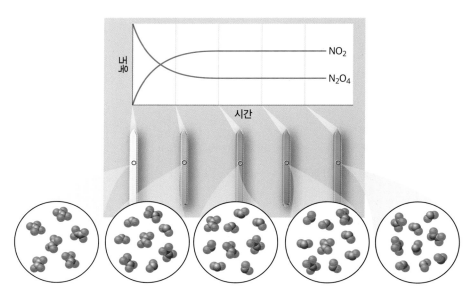

그림 11-2 화학 평형 상태의 농도

정반응과 역반응의 속도가 동일하고 반응물과 생성물의 농도가 각각 일정하게 유지된다는 화학 평형의 특징을 이용하여 평형 상태를 숫자로 나타낸 것이 바로 평형 상수이다. 특별한 언급이 없는 한 평형 상수는 평형 농도를 이용하여 구한 값이므로 농도 평형 상수가 된다. 다시 사산화 이질소와 이산화질소 반응을 살펴보자.

$$N_2O_4(g) \rightleftharpoons 2NO_2(g)$$
무색   적갈색

화학 반응 속도 법칙을 이용하여 단일 단계 반응인 정반응과 역반응의 속도를 구한다. 단일 단계 반응의 속도 법칙은 '반응 속도(v) = 반응 속도 상수(k) × 반응물 몰농도 곱'으로, 각 농도는 화학량론적 계수를 지수로 한다.

$$\text{속도}_{정반응} = k_f[N_2O_4]$$
$$\text{속도}_{역반응} = k_r[NO_2]^2$$

화학 평형 상태에서는 정반응 속도와 역반응 속도가 같다.

$$\text{속도}_{정반응} = \text{속도}_{역반응}$$
$$k_f[N_2O_4] = k_r[NO_2]^2$$

따라서 '정반응 속도 상수/역반응 속도 상수 = 생성물의 농도 곱/반응물의 농도 곱'으로 정의하는 농도 평형 상수는 평형 상태에서 일정한 값을 갖게 된다.

농도 평형 상수(equilibrium constant) $K_C = \dfrac{k_f}{k_r} = \dfrac{[NO_2]^2}{[N_2O_4]}$

(분자는 생성물 평형 농도, 분모는 반응물 평형 농도를 사용하며,
각 화학량론 계수가 농도의 지수에 해당한다.)

반응 속도 상수 k는 화학 반응이 일어나는 온도와 활성화 에너지에 의해서만 변하는 값이므로, 온도가 일정하면 평형 상수는 변하지 않는다. 온도만 일정하다면 농도가 다른 여러 조건에서 실험하여도 평형 상수 값은 언제나 일정하다는 실험 결과가 ●표 11-1에 나타나 있다.

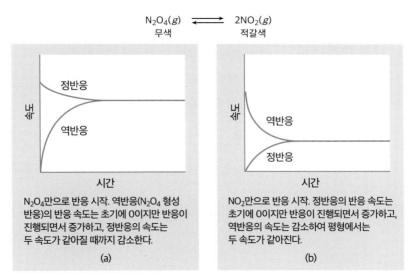

화학 평형은 초기에 반응물 또는 생성물만 있어도 도달할 수 있으며, 초기에 반응물과 생성물의 혼합물이 있는 경우에도 상관 없이 평형 상태에 도달한다.

그림 11-3 반응 속도와 화학 평형

표 11-1 25 ℃에서 N₂O₄와 NO₂의 초기 농도, 평형 농도, 평형 상수

실험	초기 농도(M)		평형 농도(M)		평형 상수
	$[N_2O_4]$	$[NO_2]$	$[N_2O_4]$	$[NO_2]$	$[NO_2]^2/[N_4O_4]$
1	0.0400	0.0000	0.0337	0.0125	4.64×10^{-3}
2	0.0000	0.0800	0.0337	0.0125	4.64×10^{-3}
3	0.0600	0.0000	0.0522	0.0156	4.66×10^{-3}
4	0.0000	0.0600	0.0246	0.0107	4.65×10^{-3}
5	0.0200	0.0600	0.0429	0.0141	4.63×10^{-3}

$$K_C = \frac{[NO_2]^2}{[N_2O_4]} = \frac{\left(\dfrac{0.0125\,\text{M}}{1\,\text{M}}\right)^2}{\left(\dfrac{0.0337\,\text{M}}{1\,\text{M}}\right)} = 4.64 \times 10^{-3}$$

25 ℃ 평형 상태에서 $K_C = 4.64 \times 10^{-3}$으로 일정하며, 이는 온도가 일정하면 평형 상수는 바뀌지 않는다는 실험적인 근거이다.

평형 상수에 사용하는 농도는 실제 농도를 1 M [열역학적 표준 상태(thermodynamic standard state)에서의 기준 농도]으로 나눈 농도비(농도에서 단위를 제거한 숫자)이다. 따라서 평형 상수 K_C는 단위가 없으며, 언제나 온도에 의존하므로 평형 상수와 함께 온도를 표시해야 한다.

일반적인 가역 반응에 대한 평형 상수식은 다음과 같이 정리할 수 있다.

$$a\text{A} + b\text{B} \;\rightleftharpoons\; c\text{C} + d\text{D}$$

이 반응에서 A와 B는 반응물이고, C와 D는 생성물이며, a, b, c, d는 균형 화학 반응식의 계수이다.

평형 상수식: $K_C = \dfrac{[\text{C}]^c[\text{D}]^d}{[\text{A}]^a[\text{B}]^b}$ ← 생성물 / ← 반응물

평형 상수   평형 상수식

평형 상수식의 [A]는 A 물질의 평형 상태 몰농도(실제로는 몰농도를 기준 농도 1 M으로 나눈 단위를 제거한 몰농도 값)를 나타내므로, K_C의 C는 농도(concentration)를 의미한다. 뒷부분에서 설명하겠지만 순수한 고체와 액체는 평형 상수식에 포함하지 않는다.

예제 11-1

포스젠으로 알려진 염화 카보닐($COCl_2$)은 제2차 세계대전에서 사용된 맹독성 기체이다. 이 물질은 일산화 탄소와 염소 기체의 반응으로 생성된다.

$$CO(g) + Cl_2(g) \rightleftharpoons COCl_2(g)$$

74℃에서 진행된 실험에서 반응에 포함된 화학종의 평형 농도는 다음과 같다.

$$[CO] = 1.2 \times 10^{-2}\,M \qquad [Cl_2] = 0.054\,M \qquad [COCl_2] = 0.14\,M$$

(a) 평형 상수식을 구하라.

(b) 74℃에서 이 반응의 평형 상수를 구하라.

풀이

(a) $K_C = \dfrac{[COCl_2]}{[CO][Cl_2]}$

(b) $K_C = \dfrac{(0.14)}{(1.2 \times 10^{-2})(0.054)} = 216$ 또는 2.2×10^2

예제 11-2

500 K에서 다음과 같이 평형 혼합물의 농도가 측정되었다.

$$[N_2] = 3.0 \times 10^{-2}\,M \qquad [H_2] = 3.7 \times 10^{-2}\,M \qquad [NH_3] = 1.6 \times 10^{-2}\,M$$

500 K에 각 반응에 대한 평형 상수를 구하라.

(a) $N_2(g) + 3H_2(g) \rightleftharpoons 2NH_3(g)$

(b) $2NH_3(g) \rightleftharpoons N_2(g) + 3H_2(g)$

풀이

(a) $K_C = \dfrac{[NH_3]^2}{[N_2][H_2]^3} = \dfrac{(1.6 \times 10^{-2})^2}{(3.0 \times 10^{-2})(3.7 \times 10^{-2})^3} = 1.7 \times 10^2$

(b) $K_C(역반응) = \dfrac{[N_2][H_2]^3}{[NH_3]^2} = \dfrac{(3.0 \times 10^{-2})(3.7 \times 10^{-2})^3}{(1.6 \times 10^{-2})^2} = 5.9 \times 10^{-3}$

$K_C(역반응)$는 K_C의 역수라는 점에 주목해야 한다.

즉, $5.9 \times 10^{-3} = \dfrac{1}{1.7 \times 10^2}$이다.

평형 상수 값의 크기는 반응에 대해 다음과 같은 정보를 제공한다.

- K_C의 크기가 매우 큰 경우($K_C > 10^3$): 주로 정반응이 진행되고, 평형 혼합물은 대부분 생성물로 구성된다.

$$Ag^+(aq) + 2NH_3(aq) \rightleftharpoons Ag(NH_3)_2^+(aq)$$
$$K_C = 1.5 \times 10^7 \ (at \ 25\,℃)$$

- K_C의 크기가 작은 경우($K_C < 10^{-3}$): 주로 역반응이 진행되고, 평형 혼합물은 대부분 반응물로 구성된다.

$$N_2(g) + O_2(g) \rightleftharpoons 2NO(g)$$
$$K_C = 4.3 \times 10^{-25} \ (at \ 25\,℃)$$

- $10^{-3} < K_C < 10^3$: 정반응과 역반응이 비슷하게 진행되므로, 평형 혼합물은 생성물과 반응물 모두 어느 정도로 존재한다.

지금까지 살펴본 평형 반응식은 모두 물질의 상이 같은 균일 평형(homogeneous equilibrium)이었다. 하지만 시멘트 제조에 사용되는 고체 탄산 칼슘($CaCO_3$)의 열분해 반응을 보면 반응물과 생성물이 고체와 기체, 두 종류의 다른 상으로 존재한다.

$$CaCO_3(s) \rightleftharpoons CaO(s) + CO_2(g)$$
석회석   석회

$$K_C = [CO_2]$$

이 반응의 평형 상수가 오직 기체인 이산화 탄소 농도만으로 표기된 것이 의아할 수도 있지만, 모든 화학 평형 상수식에 순수한 고체와 액체는 포함되지 않는다.

● 표 11-1에 나타난 평형 상수 값에서 알 수 있듯이 화학 평형 상수는 단위가 없다. 평형 상수에 사용하는 농도는 실제 농도를 열역학적 표준 상태의 기준 농도(1 M)로 나눈 농도비, 즉 정확하게는 물질의 활동도(실제 용액 속에서 유효하게 작용하는 농도, activity)이며, 일반 화학에서 다루는 용액은 거의 이상 용액이므로 복잡한 계산 없이 주어진 농도에서 단위만 제거하면 된다. 만약 위의 반응에서 석회석의 몰수를 2배로 하면 부피도 2배가 될 것이므로 몰수/부피로 정의되는 농도는 변하지 않는다. 따라서 순수한 고체와 액체의 경우 농도가 항상 일정하므로 실제 농도/열역학적 기준 농도 값은 언제나 1(활동도 =1)이라서 평형 상수식에 나타나지 않는다.

예제 11-3

다음 각 반응에 대한 화학 평형식을 구하라.

(a) $CaCO_3(s) \rightleftharpoons CaO(s) + CO_2(g)$

(b) $Hg(l) + Hg^{2+}(aq) \rightleftharpoons Hg_2^{2+}(aq)$

(c) $2Fe(s) + 3H_2O(l) \rightleftharpoons Fe_2O_3(s) + 2H_2(g)$

(d) $O_2(g) + 2H_2(g) \rightleftharpoons 2H_2O(l)$

풀이

(a) $K_C = [CO_2]$

(b) $K_C = \dfrac{[Hg_2^{2+}]}{[Hg^{2+}]}$

(c) $K_C = [H_2]^2$

(d) $K_C = \dfrac{1}{[O_2][H_2]^2}$

2) 평형 상수의 변형

평형 상수식의 형태와 평형 상수 값은 균형 화학 반응식에 의존하므로, 화학 반응식에 변화가 생기면 평형 상수식과 평형 상수 값도 변한다.

500 K에서 일반화 질소(NO)와 산소(O_2)가 이산화 질소(NO_2)로 변하는 반응의 평형 상수 $K_C = 6.9 \times 10^5$으로, 정반응이 매우 우세한 평형 상태를 나타낸다.

$$2NO(g) + O_2(g) \rightleftharpoons 2NO_2(g)$$

$$K_C = \frac{[NO_2]^2}{[NO]^2[O_2]} = 6.9 \times 10^5$$

역반응의 평형 상수는 원래 반응식의 반응물과 생성물이 뒤바뀌므로 원래 평형 상수의 역수가 된다.

$$2NO_2(g) \rightleftharpoons 2NO(g) + O_2(g)$$

$$K_C' = \frac{[NO]^2[O_2]}{[NO_2]^2} = \frac{1}{K_C} \quad \text{(역수 관계)}$$

이때 화학량론 계수를 2배로 하면 모든 물질의 농도가 제곱이 되어 원래 평형 상수의 제곱이 된다.

$$4NO(g) + 2O_2(g) \; \rightleftharpoons \; 4NO_2(g)$$

$$K_C'' = \frac{[NO_2]^4}{[NO]^4[O_2]^2} = K_C^2 \;\; \text{(제곱배)}$$

따라서 화학량론 계수를 n배로 하면 평형 상수 값은 언제나 n 제곱배가 된다.

$$K_C'' = K_C^n \;\; \text{(n 제곱배)}$$

두 반응식을 더한 새로운 반응의 평형 상수 값은 다음과 같이 구할 수 있다.

$$2NO_2(g) \; \rightleftharpoons \; 2NO(g) + O_2(g)$$
$$2H_2(g) + O_2(g) \; \rightleftharpoons \; 2H_2O(g)$$
$$\overline{2NO_2(g) + 2H_2(g) + O_2(g) \; \rightleftharpoons \; 2NO(g) + O_2(g) + 2H_2O(g)}$$
$$2NO_2(g) + 2H_2(g) \; \rightleftharpoons \; 2NO(g) + 2H_2O(g)$$

$$K_{C1} = \frac{[NO]^2[O_2]}{[NO_2]^2} = 1.6 \times 10^{-5} \; (500\,K)$$

$$K_{C2} = \frac{[H_2O]^2}{[H_2]^2[O_2]} = 2.4 \times 10^{47} \; (500\,K)$$

$$K_C = \frac{[NO]^2[O_2][H_2O]^2}{[NO_2]^2[H_2]^2[O_2]_C} = \frac{[NO]^2[H_2O]^2}{[NO_2]^2[H_2]^2}$$

$$= K_{C1} \cdot K_{C2} = (1.6 \times 10^{-5})(2.4 \times 10^{47})$$

$$= 3.8 \times 10^{41}$$

따라서 같은 온도의 두 평형 반응을 더한 새로운 화학 반응의 평형 상수는 두 반응 평형 상수의 곱과 같다.

예제 11-4

두 반응의 평형 상수를 이용하여 (a)~(e) 반응의 평형 상수를 구하라. (단, 온도는 모두 동일하다.)

$$\text{①} \; 2NOBr(g) \; \rightleftharpoons \; 2NO(g) + Br_2(g) \qquad K_C = 0.014$$
$$\text{②} \; Br_2(g) + Cl_2(g) \; \rightleftharpoons \; 2BrCl(g) \qquad K_C = 7.2$$

(a) $2NO(g) + Br_2(g) \; \rightleftharpoons \; 2NOBr(g)$

(b) $4NOBr(g) \; \rightleftharpoons \; 4NO(g) + 2Br_2(g)$

(c) $NOBr(g) \; \rightleftharpoons \; NO(g) + 1/2Br_2(g)$

(계속)

(d) $2NOBr(g) + Cl_2(g) \rightleftharpoons 2NO(g) + 2BrCl(g)$

(e) $NO(g) + BrCl(g) \rightleftharpoons NOBr(g) + 1/2Cl_2(g)$

풀이

(a) 원래 반응식 ①의 역이다.

$K_C = 1/0.014 = 71$

(b) 원래 반응식 ①에 2를 곱한 것이다. 평형식은 원래 식의 제곱이다.

$K_C = (0.014)^2 = 2.0 \times 10^{-4}$

(c) 원래 반응식 ①에 1/2을 곱한 것이다. 평형식은 원래 식의 제곱근이다.

$K_C = (0.014)^{1/2} = 0.12$

(d) 원래 반응식 ①과 ②를 합한 것이다.

$K_C = (0.014)(7.2) = 0.10$

(e) 이 반응은 1/2이 곱해진 (d)의 역반응이다. 평형식은 (d)에서의 평형식을 역으로 하고, 이를 제곱근한 것이다.

$K_C = (1/0.10)^{1/2} = 3.2$

11.2 압력 평형 상수

반응물과 생성물이 모두 기체인 반응에서는 몰농도를 측정하는 것보다 기체의 부분 압력(atm)을 측정하는 것이 훨씬 간단하므로, 평형 상수식에 농도 대신 압력을 이용한 압력 평형 상수(K_P)를 사용한다. $N_2O_4(g) \rightleftharpoons 2NO_2(g)$에서의 압력 평형 상수와 농도 평형 상수는 다음과 같다.

$$\text{압력 평형 상수 } K_P = \frac{(P_{NO_2})^2}{P_{N_2O_4}}$$

$$\text{농도 평형 상수 } K_C = \frac{[NO_2]^2}{[N_2O_4]}$$

K_P는 농도 대신 부분 압력으로 나타낸 평형 상수로, 아래 첨자 P는 압력(pressure)을 의미하며, K_C처럼 기체의 부분 압력을 표준 상태의 압력(1 atm)으로 나눈 농도비(활동도)를 이용하므로 단위가 없다.

이상 기체 혼합물에서 기체의 부분 압력은 기체의 몰농도에 비례하기는 하지만, 정확하게 같은 값은 아니므로 동일한 화학 반응의 K_C와 K_P는 원칙적으로 다른 값이며, 다음과 같은 관계를 이용하여 변환이 가능하다.

기체상 반응 $a\mathrm{A} + b\mathrm{B} \rightleftharpoons c\mathrm{C} + d\mathrm{D}$

$P_\mathrm{A}V = n_\mathrm{A}RT$

$P_\mathrm{A} = \dfrac{n_\mathrm{A}}{V}RT = [\mathrm{A}]RT$ ([A] = 기체 A의 몰농도)

$\therefore P_\mathrm{B} = [\mathrm{B}]RT,\ P_\mathrm{C} = [\mathrm{C}]RT,\ P_\mathrm{D} = [\mathrm{D}]RT$

$K_P = \dfrac{(P_\mathrm{C})^c(P_\mathrm{D})^d}{(P_\mathrm{A})^a(P_\mathrm{B})^b} = \dfrac{([\mathrm{C}]RT)^c([\mathrm{D}]RT)^d}{([\mathrm{A}]RT)^a([\mathrm{B}]RT)^b} = \dfrac{[\mathrm{C}]^c[\mathrm{D}]^d}{[\mathrm{A}]^a[\mathrm{B}]^b} \times (RT)^{(c+d)-(a+b)} \left(K_C = \dfrac{[\mathrm{C}]^c[\mathrm{D}]^d}{[\mathrm{A}]^a[\mathrm{B}]^b}\right)$

$K_P = K_C(RT)^{\Delta n}$ [R은 기체 상수[0.08206(atm·L)/(mol·K)], T는 절대온도이다.]

$\Delta n = (c+d) - (a+b) =$ 기체 생성물의 몰수 - 기체 반응물의 몰수

다시 한번 정리하면 기체상 반응의 압력 평형 상수와 농도 평형 상수는 다음과 같은 관계를 갖는다.

$$K_P = K_C(RT)^{\Delta n}$$

(반응 $a\mathrm{A} + b\mathrm{B} \rightleftharpoons c\mathrm{C} + d\mathrm{D}$에 대하여)

사산화 이질소가 이산화 질소로 변하는 반응은 $\Delta n = 2 - 1 = 1$이므로 다음과 같다.

$$\mathrm{N_2O_4}(g) \rightleftharpoons 2\mathrm{NO_2}(g)$$

$$K_P = \frac{(P_{\mathrm{NO_2}})^2}{P_{\mathrm{N_2O_4}}} = K_C(RT)$$

만약 반응 전후 기체 몰수의 변화가 없는 반응이라면 $\Delta n = 0$이므로, 농도 평형 상수(K_C)와 압력 평형 상수(K_P)의 값이 동일하다.

$$\mathrm{H_2}(g) + \mathrm{I_2}(g) \rightleftharpoons 2\mathrm{HI}(g)$$

$K_P = K_C$

$$K_P = K_C[(0.08206\,\mathrm{atm·L/mol·K}) \times T]^0 = K_C$$

($\Delta n = 0$일 때, K_P는 K_C와 동일하다.)

예제 11-5

메테인(CH_4)은 황화 수소와 반응하여 수소와 이황화 탄소가 된다. 이황화 탄소는 레이온과 셀로판 제조에 이용하는 용매이다. 1,000 K에서 평형 혼합물 중 각 기체의 부분 압력이 CH_4는 0.20 atm, H_2S는 0.25 atm, CS_2는 0.52 atm, H_2는 0.10 atm일 때, K_P 값을 구하라.

$$CH_4(g) + 2H_2S(g) \rightleftharpoons CS_2(g) + 4H_2(g)$$

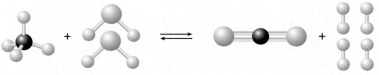

풀이

$$K_P = \frac{(P_{CS_2})(P_{H_2})^4}{(P_{CH_4})(P_{H_2S})^2} \begin{matrix} \leftarrow H_2\text{의 계수} \\ \leftarrow H_2S\text{의 계수} \end{matrix}$$

$$= \frac{(0.52)(0.10)^4}{(0.20)(0.25)^2} = 4.2 \times 10^{-3}$$

예제 11-6

반응 $N_2O_4(g) \rightleftharpoons 2NO_2(g)$의 평형 상수 K_C는 4.63×10^{-3}(25 ℃)이다. 이 온도에서 K_P 값을 구하라.

풀이

$$\Delta n = 2(NO_2) - 1(N_2O_4) = 1$$

$$K_P = \left[K_C \left(\frac{0.08206\,atm \cdot L}{mol \cdot K} \right) \times T \right]$$

$$= (4.63 \times 10^{-3})(0.08206 \times 298) = 0.113$$

11.3 반응 지수와 평형 상수의 이용

화학 반응에 대한 평형 상수 값을 이용하면 ① 반응의 진행 정도를 판단하고, ② 초기 농도로부터 평형 농도를 계산할 수 있으며, ③ 반응 지수와 평형 상수를 비교하여 반응의 방향을 예측할 수 있다.

1) 반응의 진행 정도 판단

앞서 평형 상수의 정의에서 배운 대로 '생성물의 농도 곱/반응물의 농도 곱'으로 표현되는 평형 상수 값의 크기는 정반응과 역반응 중 어느 반응이 우세한지 보여주며, 평형 혼합물의 조성에 대해 다음과 같이 알려준다.

- $K_C > 10^3$: 정반응이 우세하여 생성물이 반응물보다 많으며, K_C 값이 매우 크면 반응이 거의 완결된다.
- $K_C < 10^{-3}$: 역반응이 우세하여 반응물이 생성물보다 많으며, K_C 값이 매우 작으면 그 반응은 거의 일어나지 않는다.
- $10^{-3} < K_C < 10^3$: 반응물과 생성물이 모두 어느 정도 존재한다.

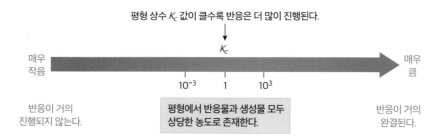

그림 11-4 반응 진행 정도의 판단

2) 초기 농도로부터 평형 농도 계산

평형 상수와 초기 농도를 이용하여 평형 농도를 계산할 수 있다. 이때 가장 중요한 단계는 반응표를 쓰는 단계이며, 그다음으로 중요한 단계는 반응표에서 구해진 미지수로 표현된 농도를 평형 상수식에 넣어 계산하는 단계이다. 200 ℃에서 다음 반응의 $K_C = 24.0$이고, 시스-스틸벤의 초기 농도가 0.850 M일 때, 두 화학종의 평형 농도를 구해보자.

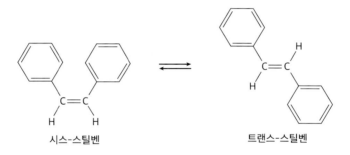

시스-스틸벤   트랜스-스틸벤

① 반응표를 만들고, 초기 농도를 쓴다(이때 농도가 0인 것도 표시한다).

② 소모되는 특정 화학종의 양을 x로 두고, 반응의 화학량론을 이용하여 다른 반응물과 생성물의 농도 변화량을 x를 사용하여 표기한다.

③ 평형에 있는 각 화학종의 평형 농도를 물질의 초기 농도와 x를 사용하여 쓴다.

주 반응	시스-스틸벤 ⇌ 트랜스-스틸벤	
초기 농도(M)	0.850	0
농도 변화(M)	$-x$	$+x$
평형 농도(M)	$0.850 - x$	x

④ ③에서 구한 x로 표현한 평형 농도를 평형 상수식에 대입하여 x 값을 계산하고, 이를 이용하여 평형에 존재하는 모든 화학종의 농도를 결정한다.

$$K_C = \frac{[트랜스-스틸벤]}{[시스-스틸벤]}$$

$$24.0 = \frac{x}{0.850 - x}$$

$$x = 0.816\,\mathrm{M}$$

$$\therefore 시스-스틸벤: (0.850 - x)\,\mathrm{M} = 0.034\,\mathrm{M}$$

$$\therefore 트랜스-스틸벤: = x\,\mathrm{M} = 0.816\,\mathrm{M}$$

⑤ 계산된 평형 농도를 평형식에 대입하여 검산해 본다.

$$K_C = \frac{0.816}{0.034} = 24.0$$

수소와 아이오딘이 반응하여 아이오딘화 수소가 생성되는 반응 $H_2(g) + I_2(g) \rightleftharpoons 2HI(g)$의 K_C는 430℃에서 54.3이다. H_2와 I_2가 모두 0.240 M로 반응을 시작할 때, 평형에서 모든 농도를 구하라.

풀이

주 반응	$H_2(g) + I_2(g) \rightleftharpoons 2HI(g)$		
초기 농도(M)	0.240	0.240	0
농도 변화(M)	$-x$	$-x$	$+2x$
평형 농도(M)	$0.240 - x$	$0.240 - x$	$2x$

$$K_C = \frac{[HI]^2}{[H_2][I_2]}$$

$$54.3 = \frac{(2x)^2}{(0.240 - x)(0.240 - x)} = \frac{(2x)^2}{(0.240 - x)^2}$$

$$\sqrt{54.3} = \frac{2x}{0.240 - x}$$

$$x = 0.189$$

$$[H_2] = (0.240 - x)\,M = 0.051\,M$$

$$[I_2] = (0.240 - x)\,M = 0.051\,M$$

$$[HI] = 2x = 0.378\,M$$

고온에서 아이오딘 분자는 다음 반응식에 따라 아이오딘 원자로 쪼개진다.

$$I_2(g) \rightleftharpoons 2I(g)$$

반응에 대한 K_C는 205℃에서 3.39×10^{-13}이다. 0.00155 mol의 아이오딘 분자를 1.00 L의 용기에 채워 넣고 이 온도에서 평형에 도달하게 하였을 때, 아이오딘 원자의 농도를 결정하라.

풀이

주 반응	$I_2(g) \rightleftharpoons 2I(g)$	
초기 농도(M)	0.00155	0
농도 변화(M)	$-x$	$+2x$
평형 농도(M)	$0.00155 - x$	$2x$

(계속)

$$3.39 \times 10^{-12} = \frac{[\text{I}]^2}{[\text{I}_2]} = \frac{(2x)^2}{(0.00155 - x)}$$

$$0.00155 - x \approx 0.00155$$

$$3.39 \times 10^{-12} = \frac{(2x)^2}{0.00155} = \frac{4x^2}{0.00155}$$

$$x = 3.62 \times 10^{-8}\,\text{M}$$

반응표에 따르면 아이오딘 원자의 평형 농도는 $2x$이고, $[\text{I}(g)] = 2 \times 3.62 \times 10^{-8} = 7.24 \times 10^{-8}\,\text{M}$ 이다.

예제 11-9

5.75 atm의 H_2와 5.75 atm의 I_2 혼합물이 430 ℃에서 1.0 L의 용기에 담겨 있다. 이 반응에 대한 평형 상수(K_P)는 이 온도에서 54.3이다. 평형에서 H_2, I_2, HI의 부분압을 구하라.

$$\text{H}_2(g) + \text{I}_2(g) \;\rightleftharpoons\; 2\text{HI}(g)$$

풀이

주 반응	$\text{H}_2(g) + \text{I}_2(g) \rightleftharpoons 2\text{HI}(g)$		
초기 농도(M)	5.75	5.75	0
농도 변화(M)	$-x$	$-x$	$+2x$
평형 농도(M)	$5.75 - x$	$5.75 - x$	$2x$

$$54.3 = \frac{[2x]^2}{(5.75 - x)^2}$$

$$\sqrt{54.3} = \frac{2x}{5.75 - x}$$

$$x = 4.52$$

$$P_{\text{H}_2} = P_{\text{I}_2} = 5.75 - 4.52 = 1.23\,\text{atm}$$

$$P_{\text{HI}} = 9.04\,\text{atm}$$

3) 반응 지수와 평형 상수를 비교하여 반응 방향 예측

반응 지수(Q_C)는 평형 상수식에 현재 실험에서 측정된 반응물과 생성물의 실제 농도를 대입하여 구한 값으로, 화학 반응이 평형에 도달했는지의 여부와 앞으로 일어날 반응의 방향을 예측하는 데 매우 유용하다. 만약 반응 지수와 평형 상수가 동일하다면 반응은 평형 상태이다.

$$aA + bB \;\rightleftharpoons\; cC + dD$$

$$\text{반응 지수}\,Q_C = \frac{[C]^c[D]^d}{[A]^a[B]^b}$$

[모든 농도는 실제 측정 농도(평형 농도인지 아닌지 모르는 농도)이다.]

수소와 아이오딘 기체가 반응하여 아이오딘화 수소 기체가 생성되는 반응은 430℃에서 다음과 같은 평형 상태를 나타낸다.

$$H_2(g) + I_2(g) \;\rightleftharpoons\; 2HI(g) \qquad K_C = 54.3\ (430℃)$$

현재 이 반응이 1.00 L 용기에 $H_2(0.243\,\text{mol})$, $I_2(0.146\,\text{mol})$, $HI(1.98\,\text{mol})$의 양이 혼합된 상태라면, 이 계가 평형 상태에 도달한 것인지 아니면 평형에 도달하기 위해 정반응과 역반응 중 어느 반응이 우세하게 나타날 것인지 알아보자.

$$Q_C = \frac{[HI]_i^2}{[H_2]_i[I_2]_i} = \frac{(1.98)^2}{(0.243)(0.146)} = 111\ (\text{아래 첨자 } i \text{는 실제 농도이다.})$$

Q_C와 K_C 값이 다르므로 반응은 평형 상태가 아니며, 반응 지수가 평형 상수보다 커서 평형 상태가 되기 위해서는 분자가 작아지고 분모가 커지는, 즉 역반응이 우세하게 진행될 것이라고 예측할 수 있다.

반응 지수와 평형 상수의 크기를 비교하여 반응의 방향을 예측하면 다음과 같다.

- $Q < K$: 알짜 반응은 정반응(반응물이 생성물로 변하는) 쪽으로 진행된다.
- $Q > K$: 알짜 반응은 역반응(생성물이 반응물로 변하는) 쪽으로 진행된다.
- $Q = K$: 반응은 평형 상태이므로 알짜 반응은 일어나지 않는다.

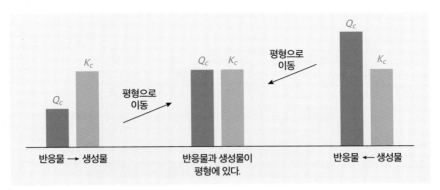

- 알짜 반응은 Q_c와 K_c의 상대적인 값에 따라 달라진다.
- 평형으로 이동하면 Q_c 값은 K_c와 같아질 때까지 변하지만, K_c 값은 변하지 않는다.

그림 11-5 반응 지수와 평형 상수를 비교한 반응 방향의 예측

예제 11-10

375 ℃에서 진행되는 반응 $N_2(g) + 3H_2(g) \rightleftharpoons 2NH_3(g)$의 평형 상수는 1.2이다. N_2, H_2, NH_3는 각각 0.071 M, 9.2×10^{-3} M, 1.83×10^{-4} M의 초기 농도를 갖는다. 이 반응이 평형 상태에 있는지, 만약 그렇지 않다면 평형을 위해 어느 방향으로 진행되어야 하는지를 결정하라.

풀이

$$Q_C = \frac{[NH_3]_i^2}{[N_2]_i[H_2]_i^3} = \frac{(1.83 \times 10^{-4})^2}{(0.071)(9.2 \times 10^{-3})^3} = 0.61$$

계산된 Q_C는 K_C보다 작으므로 반응은 평형에 있지 않으며, 평형에 도달하기 위해 정반응이 우세하게 진행될 것이다.

예제 11-11

375 ℃에서 진행되는 반응 $H_2(g) + I_2(g) \rightleftharpoons 2HI(g)$의 평형 상수는 1.2이다. 초기 농도가 $[H_2] = 0.00623$ M, $[I_2] = 0.00414$ M, $[HI] = 0.0424$ M이라 할 때, 세 가지 화학종의 평형 농도를 구하라.

(계속)

풀이

반응물과 생성물의 농도가 모두 주어진 까다로운 문제이다.

$$Q_C = \frac{[\text{HI}]^2}{[\text{H}_2][\text{I}_2]} = \frac{(0.0424)^2}{(0.00623)(0.00414)} = 69.7$$

그러므로 $Q_C > K_C$이고, 계는 평형에 도달하기 위해 역반응(왼쪽)으로 진행된다.

평형표는 다음과 같다.

주 반응	$\text{H}_2(g) + \text{I}_2(g) \;\rightleftharpoons\; 2\text{HI}(g)$		
초기 농도(M)	0.00623	0.00414	0.0424
농도 변화(M)	$+x$	$+x$	$-2x$
평형 농도(M)	$0.00623 + x$	$0.00414 + x$	$0.0424 - 2x$

$$K_C = \frac{[\text{HI}]^2}{[\text{H}_2][\text{I}_2]}$$

$$54.3 = \frac{(0.0424 - 2x)^2}{(0.00623 + x)(0.00414 + x)}$$

$$50.3x^2 + 0.735x - 4.00 \times 10^{-4} = 0$$

$$x = \frac{-0.735 \pm \sqrt{(0.735)^2 - 4(50.3)(-4.00 \times 10^{-4})}}{2(50.3)}$$

$$x = 5.25 \times 10^{-4} \ \text{또는} \ x = -0.0151$$

$$[\text{H}_2] = (0.00623 + x)\,\text{M} = 0.00676\,\text{M}$$

$$[\text{I}_2] = (0.00414 + x)\,\text{M} = 0.00467\,\text{M}$$

$$[\text{HI}] = (0.0424 - 2x)\,\text{M} = 0.0414\,\text{M}$$

11.4 평형 이동: 르 샤틀리에 원리

화학 반응을 이용하여 원하는 물질을 대량으로 합성하는 화학 공학 산업에서 가장 중요한 것은 최소의 에너지를 이용하여 최대의 생성물을 얻는 공정의 설계이다. 이 목적을 가장 잘 이룰 수 있는 방법이 바로 화학 평형을 조절하여 원하는 물질을 생성하는 쪽으로 반응을 이동시키는 것이다.

'르 샤틀리에(Le Chatelier)의 원리'로 알려진 평형 이동의 원리는 평형 상태에 있는 반응 혼합물에 스트레스(자극)를 가하면 계는 그 스트레스를 감소시키는 방향으로 이동한다는 것이다. 즉, 알짜 반응은 자극을 줄이는 방향으로 일어나며, 스트레스(자극)의 종류에는 ① 반응물 또는 생성물의 첨가/제거, ② 부피와 압력의 변화, ③ 온도의 변화가 있다.

평형 상태에 있는 계에 반응물이나 생성물이 첨가되면 첨가한 물질의 양을 감소시키는 쪽으로 반응이 진행되며, 반응물이나 생성물이 제거되면 없어진 물질의 양을 늘리는 쪽으로 반응이 진행된다. 압력을 증가시키거나 부피를 감소시켜서 단위 부피당 입자의 수가 많아지게 되면 전체 입자의 수를 줄이는 방향으로 반응이 진행될 것이며, 온도가 증가하면 온도를 낮추기 위해 흡열 반응 쪽으로 반응이 이동할 것이다. 평형 상수는 온도가 일정하면 변하지 않으므로, 세 종류의 스트레스 중에서 오직 온도만이 평형 상수를 변화시킬 수 있다는 것을 기억해야 한다.

1) 반응물 또는 생성물의 첨가/제거

1900년대 16억 명이었던 세계 인구가 2024년 81억 명 이상으로 증가하는 데 큰 역할을 한 질소 비료는 공업적으로 암모니아를 합성하는 하버－보쉬(Haber－Bosch) 공정에 의해 대량 생산되었다. 평형 상태의 혼합물에 질소를 첨가하면 르 샤틀리에의 원리에 의해 암모니아 생성 반응이 어떻게 변화하는지 알아보자.

$$N_2(g) + 3H_2(g) \rightleftharpoons 2NH_3(g)$$

700 K에서 평형 농도는 다음과 같다.

$$[N_2] = 2.05\,M, \ [H_2] = 1.56\,M, \ [NH_3] = 1.52\,M$$

$$K_C = \frac{[NH_3]^2}{[N_2][H_2]^3} = \frac{(1.52)^2}{(2.05)(1.56)^3} = 0.297$$

질소를 첨가하여 농도를 2.05 M에서 3.51 M로 증가시키면 계는 더 이상 평형 상태에 있지 않게 된다.

$$Q_C = \frac{[NH_3]^2}{[N_2][H_2]^3} = \frac{(1.52)^2}{(3.51)(1.56)^3} = 0.173 \neq K_C$$

Q_C가 K_C보다 작기 때문에 반응은 평형에 도달하기 위해 정반응(오른쪽)으로 진행된다. N_2와 H_2 농도는 감소하고(반응 지수의 분모를 작게), NH_3 농도는 증가한다(반응 지수의 분자를 크게). Q_C가 다시 K_C와 동일해질 때까지 정반응이 우세하게 진행되고, 계는 다시 새로운 평형 위치(equilibrium position)에 도달하며, 이때 평형 상수는 변화하지 않는다.

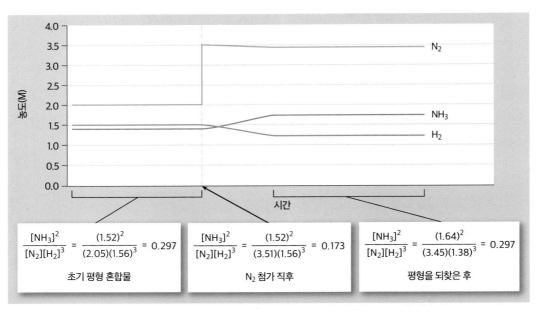

$$\frac{[NH_3]^2}{[N_2][H_2]^3} = \frac{(1.52)^2}{(2.05)(1.56)^3} = 0.297$$

초기 평형 혼합물

$$\frac{[NH_3]^2}{[N_2][H_2]^3} = \frac{(1.52)^2}{(3.51)(1.56)^3} = 0.173$$

N_2 첨가 직후

$$\frac{[NH_3]^2}{[N_2][H_2]^3} = \frac{(1.64)^2}{(3.45)(1.38)^3} = 0.297$$

평형을 되찾은 후

평형 상태에 있는 계에 반응물을 더 첨가하면 정반응을 통해 새로운 평형에 도달한다. (단, 평형 상수는 동일하다!!!)

그림 11-6 반응물 첨가에 따른 평형 이동

예제 11-12

공기의 질을 높이고 유용한 생산물을 얻기 위해서 화학자들은 석탄이나 천연가스에서 나오는 공기 오염 물질인 황화 수소(H_2S)를 산소와 반응시켜 원소 황을 생성하는 공정을 통해 제거한다.

$$2H_2S(g) + O_2(g) \rightleftharpoons 2S(s) + 2H_2O(g)$$

다음 각 자극이 주어졌을 때 평형 이동 방향을 결정하라.

(a) $O_2(g)$ 첨가   (b) $H_2S(g)$ 제거   (c) $H_2O(g)$ 제거   (d) $S(s)$ 첨가

풀이

$$Q_C = \frac{[H_2O]^2}{[H_2S]^2[O_2]}$$

첨가
↓

$$2H_2S(g) + O_2(g) \rightleftharpoons 2S(s) + 2H_2O(g)$$

제거   제거

(계속)

(a) 오른쪽으로 이동

(b) 왼쪽으로 이동

(c) 오른쪽으로 이동

(d) 고체는 평형 상수식에 포함되지 않으므로 평형이 이동하지 않음

2) 부피와 압력의 변화

$$N_2O_4(g) \rightleftharpoons 2NO_2(g) \qquad K_C = 4.63 \times 10^{-3} \,(25\,℃)$$

0.643 M N_2O_4와 0.0547 M NO_2의 평형 혼합물이 들어 있는 반응 용기의 부피를 반으로 줄이면 각 농도는 2배가 되며, 반응 지수를 구하면 다음과 같다.

$$Q_C = \frac{[NO_2]_{eq}^2}{[N_2O_4]_{eq}} = \frac{(0.1094)^2}{1.286} = 9.31 \times 10^{-3} > K_C$$

반응 지수 Q_C가 평형 상수 K_C보다 크기 때문에, 계는 왼쪽으로(역반응) 이동해 다시 평형에 도달한다.

기체 혼합물의 압력이 감소한다는 것은 반응기의 부피가 증가한다는 것과 동일하다. 그러므로 평형에 있는 기체 상태의 계에 압력을 감소시키거나 부피를 증가시키는 스트레스를 가하면 전체의 입자수를 늘려서 압력을 증가시키는 쪽으로 반응이 진행된다. 그러나 반응에 참여하지 않는 기체(또는 비활성 기체)를 첨가하여 전체 압력을 증가시키는 경우 반응기의 부피는 변하지 않으므로 반응물과 생성물의 농도는 일정하게 유지되어 평형은 이동하지 않는다.

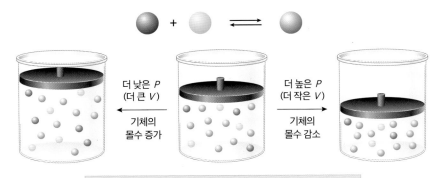

• 부피 감소(압력 증가): 총 기체 분자수가 줄어드는 방향으로 평형 이동
• 부피 증가(압력 감소): 총 기체 분자수가 늘어나는 방향으로 평형 이동

그림 11-7 부피와 압력 변화에 따른 평형 이동

예제 11-13

각 반응에 대해 반응 용기의 부피가 감소할 때 어느 방향으로 평형이 이동하는지 예측하라.

(a) $PCl_5(g) \rightleftharpoons PCl_3(g) + Cl_2(g)$

(b) $2PbS(s) + 3O_2(g) \rightleftharpoons 2PbO(s) + 2SO_2(g)$

(c) $H_2(g) + I_2(g) \rightleftharpoons 2HI(g)$

풀이

(a) 반응물 쪽은 기체 1 mol, 생성물 쪽은 기체 2 mol이므로 왼쪽으로 이동한다.

(b) 반응물 쪽은 기체 3 mol, 생성물 쪽은 기체 2 mol이므로 오른쪽으로 이동한다.

(c) 양쪽 모두 기체 2 mol이므로 이동하지 않는다.

예제 11-14

다음 반응에서 생성물을 더 많이 얻으려면 반응 용기의 부피를 어떻게 변화시켜야 하는지 구하라.

(a) $CaCO_3(s) \rightleftharpoons CaO(s) + CO_2(g)$

(b) $S(s) + 3F_2(g) \rightleftharpoons SF_6(g)$

(c) $Cl_2(g) + I_2(g) \rightleftharpoons 2ICl(g)$

풀이

(a) CO_2만 기체이므로 수득률을 증가시키기 위해서는 부피를 늘린다(압력 감소).

(b) 기체가 반응물 쪽에 더 많이 있으므로 부피를 줄인다(압력 증가).

(c) 반응식 양쪽의 기체 몰수가 같으므로 부피(압력)의 변화는 수득률에 아무런 변화를 주지 않는다.

3) 온도의 변화

반응물과 생성물의 농도 변화나 압력, 부피의 변화와 같은 자극은 평형 상수를 변화시킬 수는 없지만, 온도의 변화는 평형 상수 값을 변화시키는 평형 이동을 한다.

$$N_2O_4(g) \rightleftharpoons 2NO_2(g) \qquad \Delta H° = 58.0 \, kJ/mol \, (흡열 \, 반응)$$

$$K_C = \frac{[NO_2]^2}{[N_2O_4]}$$

정반응이 열을 흡수하는 흡열 반응이므로 온도를 높이는 자극(열 첨가)은 정반응 쪽으로 평형을 이동시키고, 온도를 낮추는 자극(열 제거)은 역방향 쪽으로 평형을 이동시킨다. 흡열 반응의 평형 상수는 계에 열이 가해지면 증가하고, 계에서 열이 방출되면 감소한다.

예제 11-15

암모니아를 공업적으로 생산하는 데 사용되는 하버(Haber)공정은 $N_2(g) + 3H_2(g) \rightleftharpoons 2NH_3(g)$ 반응식으로 나타낸다. 표준 생성 엔탈피를 사용하여 이 과정의 $\Delta H°_{반응}$을 계산하고, 온도가 증가할 때 평형 이동의 방향을 결정하라. (단, $\Delta H°_f[NH_3(g)] = -46.3 \, kJ/mol$이다.)

풀이

$$\Delta H°_{반응} = \sum nH°_f(생성물) - \sum nH°_f(반응물)$$
$$= 2\Delta H°_f[NH_3(g)] - [\Delta H°_f[N_2(g)] + 3\Delta H°_f[H_2(g)]]$$
$$= 2(-46.3 \, kJ/mol) - (0 \, kJ/mol + 3 \times 0 \, kJ/mol)$$
$$= -92.6 \, kJ/mol$$

발열 반응이기 때문에 온도가 증가할 때 평형은 왼쪽(역반응)으로 이동한다.

예제 11-16

온도의 증가가 각 반응의 평형 상수와 밑줄 친 물질들의 평형 농도에 어떤 영향을 줄지 서술하라.

(a) $CaO(s) + H_2O(l) \rightleftharpoons \underline{Ca(OH)_2(aq)}$ $\Delta H° = -82 \, kJ$

(b) $CaCO_3(s) \rightleftharpoons CaO(s) + \underline{CO_2(g)}$ $\Delta H° = 178 \, kJ$

(c) $\underline{SO_2(g)} \rightleftharpoons S(s) + O_2(g)$ $\Delta H° = 297 \, kJ$

(계속)

풀이

(a) 흡열 반응인 역반응이 우세하게 되어 $[Ca(OH)_2]$와 평형 상수는 감소할 것이다.

(b) 흡열 반응인 정반응이 우세하게 되어 $[CO_2]$와 평형 상수는 증가할 것이다.

(c) 흡열 반응인 정반응이 우세하게 되어 $[SO_2]$는 감소하고, 평형 상수는 증가할 것이다.

11.5 화학 평형과 촉매

화학 반응에서 촉매의 역할은 반응의 활성화 에너지를 낮추어 반응을 촉진하는 것이다. 그러나 촉매는 정반응과 역반응의 활성화 에너지를 같은 정도로 낮추기 때문에 평형 상수를 바꾸지도 못하고, 평형의 위치를 이동시키지도 못하며, 오직 반응 속도를 빠르게 하여 평형에 도달하는 시간만 단축시킨다. 따라서 평형 혼합물에서 얻어지는 생성물의 양은 촉매의 유무와 상관없이 일정하지만, 촉매가 있으면 일정량의 생성물을 얻는 시간이 짧게 걸려 단시간에 대량 생산이 가능해진다는 장점이 있다.

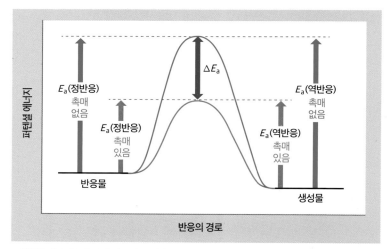

• 활성화 에너지는 촉매가 있는 반응(빨간색 곡선)의 경우 촉매가 없는 반응(파란색 곡선)보다 ΔE_a만큼 더 낮다.
• 촉매는 정반응과 역반응에 대한 활성화 에너지 장벽을 정확히 동일한 양만큼 낮춘다.
  따라서 촉매는 정반응과 역반응을 동일한 수준으로 가속시키고, 평형 혼합물의 조성은 변하지 않는다.

그림 11-8 촉매와 활성화 에너지의 관계

따라서 정반응이 발열 반응인 암모니아 대량 생산을 위해 하버−보쉬 공정의 생성물인 암모니아의 양을 늘리기 위해 평형 이동을 이용하려면 다음과 같은 조건을 조절해야 한다.

$$N_2(g) + 3H_2(g) \;\rightleftarrows\; 2NH_3(g) \qquad \Delta H^\circ = -92.6 \text{ kJ}$$

- 암모니아가 생성되는 대로 제거한다.
- 압력을 높인다(부피를 줄인다).
- 온도를 낮춘다.

그러나 압력을 너무 많이 높이면 안전상의 문제가 생기며 고압 반응기를 유지하기 위한 비용이 증가하게 되고, 온도를 낮추면 수득률은 높아지지만 속도가 너무 느려서 경제적이지 못하므로 공업적으로는 200~300 atm, 400 ℃의 압력과 온도 조건을 이용한다.

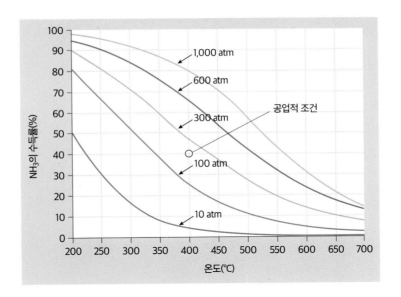

그림 11-9 암모니아 합성의 공업적 조건

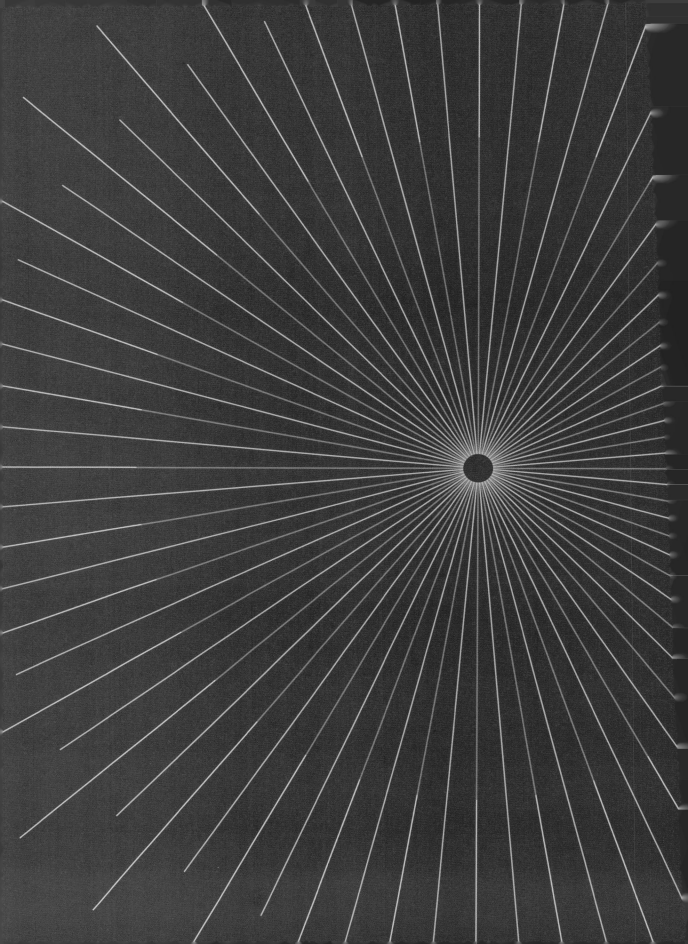

12장
산과 염기의 평형

12.1 브뢴스테드-로리의 정의와 산과 염기의 세기

5.4절에서 물에 녹아 수소 이온(H^+)을 내놓는 물질을 산, 수산화 이온(OH^-)을 내놓는 물질을 염기라고 한 아레니우스의 정의를 배웠다. 하지만 아레니우스의 산과 염기 정의는 수용액에만 적용되고, 화학식에 OH^-가 없는 암모니아(NH_3) 같은 물질의 염기성을 설명하지 못한다는 한계가 있다. 따라서 앞으로는 덴마크 화학자 브뢴스테드(Johannes Nicolaus Brønsted, 1879~1947)와 영국의 화학자 로리(Thomas Martin Lowry, 1874~1936)가 1923년에 각각 독자적으로 제안한 좀 더 일반적인 산과 염기의 정의를 이용할 것이다. '브뢴스테드-로리의 산과 염기' 정의에 따르면 산은 다른 물질에 양성자(수소 이온, H^+)를 줄 수 있는 물질(분자나 이온)이고, 염기는 다른 물질로부터 양성자(수소 이온, H^+)를 받을 수 있는 물질(분자나 이온)이다. 간단하게 산은 양성자 주개(proton donor), 염기는 양성자 받개(proton acceptor)이고, 산과 염기의 반응은 결국 양성자의 이동 반응이다.

브뢴스테드-로리의 산과 염기 정의의 가장 큰 특징은 산과 짝염기, 염기와 짝산의 관계로 화학식에서 양성자 하나가 차이 나는 화학 물질을 '짝산-염기쌍(conjugated acid-base pairs)'으로 짝지을 수 있다는 것이다. ●그림 12-1과 ●그림 12-2에서 알 수 있듯이 브뢴스테드-로리의 염기는 양성자와 결합할 수 있는, 적어도 하나의 비공유 전자쌍을 가진 물질이어야 한다.

산에서 내놓은 양성자는 양성자를 둘러싸고 안정하게 해주던 전자구름이 없어져서 매우 반응성이 크므로 수용액에서 홀로 존재하지 못하고, 물 분자의 비공유 전자쌍에 붙은 H_3O^+(하이드로늄 이온) 상태로 존재하지만, 편의상 H^+와 H_3O^+를 모두 사용할 것이다.

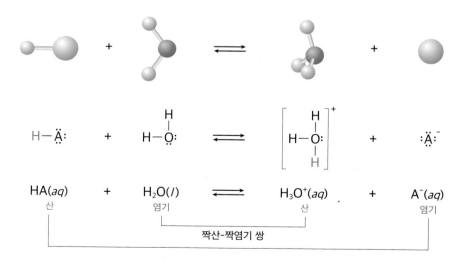

그림 12-1 산 해리 평형: 산과 짝염기

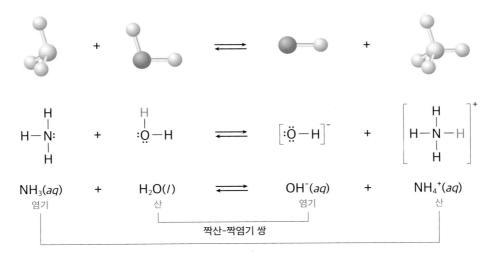

$$NH_3(aq) + H_2O(l) \rightleftharpoons OH^-(aq) + NH_4^+(aq)$$

염기   산   염기   산

짝산-짝염기 쌍

그림 12-2 염기 해리 평형: 염기와 짝산

표 12-1 자주 사용되는 짝산-짝염기 쌍

산	짝염기	염기	짝산
CH_3COOH	CH_3COO^-	OH^-	H_2O
H_2O	OH^-	H_2O	H_3O^+
NH_3	NH_2^-	NH_3	NH_4^+
H_2SO_4	HSO_4^-	H_2NCONH_2(요소)	$H_2NCONH_3^+$

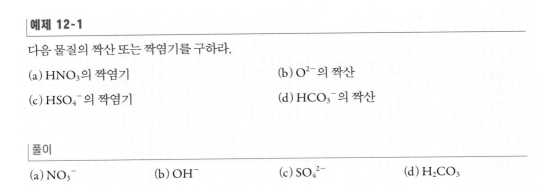

그림 12-3 브뢴스테드-로리의 염기

예제 12-1

다음 물질의 짝산 또는 짝염기를 구하라.

(a) HNO_3의 짝염기   (b) O^{2-}의 짝산

(c) HSO_4^-의 짝염기   (d) HCO_3^-의 짝산

풀이

(a) NO_3^- (b) OH^- (c) SO_4^{2-} (d) H_2CO_3

예제 12-2

다음 반응식의 화학종에 각각 산, 염기, 짝산, 짝염기를 표시하라.

(a) $HF(aq) + NH_3(aq) \rightleftharpoons F^-(aq) + NH_4^+(aq)$

(b) $CH_3COO^-(aq) + H_2O(l) \rightleftharpoons CH_3COOH(aq) + OH^-(aq)$

풀이

(a) $\underset{\text{산}}{HF(aq)} + \underset{\text{염기}}{NH_3(aq)} \rightleftharpoons \underset{\text{짝염기}}{F^-(aq)} + \underset{\text{짝산}}{NH_4^+(aq)}$

(b) $\underset{\text{염기}}{CH_3COO^-(aq)} + \underset{\text{산}}{H_2O(l)} \rightleftharpoons \underset{\text{짝산}}{CH_3COOH(aq)} + \underset{\text{짝염기}}{OH^-(aq)}$

서로 다른 산은 양성자를 내놓는 능력이 달라서 산성의 세기도 다양하게 나타난다. 강산(strong acid)은 물에서 거의 완전히 해리되는 강전해질이며, 용액에는 대부분 H_3O^+와 A^- 이온이 존재할 뿐 해리되지 않은 HA 분자의 양은 무시할 정도로 적다. 5.4절에서 배운 대로 강산에는 HF, HCl, HBr, HI 같은 할로젠화 수소산과 H_2SO_4, HNO_3, $HClO_3$, $HClO_4$ 같은 O의 개수 − H의 개수 ≥ 2인 산소산이 포함된다.

강산의 해리: $HA + H_2O \longrightarrow H_3O^+ + A^-$

반응식의 화살표가 정방향만을 나타낸 것은 반응이 거의 완결된다는 의미로, 강산의 짝염기는 양성자를 받는 성질이 매우 약한 약염기임을 알 수 있다. 강산을 제외한 대부분의 산은 약산(weak acid)으로 분류되며, 일부만 해리되므로 약전해질이고 수용액 상태에서 해리되지 않은 HA 분자, 소량의 H_3O^+와 짝염기 A^-로 존재한다.

약산의 해리: $HA + H_2O \rightleftharpoons H_3O^+ + A^-$

양쪽 화살표를 이용하여 해리 반응이 일부만 일어난다는 것을 표현하였으며, 주로 역반응이 우세하므로 약산의 짝염기가 양성자(수소 이온)를 받는 성질이 강한 강염기임을 알아야 한다. 즉, 강산의 짝염기는 약염기이고, 약산의 짝염기는 강염기이다.

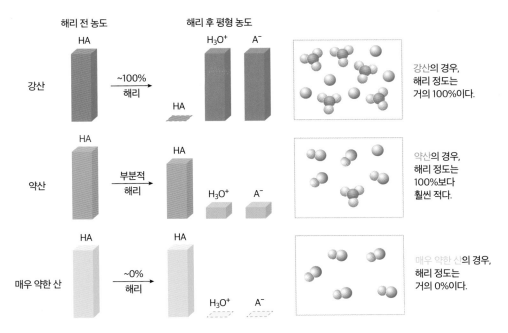

그림 12-4 강산과 약산의 해리

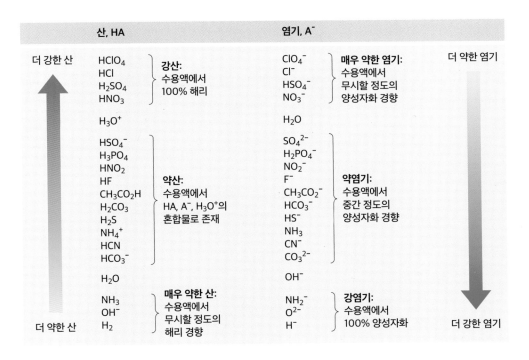

그림 12-5 짝산-염기쌍의 상대적 세기

같은 농도의 반응물과 생성물을 섞었을 때 다음 반응이 진행되는 방향을 산의 세기를 이용하여 예측하라.

(a) $H_2SO_4(aq) + NH_3(aq) \rightleftharpoons NH_4^+(aq) + HSO_4^-(aq)$

(b) $HCO_3^-(aq) + SO_4^{2-}(aq) \rightleftharpoons HSO_4^-(aq) + CO_3^{2-}(aq)$

풀이

● 그림 12-5를 참조한다.

(a) H_2SO_4와 NH_4^+는 산이고, NH_3와 HSO_4^-는 염기이다. H_2SO_4가 더 강산이므로 반응은 왼쪽에서 오른쪽(정반응)으로 진행된다.

$$H_2SO_4(aq) + NH_3(aq) \longrightarrow NH_4^+(aq) + HSO_4^-(aq)$$

더 강한 산　　더 강한 염기　　　더 약한 산　　더 약한 염기

(b) HCO_3^-와 HSO_4^-는 산이고, SO_4^{2-}와 CO_3^{2-}는 염기이다. HSO_4^-가 더 강산이므로 반응은 오른쪽에서 왼쪽(역반응)으로 진행된다.

$$HCO_3^-(aq) + SO_4^{2-}(aq) \longleftarrow HSO_4^-(aq) + CO_3^{2-}(aq)$$

더 약한 산　　더 약한 염기　　　더 강한 산　　더 강한 염기

산의 세기는 H−A 결합의 세기와 극성에 따라 결정된다. 산의 세기에 영향을 미치는 인자에 대해 알아보기 위해, 먼저 산을 산소산과 비산소산으로 분류하고 시작한다.

1) 산소산

분자식에 O 원자가 포함된 산으로, 구조에 '비금속 원자−O−H' 순서로 연결된 부분이 있다.

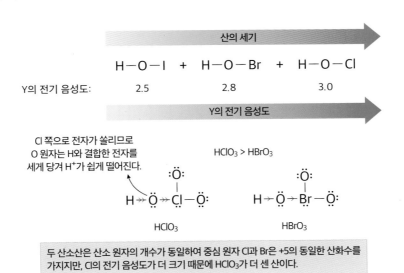

아질산   질산

탄산   아인산   인산   황산

> 3주기 이상의 원자를 중심 원자로 가진 산소산에 대해서는 2개 이상의 가능한 루이스 구조(공명 구조)가 존재하며, 3주기 원소들은 확장된 옥텟 규칙에 의하여 팔전자 이상의 원자가전자를 가질 수 있다.

그림 12-6 산소산(비금속−O−H 연결이 있는 산)의 구조

수소와 직접 결합한 원자가 산소이므로 수소 이온이 떨어지는 경향은 다음과 같다.

① 산소의 수가 동일하다면 산소와 결합한 비금속 원소의 전기 음성도에 비례한다.

산의 세기 →

$$H-O-I \quad + \quad H-O-Br \quad + \quad H-O-Cl$$

Y의 전기 음성도: 2.5   2.8   3.0

Y의 전기 음성도 →

Cl 쪽으로 전자가 쏠리므로 O 원자는 H와 결합한 전자를 세게 당겨 H^+가 쉽게 떨어진다.

$HClO_3 > HBrO_3$

$HClO_3$ $HBrO_3$

> 두 산소산은 산소 원자의 개수가 동일하여 중심 원자 Cl과 Br은 +5의 동일한 산화수를 가지지만, Cl의 전기 음성도가 더 크기 때문에 $HClO_3$가 더 센 산이다.

② 동일한 비금속 원자를 갖는 산소산이라면 산소의 수가 증가할수록 산성이 세다.

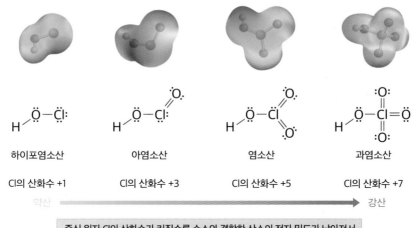

| 하이포염소산 | 아염소산 | 염소산 | 과염소산 |
| Cl의 산화수 +1 | Cl의 산화수 +3 | Cl의 산화수 +5 | Cl의 산화수 +7 |

약산 ⟶ 강산

> 중심 원자 Cl의 산화수가 커질수록 수소와 결합한 산소의 전자 밀도가 낮아져서
> 산소가 수소와의 결합 전자를 더 강하게 당겨 H⁺가 쉽게 떨어진다.

2) 비산소산

대표적으로 HF, HCl, HBr, HI 같은 할로젠화 수소산과 H_2S, HCN 등의 산소 원자를 갖지 않는 산이 있다. 수소 원자와 비금속 원자가 직접 결합한 산이므로 비금속 원자의 종류에 따라 산성이 달라지는데, 족과 주기에 따른 경향이 다르다.

(1) 같은 족 원자

같은 족 원자는 아래쪽으로 갈수록 원자 반지름이 커지므로 원자의 전기 음성도보다는 원자 반지름에 따른 결합 세기에 따라 산성이 결정된다. 따라서 결합 길이가 크고, 결합 엔탈피의 크기가 작을수록(족의 아래쪽일수록) 산성이 세진다.

$$HF \ll HCl < HBr < HI \text{ (HF만 약산이고, 아래쪽으로 갈수록 강산)}$$

표 12-2 할로젠화 수소의 결합 엔탈피와 할로젠화 수소산의 세기

결합	결합 엔탈피(kJ/mol)	산의 세기
H−F	562.8	약함
H−Cl	431.9	강함
H−Br	366.1	강함
H−I	298.3	강함

(2) 같은 주기 원자

같은 주기 원자는 원자 반지름의 크기 차이보다 전기 음성도의 크기 차이가 훨씬 크므로, 전기 음성도가 커질수록 수소와의 결합 전자를 세게 당겨 수소 이온이 잘 떨어지므로 산성이 강해진다.

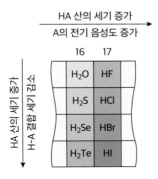

예제 12-4

다음 각 쌍 중에서 더 강한 산을 구하라.

(a) H_2S 또는 HCl

(b) $HClO_3$ 또는 $HBrO_3$

(c) H_2SO_4 또는 H_2SO_3

풀이

(a) S와 Cl은 같은 주기이므로 전기 음성도가 산의 세기에 중요한 결정 요소이다. Cl이 S보다 전기 음성도가 크므로 H−Cl 결합이 H−S 결합보다 더 극성이며, HCl이 더 강산이다.

(b) $HClO_3$와 $HBrO_3$는 같은 수의 O 원자를 지닌 산소산이며, 산의 세기는 중심 원자의 전기 음성도에 의해 결정된다. Cl이 Br보다 전기 음성도가 크므로 O−H 결합은 $HClO_3$에서 더 약하고, 극성인 결합이 된다. 따라서 $HClO_3$가 더 강산이다.

(c) H_2SO_4에서 황의 산화수는 +6이며, H_2SO_3의 +4보다 높다. S 원자에 더 높은 양전하는 O−H 결합으로부터 전자 밀도를 더 효과적으로 끌어당기고, 그 결과 O−H 결합은 H_2SO_4에서 더 약하고, 극성인 결합이 된다. 그러므로 산소의 수가 더 많은 H_2SO_4가 더 강산이다.

12.2 물의 해리와 pH 척도

생명체의 대부분을 구성하는 물은 산과 염기로 모두 작용할 수 있다. 물의 자동 이온화라고 부르는 이 반응은 25 °C에서 물 분자 10억 개 중 1.8개만 일어나는 반응이므로 순수한 물은 이온의 수가 매우 적어서 전기가 통하지 않는다. 물의 자동 이온화도 평형 상태에 도달하므로 다음과 같은 평형 상수식으로 나타내고, 이때 평형 상수를 물의 '이온곱 상수(ion-product constant for water)'라 한다.

11.1절에서 배운 대로 물은 순수한 액체이므로 물의 농도는 평형 상수식에서 생략하고, 25 °C에서 순수한 물의 $[H_3O^+] = 1.0 \times 10^{-7}$ M이라는 실험적 측정으로부터 물의 해리식에서 같은 농도의 $[OH^-]$가 생성된다는 사실을 알 수 있으므로 다음과 같은 식으로 나타낼 수 있다.

물의 자동 이온화: $2H_2O(l) \rightleftharpoons H_3O^+(aq) + OH^-(aq)$

$$:\ddot{O}-H + :\ddot{O}-H \rightleftharpoons \left[H-\ddot{O}-H \right]^+ + \left[:\ddot{O}-H \right]^-$$

산 염기 산 염기

짝산-짝염기 쌍

물의 이온곱 상수 $K_w = [H_3O^+][OH^-]$

$$[H_3O^+] = [OH^-] = 1.0 \times 10^{-7} M \text{ (25 °C에서)}$$

$$K_w = [H_3O^+][OH^-] = 1.0 \times 10^{-14} \text{ (25 °C에서)}$$

앞으로 다룰 수용액은 묽은 용액이므로 물은 거의 순수한 액체로 존재하고, H_3O^+와 OH^-의 농도 곱은 용질에 영향을 받지 않으므로 25 °C에서 $[H_3O^+][OH^-]$는 항상 1.0×10^{-14}로 가정한다. 따라서 H_3O^+와 OH^-의 상대적인 농도에 의해 산성, 중성, 염기성과 같은 용액의 액성을 구별할 수 있다.

산성: $[H_3O^+] > [OH^-]$

중성: $[H_3O^+] = [OH^-]$

염기성: $[H_3O^+] < [OH^-]$

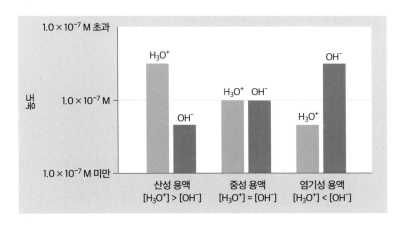

그림 12-7 25 ℃에서 산성, 중성, 염기성 용액의 H_3O^+와 OH^-의 농도

예제 12-5

25 ℃에서 라임즙 용액의 H_3O^+의 농도가 2.5×10^{-3} M일 때 OH^- 이온의 농도를 구하고, 용액의 액성을 예측하라.

풀이

$K_w = [H_3O^+][OH^-] = 1.0 \times 10^{-14}$ (25 ℃에서)

$$[OH^-] = \frac{K_w}{[H_3O^+]} = \frac{1.0 \times 10^{-14}}{2.5 \times 10^{-3}} = 4.0 \times 10^{-12} \text{ M}$$

$[H_3O^+] > [OH^-]$이므로 용액은 산성이다.

산의 세기를 하이드로늄 이온 $[H_3O^+]$의 몰농도로 표시하는 것보다 pH 척도로 나타내는 것이 훨씬 편리하다. 원래 프랑스어지만 영어로 번역하면 'power of hydronium'의 뜻을 가진 pH는 하이드로늄 이온의 몰농도에 $-\log$를 취한 값으로 정의된다. 물론 평형 상수식에 사용한 몰농도와 마찬가지로 pH에 사용하는 하이드로늄 이온의 몰농도도 실제로는 활동도, 즉 몰농도를 기준 농도(1 M)로 나눈 숫자만 있는 값이다.

$$pH = -\log[H_3O^+] \text{ 또는 } pH = -\log[H^+]$$

25℃의 순수한 물에 대하여 $[H_3O^+] = [OH^-] = 1.0 \times 10^{-7} M$이기 때문에, 식은 다음과 같다.

$$pH = -\log [1.0 \times 10^{-7}] = 7.00$$

$$\text{중성: } [H_3O^+] = [OH^-],\ pH = 7$$

$$\text{산성: } [H_3O^+] > [OH^-],\ pH < 7$$

$$\text{염기성: } [H_3O^+] < [OH^-],\ pH > 7$$

측정된 pH는 용액에서 하이드로늄 이온(hydronium ion)의 농도를 실험적으로 결정하는 데 사용될 수 있다.

$$[H_3O^+] = 10^{-pH}$$

pH보다는 사용 빈도가 낮지만, 수산화 이온의 농도도 pOH로 나타낼 수 있다.

$$pOH = -\log [OH^-]$$
$$[OH^-] = 10^{-pOH}$$

$$-\log ([H_3O^+][OH^-]) = -\log (1.0 \times 10^{-14})$$
$$-(\log [H_3O^+] + \log [OH^-]) = 14.00$$
$$-\log [H_3O^+] - \log [OH^-] = 14.00$$
$$(-\log [H_3O^+]) + (-\log [OH^-]) = 14.00$$
$$pH + pOH = 14.00$$

pH 계산에서 유효 숫자가 중요하다. 예를 들어 예제 12−5의 라임즙 용액($[H_3O^+] = 2.5 \times 10^{-3} M$)의 pH를 계산기로 구하면 다음과 같은 값이 나온다.

$$pH = -\log (2.5 \times 10^{-3}) = 2.60206$$

표 12-3 일반적인 액체의 pH 값

액체	pH	액체	pH
위산	1.5	타액	6.4~6.9
레몬주스	2.0	우유	6.5
식초	3.0	순수한 물	7.0
자몽주스	3.2	혈액	7.35~7.45
오렌지주스	3.5	눈물	7.4
소변	4.8~7.5	마그네시아 우유	10.6
빗물(깨끗한 공기 중)	5.5	가정용 암모니아	11.5

이 결과는 반올림해서 pH 2.60(유효 숫자 2개)으로 답해야 한다. 왜냐하면 $[H_3O^+]$가 2개의 유효 숫자를 갖기 때문이다. 로그에서 유효 숫자는 소수점 오른쪽 숫자뿐이라는 것에 주의해야 한다. 소수점 왼쪽의 숫자는 $[H_3O^+]$의 지수식에서 10의 거듭제곱에 해당하는 정확한 수이다.

$$pH = -\log(2.5 \times 10^{-3}) = -\log 10^{-3} - \log 2.5 = 3 - 0.40 = 2.60$$

유효 숫자 2개   정확한 수   정확한 수   유효 숫자 2개   유효 숫자 2개

정확한 수

예제 12-6

25 ℃에서의 하이드로늄 이온의 농도가 (a) $3.5 \times 10^{-4}\,M$, (b) $1.7 \times 10^{-7}\,M$, (c) $8.8 \times 10^{-11}\,M$인 용액의 pH를 구하라.

풀이

(a) $pH = -\log(3.5 \times 10^{-4}) = 3.46$

(b) $pH = -\log(1.7 \times 10^{-7}) = 6.77$

(c) $pH = -\log(8.8 \times 10^{-11}) = 10.06$

예제 12-7

25 ℃에서 pH가 (a) 4.76, (b) 11.95, (c) 8.01인 용액에서 하이드로늄 이온 농도를 구하라.

풀이

(a) $[H_3O^+] = 10^{-4.76} = 1.7 \times 10^{-5}\,M$

(b) $[H_3O^+] = 10^{-11.95} = 1.1 \times 10^{-12}\,M$

(c) $[H_3O^+] = 10^{-8.01} = 9.8 \times 10^{-9}\,M$

12.3 강산과 강염기 용액의 pH

앞에서 배운 강산은 해리 가능한 양성자가 1개인 '일양성자산(monoprotic acid, HCl, HNO₃, HClO₄ …)' 과 양성자를 2개 가진 '이양성자산(diprotic acid, H₂SO₄)'으로 나눌 수 있다. 강한 일양성자산은 수용액에서 산 HA가 H_3O^+와 A^-로 거의 완전히 해리되므로 처음 넣은 산의 농도가 곧 용액 중 H_3O^+의 농도와 같다.

$$HA(aq) + H_2O(l) \xrightarrow{100\%} H_3O^+(aq) + A^-(aq)$$

하지만 이양성자산인 황산(H_2SO_4) 분자는 첫 번째 이온화 단계에서 100% H_3O^+와 HSO_4^- 이온으로 해리되지만, 두 번째 이온화 단계에서 HSO_4^- 이온의 해리는 훨씬 적게 되어(이미 양성자가 부족한 음이온이 양성자를 또 내놓는 반응이므로 잘되지 않는다) pH 계산이 복잡하므로, 이는 12.4절에서 자세히 설명할 것이다.

모든 강산이 수용액에서 해리가 잘되는 분자인 것과 반대로, 모든 강염기는 1족 알칼리 금속 이온 (Li^+, Na^+, K^+, Rb^+ …)과 2족 알칼리 토금속의 일부(Ca^{2+}, Sr^{2+}, Ba^{2+})가 수산화 이온(OH^-)과 결합한 이온 결합 물질이므로 물에서 100% 이온화된다. 따라서 1족 수산화물은 OH^- 이온의 농도가 처음 넣은 강염기의 농도와 동일하지만, 2족 수산화물은 처음 넣은 강염기 농도의 2배가 된다. 강염기 용액의 pH를 계산하는 방법은 두 가지가 있는데, 둘 중 편한 방법을 사용하면 된다. 예를 들어 0.018 M NaOH 수용액의 pH를 계산해 보자.

표 12-4 강산과 이온화(해리) 반응

강산	이온화(해리) 반응
염산	$HCl(aq) + H_2O(l) \longrightarrow H_3O^+(aq) + Cl^-(aq)$
브로민화 수소산	$HBr(aq) + H_2O(l) \longrightarrow H_3O^+(aq) + Br^-(aq)$
요오드화 수소산	$HI(aq) + H_2O(l) \longrightarrow H_3O^+(aq) + I^-(aq)$
질산	$HNO_3(aq) + H_2O(l) \longrightarrow H_3O^+(aq) + NO_3^-(aq)$
염소산	$HClO_3(aq) + H_2O(l) \longrightarrow H_3O^+(aq) + ClO_3^-(aq)$
과염소산	$HClO_4(aq) + H_2O(l) \longrightarrow H_3O^+(aq) + ClO_4^-(aq)$
황산	$H_2SO_4(aq) + H_2O(l) \longrightarrow H_3O^+(aq) + HSO_4^-(aq)$

표 12-5 강염기의 수산화물

1A족 수산화물	2A족 수산화물
$LiOH(aq) \longrightarrow Li^+(aq) + OH^-(aq)$	$Ca(OH)_2(aq) \longrightarrow Ca^{2+}(aq) + 2OH^-(aq)$
$NaOH(aq) \longrightarrow Na^+(aq) + OH^-(aq)$	$Sr(OH)_2(aq) \longrightarrow Sr^{2+}(aq) + 2OH^-(aq)$
$KOH(aq) \longrightarrow K^+(aq) + OH^-(aq)$	$Ba(OH)_2(aq) \longrightarrow Ba^{2+}(aq) + 2OH^-(aq)$
$RbOH(aq) \longrightarrow Rb^+(aq) + OH^-(aq)$	
$CsOH(aq) \longrightarrow Cs^+(aq) + OH^-(aq)$	

0.018 M NaOH 수용액의 pH를 계산하는 두 가지 방법

① $[H_3O^+][OH^-] = 1.0 \times 10^{-14}$

$$[H_3O^+] = \frac{1.0 \times 10^{-14}}{[OH^-]} = \frac{1.0 \times 10^{-14}}{0.018} = 5.56 \times 10^{-13}\,M$$

$$pH = -\log(5.56 \times 10^{-13}\,M) = 12.25$$

② $pOH = -\log(0.018) = 1.75$

$pH + pOH = 14.00$

$pH = 14.00 - 1.75 = 12.25$

수산화 마그네슘[$Mg(OH)_2$]은 물에 용해되는 정도가 매우 적어서 약염기로 분류되며, 제산제로 널리 이용된다. 1족과 2족 금속의 산화물도 물에 녹으면 수산화물과 비슷하거나 더 강한 염기성 용액이 된다. 이에 대한 이유를 CaO를 예로 들어 설명하면 O^{2-} 이온은 그 자체로 수용액에 존재할 수 없고, 물과 100% 반응하여 2개의 OH^- 이온으로 변하기 때문이다.

$$O^{2-}(aq) + H_2O(l) \xrightarrow{100\%} OH^-(aq) + OH^-(aq)$$

$$CaO(s) + H_2O(l) \longrightarrow Ca^{2+}(aq) + 2OH^-(aq)$$

예제 12-8

25℃에서 다음 수용액의 pH를 구하라.

(a) 0.035 M HI

(b) 1.2×10^{-4} M HNO_3

(c) 6.7×10^{-5} M $HClO_4$

풀이

(a) $[H_3O^+] = 0.035\,M,\ \ pH = -\log(0.035) = 1.46$

(b) $[H_3O^+] = 1.2 \times 10^{-4}\,M,\ \ pH = -\log(1.2 \times 10^{-4}) = 3.92$

(c) $[H_3O^+] = 6.7 \times 10^{-5}\,M,\ \ pH = -\log(6.7 \times 10^{-5}) = 4.17$

예제 12-9

25℃에서 다음 수용액의 pH를 구하라.

(a) 0.013 M LiOH

(계속)

(b) $0.013\,M\,Ba(OH)_2$

(c) $9.2 \times 10^{-5}\,M\,KOH$

풀이

(a) $pOH = -\log(0.013) = 1.89,\ \ pH = 12.11$

(b) $pOH = -\log(2 \times 0.013) = 1.59,\ \ pH = 12.41$

(c) $pOH = -\log(9.2 \times 10^{-5}) = 4.04,\ \ pH = 9.96$

12.4 약산 용액의 평형과 다양성자산

대부분의 산은 약산이므로 수용액에서 평형 상태를 나타내며, 평형 혼합물은 약산 분자(HA)와 물, 약간의 이온화로 생긴 하이드로늄 이온(H_3O^+)과 산의 짝염기 이온(A^-)이다. 산의 이온화 반응에 대한 평형 상수를 '산의 이온화(해리) 상수'라고 하며, 다음 식으로 표현된다.

$$HA(aq) + H_2O(l) \;\rightleftharpoons\; H_3O^+(aq) + A^-(aq)$$

$$K_a = \frac{[H_3O^+][A^-]}{[HA]} \ \ \text{또는} \ \ \frac{[H^+][A^-]}{[HA]}$$

물은 순수한 액체이므로 평형식에서 생략하였고, K_a 값이 클수록 약산의 산성이 상대적으로 강하다는 의미이며, pH와 마찬가지로 $-\log$를 이용하여 pK_a 값으로 나타내기도 한다. $pK_a = -\log K_a$이므로 K_a가 커서 산성이 강할수록 pK_a 값은 작아짐에 주의해야 한다.

예제 12-10

$0.250\,M$ 플루오린화 수소산(HF)의 pH는 2.036이다. HF의 K_a와 pK_a 값을 구하라.

풀이

주 반응	$HF(aq) + H_2O(l)$	$\rightleftharpoons$ $H_3O^+(aq)$	$+ F^-(aq)$
초기 농도(M)	0.250	~0*	0
농도 변화(M)	$-x$	$+x$	$+x$
평형 농도(M)	$0.250 - x$	x	x

(계속)

pH로부터 x 값을 계산할 수 있다.

$x = [H_3O^+] = \text{antilog}\,(-pH) = 10^{-pH} = 10^{-2.036} = 9.20 \times 10^{-3}\,M$

$[F^-] = x = 9.20 \times 10^{-3}\,M$

$[HF] = 0.250 - x = 0.250 - 0.00920 = 0.241\,M$

이 농도를 평형식에 대입하면 K_a 값이 얻어진다.

$K_a = \dfrac{[H_3O^+][F^-]}{[HF]} = \dfrac{(x)(x)}{(0.250 - x)} = \dfrac{(9.20 \times 10^{-3})(9.20 \times 10^{-3})}{0.241} = 3.51 \times 10^{-4}$

$pK_a = -\log K_a = -\log\,(3.51 \times 10^{-4}) = 3.455$

표 12-6 25 ℃에서 몇 가지 산의 이온화 상수

	산	분자식	구조식	K_a	pK_a
더 강한 산	염산	HCl	H—Cl	2×10^6	−6.3
	아질산	HNO_2	H—O—N=O	4.5×10^{-4}	3.35
	플루오린화 수소산	HF	H—F	3.5×10^{-4}	3.46
	폼산	HCO_2H	H—C—O—H (O에 이중결합)	1.8×10^{-4}	3.74
	아스코브산 (바이타민 C)	$C_6H_8O_6$		8.0×10^{-5}	4.10
	아세트산	CH_3CO_2H	CH_3—C—O—H (O에 이중결합)	1.8×10^{-5}	4.74
	하이포아염소산	HOCl	H—O—Cl	3.5×10^{-8}	7.46
더 약한 산	사이안화 수소산	HCN	H—C≡N	4.9×10^{-10}	9.31

약산의 평형 문제에서 가장 중요한 유형은 K_a 값을 이용하여 용액의 pH와 각 성분의 평형 농도를 계산하는 것이다. 0.10 M HCN($K_a = 4.9 \times 10^{-10}$) 수용액에 존재하는 모든 화학종의 평형 농도와 pH를 계산하는 과정을 통해 약산의 평형 문제를 해결하는 방법을 배워보자.

① 약산의 이온화 반응식을 쓴다.

$$HCN(aq) + H_2O(l) \rightleftharpoons H_3O^+(aq) + CN^-(aq) \qquad K_a = 4.9 \times 10^{-10}$$

② x를 해리되는 산의 몰농도($= [H_3O^+]$)로 정의하고, 다른 화학종의 평형 농도를 초기 농도와 x의 관계로 표시한 반응표를 완성한다.

주 반응	$HCN(aq) + H_2O(l) \rightleftharpoons$	$H_3O^+(aq) +$	$CN^-(aq)$
초기 농도(M)	0.10	~0	0
농도 변화(M)	$-x$	$+x$	$+x$
평형 농도(M)	$0.10 - x$	x	x

③ 산의 이온화 평형식에 평형 농도를 대입하고, x 값을 계산한다. x 값이 초기 농도의 5% 미만이라면 초기 농도 $- x =$ 초기 농도로 간주하여 푼다. (5% 근사법)

$$K_a = 4.9 \times 10^{-10} = \frac{[H_3O^+][CN^-]}{[HCN]} = \frac{(x)(x)}{(0.10 - x)} = \frac{x^2}{0.10}$$

$$x^2 = 4.9 \times 10^{-11}$$

$$x = 7.0 \times 10^{-6}$$

(구해진 x가 초기 농도 0.10 M의 5%보다 작으므로 근사법 사용은 타당하다.)

④ x 값으로부터 각 화학종의 농도를 구하고, $[OH^-]$는 물의 이온곱 상수를 이용하여 구한다.

$$[H_3O^+] = [CN^-] = x = 7.0 \times 10^{-6}\,M$$

$$[HCN] = 0.10 - x = 0.10 - (7.0 \times 10^{-6}) = 0.10\,M$$

$$[OH^-] = \frac{K_w}{[H_3O^+]} = \frac{1.0 \times 10^{214}}{7.0 \times 10^{-6}} = 1.4 \times 10^{-9}\,M$$

⑤ 용액의 pH를 계산한다.

$$pH = -\log[H_3O^+] = -\log(7.0 \times 10^{-6}) = 5.15$$

예제 12-11

0.050 M HF에 존재하는 모든 화학종(H_3O^+, F^-, HF, OH^-)의 농도와 pH를 계산하라. (단, HF의 $K_a = 3.5 \times 10^{-4}$이다.)

풀이

- 1단계: $HF(aq) + H_2O(l) \rightleftharpoons H_3O^+(aq) + F^-(aq)$ $K_a = 3.5 \times 10^{-4}$

- 2단계:

주 반응	HF(aq)+H₂O(l) $\rightleftharpoons$ H₃O⁺(aq)+F⁻(aq)		
초기 농도(M)	0.050	~0	0
농도 변화(M)	$-x$	$+x$	$+x$
평형 농도(M)	$0.050 - x$	x	x

- 3-1단계: 근사법 사용 불가

$$K_a = 3.5 \times 10^{-4} = \frac{[H_3O^+][F^-]}{[HF]} = \frac{(x)(x)}{(0.050 - x)}$$

$$x^2 \approx (3.5 \times 10^{-4})(0.050)$$

$$x \approx 4.2 \times 10^{-3}$$

x의 값이 초기 농도(0.05 M)의 5% 미만이 아니므로 근사법은 사용할 수 없고, 이차 방정식으로 풀어야 한다.

- 3-2단계: 이차 방정식 사용

$$3.5 \times 10^{-4} = \frac{x^2}{(0.050 - x)}$$

$$x^2 + (3.5 \times 10^{-4})x - (1.75 \times 10^{-5}) = 0$$

$$x = +4.0 \times 10^{-3} \text{ 또는 } -4.4 \times 10^{-3}$$

$$x = 4.0 \times 10^{-3}$$

- 4단계:

$$[H_3O^+] = [F^-] = x = 4.0 \times 10^{-3} M$$

$$[HF] = (0.050 - x) = (0.050 - 0.0040) = 0.046 M$$

$$[OH^-] = \frac{K_w}{[H_3O^+]} = \frac{1.0 \times 10^{-14}}{4.0 \times 10^{-3}} = 2.5 \times 10^{-12} M$$

- 5단계: $pH = -\log[H_3O^+] = -\log(4.0 \times 10^{-3}) = 2.40$

약산의 이온화 정도를 판단하는 또 하나의 방법은 해리 백분율(이온화 백분율)을 계산하는 것이다. 해리 백분율의 특이한 점은 동일한 상이라도 농도가 작을수록 해리 백분율이 커진다는 것이다. 1.00 M과 0.01 M 두 가지 농도의 아세트산(CH_3COOH, $K_a = 1.8 \times 10^{-5}$) 이온화 반응에서 $[H_3O^+]$의 농도를 구하면 다음과 같고, 실제 $[H_3O^+]$의 농도는 1.00 M 아세트산이 더 높지만 이온화 백분율은 낮은 농도인 0.01 M 아세트산이 더 높다는 것을 알 수 있다.

$$해리\ 백분율 = \frac{[HA]_{해리}}{[HA]_{초기}} \times 100\%$$

1.00 M CH_3COOH 용액의 해리 백분율

$[H_3O^+] = 4.2 \times 10^{-3}$

$$해리\ 백분율 = \frac{[CH_3CO_2H]_{해리}}{[CH_3CO_2H]_{초기}} \times 100\%$$

$$= \frac{4.2 \times 10^{-3}\,M}{1.00\,M} \times 100\% = 0.42\%$$

0.0100 M CH_3COOH 용액의 해리 백분율

$[H_3O^+] = 4.2 \times 10^{-4}$

$$해리\ 백분율 = \frac{[CH_3CO_2H]_{해리}}{[CH_3CO_2H]_{초기}} \times 100\%$$

$$= \frac{4.2 \times 10^{-4}\,M}{0.0100\,M} \times 100\% = 4.2\%$$

약산에 대한 해리 백분율은 농도가 감소할수록 증가한다. 다양성자산(polyprotic acid)은 해리될 수 있는 양성자를 두 개 이상 포함하는 산으로, 단계적으로 이온화되며, 각 단계는 K_{a1}, K_{a2} 등의 고유한 산 이온화 상수를 갖는다. 대표적인 약산이며 다양성자산인 탄산(H_2CO_3)의 이온화 반응은 다음과 같다.

$$H_2CO_3(aq) + H_2O(l) \rightleftharpoons H_3O^+(aq) + HCO_3^-(aq) \qquad K_{a1} = \frac{[H_3O^+][HCO_3^-]}{[H_2CO_3]} = 4.3 \times 10^{-7}$$

$$HCO_3^-(aq) + H_2O(l) \rightleftharpoons H_3O^+(aq) + CO_3^{2-}(aq) \qquad K_{a2} = \frac{[H_3O^+][CO_3^{2-}]}{[HCO_3^-]} = 5.6 \times 10^{-11}$$

표 12-7 25 ℃에서 몇 가지 다양성자산의 단계별 이온화 상수

이름	화학식	K_{a1}	K_{a2}	K_{a3}
탄산	H_2CO_3	4.3×10^{-7}	5.6×10^{-11}	
황화 수소*	H_2S	1.0×10^{-7}	$\sim 10^{-19}$	
옥살산	$H_2C_2O_4$	5.9×10^{-2}	6.4×10^{-5}	4.8×10^{-13}
인산	H_3PO_4	7.5×10^{-3}	6.2×10^{-8}	
황산	H_2SO_4	매우 큼	1.2×10^{-2}	
아황산	H_2SO_3	1.5×10^{-2}	6.8×10^{-8}	

* H_2S의 K_{a2}는 매우 작으므로 측정하기 어렵고, 그 값이 불확실함

대부분의 다양성자산은 두 번째나 세 번째 단계의 음이온에서 양성자를 내놓는 반응이 잘 일어나지 않아서 $K_{a3} \ll K_{a2} \ll K_{a1}$이므로 첫 번째 이온화가 산성의 세기를 결정한다고 볼 수 있다. 하지만 강산인 이양성자산 황산은 두 번째 이온화 단계를 무시할 수 없어서 모든 단계에서 방출되는 하이드로늄 이온을 전부 계산해야 한다.

0.10 M H_2SO_4 용액의 해리 과정을 이용하여 황산 용액의 pH를 계산해 보자.

$$H_2SO_4(aq) + H_2O(l) \rightleftharpoons H_3O^+(aq) + HSO_4^-(aq) \qquad K_{a1} = \frac{[H_3O^+][HSO_4^-]}{[H_2SO_4]} = \text{매우 큼}$$

$$HSO_4^-(aq) + H_2O(l) \rightleftharpoons H_3O^+(aq) + SO_4^{2-}(aq) \qquad K_{a2} = \frac{[H_3O^+][SO_4^{2-}]}{[HSO_4^-]} = 1.2 \times 10^{-2}$$

① H_2SO_4는 강산이므로 100% 해리된다. 첫 번째 해리 반응으로부터 $[HSO_4^-] = [H_3O^+] = 0.10\,M$이다. HSO_4^-의 $K_{a2} = 1.2 \times 10^{-2}$으로 약산이라고 보기에는 큰 값이므로, HSO_4^-의 해리를 두 번째 단계로 고려한다.

② 두 번째 해리 단계는 첫 번째 해리 단계에서 생성된 0.10 M H_3O^+의 존재하에 일어난다는 것에 주의해야 한다.

주 반응	$HSO_4^-(aq) + H_2O(l) \rightleftharpoons$	$H_3O^+(aq) +$	$SO_4^{2-}(aq)$
초기 농도(M)	0.10	0.10	0
농도 변화(M)	$-x$	$+x$	$+x$
평형 농도(M)	$0.10 - x$	$0.10 + x$	x

③ x는 무시할 만큼 적은 양이 아니므로 이차 방정식을 푼다.

$$K_{a2} = 1.2 \times 10^{-2} = \frac{[H_3O^+][SO_4^{2-}]}{[HSO_4^-]} = \frac{(0.10 + x)(x)}{(0.10 - x)}$$

$$0.0012 - 0.012x = 0.10x + x^2$$

$$x^2 + 0.112x - 0.0012 = 0$$

$$x = +0.010 \ \text{또는} \ -0.122$$

④ 반응에 포함된 모든 반응물과 생성물의 농도를 계산한다.

$$[SO_4^{2-}] = x = 0.010\,M$$

$$[HSO_4^-] = 0.10 - x = 0.10 - 0.010 = 0.09\,M$$

$$[H_3O^+] = 0.10 + x = 0.10 + 0.010 = 0.11\,M$$

$$[OH^-] = \frac{K_w}{[H_3O^+]} = \frac{1.0 \times 10^{-14}}{0.11} = 9.1 \times 10^{-14}\,M$$

⑤ $pH = -\log[H_3O^+] = -\log 0.11 = 0.96$

12.5 약염기 용액의 평형과 K_a와 K_b의 관계

대표적인 브뢴스테드–로리의 약염기인 암모니아(NH_3)는 물로부터 양성자를 받아서 짝산인 암모늄 이온(NH_4^+)과 OH^-를 생성하는 염기의 이온화 반응을 한다.

$$NH_3(aq) + H_2O(l) \rightleftarrows NH_4^+(aq) + OH^-(aq)$$

일반적으로 약염기 B의 이온화 반응은 다음과 같은 평형 상태에 도달하며, 염기의 이온화(해리) 상수 K_b를 이용하여 평형식으로 나타낸다.

$$B(aq) + H_2O(l) \rightleftarrows HB^+(aq) + OH^-(aq)$$

$$K_b = \frac{[HB^+][OH^-]}{[B]}$$

약염기의 상당수가 아민(amine) 계열 유기화합물인데, 아민은 암모니아의 수소 원자 하나 이상이 탄화 수소(C_nH_m-) 부분으로 치환된 암모니아에서 유도된 물질이며, 비공유 전자쌍이 있는 질소 원자 때문에 양성자를 받는 브뢴스테드–로리의 염기가 된다. 약염기 용액의 평형 문제도 약산의 평형 문제와 같은 방법으로 해결할 수 있다.

메틸기

고립 전자쌍

$CH_3-\overset{..}{N}-H$
$\quad\quad\; |$
$\quad\quad\; H$
메틸아민

$CH_3-\overset{..}{N}-CH_3$
$\quad\quad\quad |$
$\quad\quad\quad H$
다이메틸아민

$CH_3-\overset{..}{N}-CH_3$
$\quad\quad\quad |$
$\quad\quad\quad CH_3$
트라이메틸아민

그림 12-8 아민의 구조

표 12-8 25 °C에서 몇 가지 약염기의 K_b 값과 그 짝산의 K_a 값

염기	화학식, B	K_b	짝산, BH⁺	K_a
암모니아	NH_3	1.8×10^{-5}	NH_4^+	5.6×10^{-10}
아닐린	$C_6H_5NH_2$	4.3×10^{-10}	$C_6H_5NH_3^+$	2.3×10^{-5}
다이메틸아민	$(CH_3)_2NH$	5.4×10^{-4}	$(CH_3)_2NH_2^+$	1.9×10^{-11}
하이드라진	N_2H_4	8.9×10^{-7}	$N_2H_5^+$	1.1×10^{-8}
하이드록실아민	NH_2OH	9.1×10^{-9}	NH_3OH^+	1.1×10^{-6}
아황산	H_2SO_3	3.7×10^{-4}	$CH_3NH_3^+$	2.7×10^{-11}

예제 12-12

25 ℃에서 0.040 M 암모니아(NH_3) 용액의 pH를 계산하라. (단, NH_3의 $K_b = 1.8 \times 10^{-5}$이다.)

풀이

주 반응	$NH_3(aq) + H_2O(l) \rightleftharpoons NH_4^+(aq) + OH^-(aq)$			
초기 농도(M)	0.040	−	0	0
농도 변화(M)	−x	−	+x	+x
평형 농도(M)	0.040 − x	−	x	x

5% 근사법: $K_b = \dfrac{[NH_4^+][OH^-]}{[NH_3]} = \dfrac{(x)(x)}{0.040 - x} \approx \dfrac{(x)(x)}{0.040} = 1.8 \times 10^{-5}$

$x^2 = (1.8 \times 10^{-5})(0.040) = 7.2 \times 10^{-7}$

$x = \sqrt{7.2 \times 10^{-7}} = 8.5 \times 10^{-4}\,M$

$(8.5 \times 10^{-4} / 0.040) \times 100\% = 2\%$ (근사법 조건에 부합)

$pOH = -\log(8.5 \times 10^{-4}) = 3.07$

$pH = 14.00 - pOH = 14.00 - 3.07 = 10.93$

예제 12-13

커피의 성분인 카페인은 다음 식에 따라 물에서 이온화하는 약염기이다.

$$C_8H_{10}N_4O_2(aq) + H_2O(l) \rightleftharpoons HC_8H_{10}N_4O_2^+(aq) + OH^-(aq)$$

25 ℃에서 0.15 M 카페인 용액의 pH가 8.45일 때, 카페인의 K_b를 구하라.

풀이

$pOH = 14.00 - 8.45 = 5.55$

$[OH^-] = 10^{-5.55} = 2.28 \times 10^{-6}\,M$

$[HC_8H_{10}N_4O_2^+] = [OH^-]$

$[C_8H_{10}N_4O_2] = (0.15 - 2.82 \times 10^{-6})\,M \approx 0.15\,M$

주 반응	$C_8H_{10}N_4O_2(aq) + H_2O(l) \rightleftharpoons HC_8H_{10}N_4O_2^+(aq) + OH^-(aq)$			
초기 농도(M)	0.15	−	0	0
농도 변화(M)	-2.82×10^{-6}	−	-2.82×10^{-6}	$+2.82 \times 10^{-6}$
평형 농도(M)	0.15	−	2.82×10^{-6}	2.82×10^{-6}

$K_b = \dfrac{[HC_8H_{10}N_4O_2^+][OH^-]}{[C_8H_{10}N_4O_2]} = \dfrac{(2.82 \times 10^{-6})^2}{0.15} = 5.3 \times 10^{-11}$

약산인 아세트산(CH_3COOH)의 이온화 상수(K_a)와 짝염기 아세트산 이온(CH_3COO^-)의 이온화 상수(K_b) 사이에는 어떤 관계가 성립할까?

$$CH_3COOH(aq) + H_2O(l) \rightleftharpoons H_3O^+(aq) + CH_3COO^-(aq) \qquad K_a = \frac{[H_3O^+][CH_3COO^-]}{[CH_3COOH]}$$

$$\underset{\text{산}}{} \qquad\qquad\qquad\qquad\qquad \underset{\text{짝염기}}{}$$

$$CH_3COO^-(aq) + H_2O(l) \rightleftharpoons CH_3COOH(aq) + OH^-(aq) \qquad K_b = \frac{[CH_3COOH][OH^-]}{[CH_3COO^-]}$$

두 식을 더하면 그 합은 물의 자동 이온화이므로 $K_a \times K_b = K_w$가 된다.

$$CH_3COOH(\overline{aq}) + H_2O(l) \rightleftharpoons H_3O^+(aq) + CH_3COO^-(\overline{aq}) \qquad K_a$$
$$+ \; CH_3COO^-(\overline{aq}) + H_2O(l) \rightleftharpoons CH_3COOH(\overline{aq}) + OH^-(aq) \qquad K_b$$
$$\overline{ 2H_2O(l) \rightleftharpoons H_3O^+(aq) + OH^-(aq) K_w}$$

11장에서 배웠듯이 두 식을 합하면 평형 상수는 곱해야 한다. 약염기인 암모니아와 그 짝산인 암모늄 이온 사이에도 똑같은 관계가 성립하므로 산의 K_a와 짝염기의 K_b를 곱하면 항상 $K_a \times K_b = K_w = 1.0 \times 10^{-14}$임을 알 수 있다.

$$NH_4^+(\overline{aq}) + H_2O(l) \rightleftharpoons H_3O^+(aq) + NH_3(\overline{aq}) \qquad K_a = \frac{[H_3O^+][NH_3]}{[NH_4^+]} = 5.6 \times 10^{-10}$$

$$+ \; NH_3(\overline{aq}) + H_2O(l) \rightleftharpoons NH_4^+(\overline{aq}) + OH^-(aq) \qquad K_b = \frac{[NH_4^+][OH^-]}{[NH_3]} = 1.8 \times 10^{-5}$$

$$\overline{\text{알짜: } 2H_2O(l) \rightleftharpoons H_3O^+(aq) + OH^-(aq) \qquad K_w = [H_3O^+][OH^-] = 1.0 \times 10^{-14}}$$

$$K_a \times K_b = \frac{[H_3O^+][NH_3]}{[NH_4^+]} \times \frac{[NH_4^+][OH^-]}{[NH_3]} = [H_3O^+][OH^-] = K_w$$

$$= (5.6 \times 10^{-10})(1.8 \times 10^{-5}) = 1.0 \times 10^{-14}$$

$$pK_a + pK_b = pK_w = 14.00$$

$$K_a = \frac{K_w}{K_b} \;\text{ 그리고 } K_b = \frac{K_w}{K_a}$$

$$pK_a = 14.00 - pK_b \;\text{ 그리고 } pK_b = 14.00 - pK_a$$

예제 12-14

약산인 시안화 수소산(HCN)의 $K_a = 4.9 \times 10^{-10}$이다. 짝염기인 CN^-의 K_b를 계산하라.

풀이

CN^-의 K_b는 그 짝산 HCN의 K_a로부터 구할 수 있다.

(계속)

$$K_b = \frac{K_w}{K_a} = \frac{1.0 \times 10^{-14}}{4.9 \times 10^{-10}} = 2.0 \times 10^{-5}$$

12.6 염의 산 염기 성질과 루이스 산 염기

5.4절에서 배웠듯이 산성 용액(HA)과 염기성 용액(BOH)이 혼합되어 중화 반응을 하면 물과 염(BA)이라고 하는 이온 결합 물질이 생성된다.

$$HA(aq) + BOH(aq) \longrightarrow BA(aq \text{ 또는 } s) + H_2O(l)$$

이때 염의 액성은 중화 반응한 산과 염기의 종류에 따라 달라지는데, 기준이 되는 원리는 강한 성질과 약한 성질이 만나면 강한 성질 쪽을 따라간다는 것이다.

그림 12-9 염 용액의 액성

① 강산과 강염기의 중화 반응으로 생긴 염: 중성

　강산의 짝염기는 매우 약한 염기이고, 강염기의 짝산은 매우 약한 산이라서 물을 가수분해하지 못하므로 H^+나 OH^-를 생성하지 못하여 중성 염을 생성한다.

② 강산과 약염기의 중화 반응으로 생긴 염: 산성

　• 강산인 HCl과 약염기인 NH_3의 중화 반응으로 생긴 NH_4Cl의 가수분해

$$NH_4^+(aq) + H_2O(l) \rightleftharpoons NH_3(aq) + H_3O^+(aq)$$

　• $Al^{3+}, Cr^{3+}, Fe^{3+}, Bi^{3+}$와 같이 크기가 작고 높은 전하를 띤 금속 양이온을 포함한 염

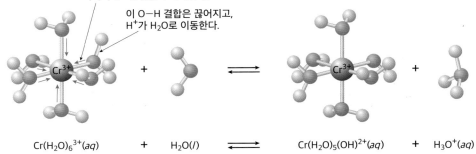

전자들은 Cr^{3+} 쪽으로 끌린다.
따라서 O−H 결합이 약해진다.

이 O−H 결합은 끊어지고,
H^+가 H_2O로 이동한다.

$$Cr(H_2O)_6{}^{3+}(aq) \quad + \quad H_2O(l) \quad \rightleftarrows \quad Cr(H_2O)_5(OH)^{2+}(aq) \quad + \quad H_3O^+(aq)$$

③ 약산과 강염기의 중화 반응으로 생긴 염: 염기성

    약산인 HF와 강염기인 NaOH의 중화 반응으로 생긴 NaF의 가수분해

$$F^-(aq) + H_2O(l) \rightleftarrows HF(aq) + OH^-(aq)$$

④ 약산과 약염기의 중화 반응으로 생긴 염: 산의 K_a와 염기의 K_b를 비교한다.

- $K_b > K_a$일 때, 용액은 염기성
- $K_b < K_a$일 때, 용액은 산성
- $K_b \approx K_a$일 때, 용액은 중성 또는 거의 중성

예제 12-15

다음 염의 0.10 M 용액의 액성을 예측하라.

(a) LiI   (b) NH_4NO_3 (c) $Sr(NO_3)_2$ (d) KNO_2 (e) NaCN

풀이

(a) 용액 중의 이온: Li^+는 강염기의 양이온이고, I^-는 강산의 음이온이므로 LiI 용액은 중성이다.

(b) $NH_4{}^+$는 약염기 NH_3의 짝산이고, $NO_3{}^-$는 강산 HNO_3의 짝염기이므로 양이온이 가수분해된다. 따라서 NH_4NO_3 용액은 산성이다.

$$NH_4{}^+(aq) + H_2O(l) \rightleftarrows NH_3(aq) + H_3O^+(aq)$$

(c) 용액 중의 이온: Sr^{2+}는 강염기의 양이온이고, $NO_3{}^-$는 강산의 음이온이므로 $Sr(NO_3)_2$ 용액은 중성이다.

(d) K^+는 강염기의 양이온이고, $NO_2{}^-$는 약산 HNO_2의 음이온이므로 음이온이 가수분해된다. 따라서 KNO_2 용액은 염기성이다.

(계속)

$$NO_2^-(aq) + H_2O(l) \rightleftarrows HNO_2(aq) + OH^-(aq)$$

(e) Na^+는 강염기의 양이온이고, CN^-는 약산 HCN의 음이온이므로 음이온이 가수분해된다. 따라서 $NaCN$ 용액은 염기성이다.

$$CN^-(aq) + H_2O(l) \rightleftarrows HCN(aq) + OH^-(aq)$$

브뢴스테드와 로리는 양성자를 주는 물질을 '산', 양성자를 받는 물질을 '염기'라고 정의하였지만, 이 정의로는 삼플루오린화 붕소(BF_3)와 암모니아(NH_3) 사이의 산−염기 반응을 설명할 수 없다. 따라서 미국의 화학자 루이스(Gilbert Newton Lewis, 1875~1946)는 브뢴스테드−로리의 염기가 양성자를 받을 때 염기의 비공유 전자쌍과 양성자 사이에 배위 공유 결합이 생긴다는 사실에 주목하여 비공유 전자쌍을 받는 물질을 '산', 비공유 전자쌍을 주는 물질을 '염기'라고 정의하였다. 이 정의를 '루이스의 산 염기'라고 하며, 이는 산과 염기를 나타낸 가장 포괄적인 개념이다.

예제 12-16

다음 각 반응에서 루이스 산과 루이스 염기를 찾아라.

(a) $CO_2 + OH^- \longrightarrow HCO_3^-$

(b) $B(OH)_3 + OH^- \longrightarrow B(OH)_4^-$

(c) $6CN^- + Fe^{3+} \longrightarrow Fe(CN)_6^{3-}$

풀이

(a)

루이스 산   루이스 염기

(b) 루이스 산은 전자쌍을 받아들이는 $B(OH)_3$이며, 루이스 염기는 전자쌍을 제공하는 OH^-이다.

(c) 루이스 산은 Fe^{3+}이고, 루이스 염기는 CN^-이다.

13장
유기 화학 입문

13.1 유기 화합물의 분류

이름도 용도도 다른 다음 화합물들의 공통점은 무엇일까?

CH₄	C₂H₅OH	C₅H₇O₄COOH	CH₃NH₂
메테인 (methane)	에탄올 (ethanol)	아스코르브산 (ascorbic acid)	메틸아민 (methylamine)
천연 가스 성분	술과 소독제 성분	비타민 C	가죽 무두질제

정답은 이 물질들은 모두 유기 화합물(organic compound)이라는 것이다. 유기 화학(organic chemistry)과 무기 화학(inorganic chemistry)이라는 화학 분야를 익숙하게 들어 봤을 것이다. '유기'라는 어원은 18세기 화학자들이 '생물(식물이나 동물)로부터 얻어진'이라는 의미로 사용하였다. 하지만 1828년 독일의 화학자 프리드리히 뵐러(Friedrich Wohler, 1800~1882)가 실험실에서 무기 화합물인 사이안산(시안산) 납[Pb(OCN)₂]과 암모니아(NH₃) 수용액으로부터 유기 화합물인 요소[(NH₂)₂CO]를 합성함으로써 본래의 '생물로부터 얻어진'이라는 의미에서 벗어나게 되었다.

$$Pb(OCN)_2 + 2NH_3 + 2H_2O \xrightarrow{\text{열}} \underset{\text{요소}}{2(NH_2)_2CO} + Pb(OH)_2$$

오늘날 '유기 화학'은 탄소와 수소를 기본으로 한 화합물을 연구하는 학문이고, '무기 화학'은 유기 화학에서 다루는 것 이외의 물질에 대한 화학을 의미한다. 현재까지 알려진 유기 화합물은 2,000만 종이 넘지만, 무기 화합물은 10만 종을 조금 넘는다.

원자가전자가 4개인 탄소는 4개의 단일 결합, 1개의 이중 결합과 2개의 단일 결합, 1개의 삼중 결합과 1개의 단일 결합과 같이 다양한 결합을 할 수 있으며, 원자 간 사슬과 고리 구조로 연결되는 것이 가능하여 매우 다양한 구조의 화합물을 만들 수 있다. 따라서 유기 화학의 기본이 되는 탄화 수소의 종류는 무궁무진하다.

탄화 수소는 구조에 따라 지방족 탄화 수소(aliphatic hydrocarbon)와 방향족 탄화 수소(aromatic hydrocarbon)로 분류되며, 이 중에서 알케인과 사이클로알케인만 탄소 원자 간 모든 결합이 단일 결합인 포화 탄화 수소(saturated hydrocarbon)이고, 나머지는 모두 다중 결합이 있는 불포화 탄화 수소(unsaturated hydrocarbon)이다.

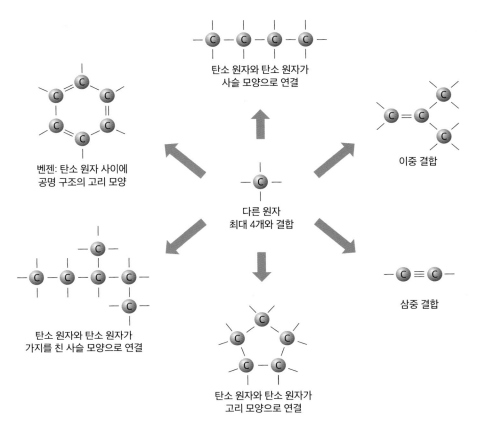

그림 13-1 탄화 수소를 만드는 탄소 원자 간 결합의 종류

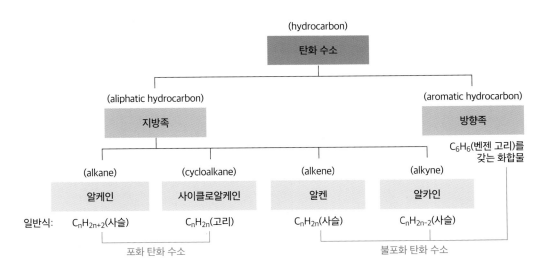

그림 13-2 탄화 수소의 분류

13.2 지방족 탄화 수소

1) 알케인

알케인(alkane)은 모든 탄소 원자가 sp^3 혼성화되어 단일 결합만을 하며, 결합할 수 있는 수소와 최대로 결합한 화합물이므로 포화 탄화 수소이고, 일반식은 C_nH_{2n+2}(n = 1, 2, 3 …)이다. 가장 간단한 알케인인 메테인(CH_4)은 혐기성 박테리아에 의해 유기물이 분해될 때 얻어지므로 '늪 가스(marsh gas)'라고도 부르며, 천연가스의 주성분이지만, 현재는 연간 1억 7,000만 톤이 흰개미로부터 발생하는 온실 기체 중 하나이다. 탄소의 수가 1~4개인 간단한 알케인의 구조는 다음과 같다.

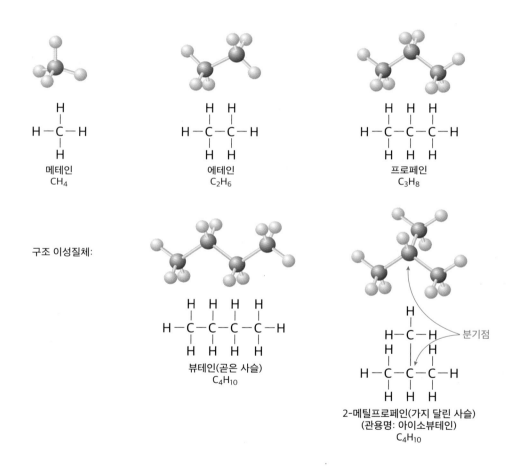

구조 이성질체:

메테인
CH_4

에테인
C_2H_6

프로페인
C_3H_8

뷰테인(곧은 사슬)
C_4H_{10}

분기점

2-메틸프로페인(가지 달린 사슬)
(관용명: 아이소뷰테인)
C_4H_{10}

LPG(액화 석유 가스, Liquefied Petroleum Gas)의 주성분인 프로페인과 뷰테인을 살펴보면 탄소가 3개인 프로페인은 곧은 사슬 구조만 만들어지지만, 탄소가 4개인 뷰테인은 곧은 사슬 구조와 가지가 달린 구조 두 종류가 가능하다. 분자식은 같으나 원자의 연결이 달라서 구조가 다른 분자를 '구조 이성질체(structural isomer)'라 하고, 뷰테인에는 곧은 사슬인 n−뷰테인과 가지 달린 2−메틸프로페인(아이소뷰테인, isobutane)이 있다. 탄소가 10개인 $C_{10}H_{22}$ 분자는 구조 이성질체가 75개이고, 탄소가 30개인 $C_{30}H_{62}$ 분자는 구조 이성질체가 4억 개 이상이다. 즉, 탄소의 개수가 많아질수록 가능한 구조 이성질체의 수도 기하급수적으로 늘어난다. 모든 구조 이성질체는 분자식은 같지만 화학적 성질과 녹는점, 끓는점 같은 물리적 성질이 다르다.

예제 13-1

펜테인(patane, C_5H_{12})의 구조 이성질체 개수를 구하고, 구조를 그려라.

풀이

펜테인 (곧은 사슬)	2-메틸뷰테인 (가지 달린 사슬)	2,2-다이메틸프로페인 (가지 달린 사슬)
관용명: n-펜테인	iso-펜테인	neo-펜테인

(1) 알케인의 명명법

알케인을 비롯한 모든 유기 화합물의 이름은 국제 순수 및 응용 화학 연합(International Union of Pure and Applied Chemistry, IUPAC)의 체계에 따라 명명하는데, 접두사 — 모체(주사슬, parent chain) — 접미사 순서로 구성된다. 모체의 이름은 ●표 13-1에 나와 있는 곧은 사슬 알케인의 이름이 된다.

표 13-1 곧은 사슬 알케인의 물리적 성질과 용도

이름(예전 이름)	분자식	녹는점 (℃)	끓는점 (℃)	20℃에서 밀도(g/mL)	용도
메테인(메탄)	CH_4	−183	−162	기체	천연가스(주성분), 연료
에테인(에탄)	C_2H_6	−172	−89	기체	천연가스(부성분), 화학약품 제조
프로페인(프로판)	C_3H_8	−188	−42	기체	LPG(용기에 담아 쓰는 가스, 연료)
뷰테인(부탄)	C_4H_{10}	−138	0	기체	LPG(연료, 라이터 연료)
펜테인(펜탄)	C_5H_{12}	−130	36	0.626	휘발유의 성분(연료)
헥세인(헥산)	C_6H_{14}	−95	69	0.659	휘발유의 성분(연료), 추출 용매(음식의 기름)
헵테인(헵탄)	C_7H_{16}	−91	98	0.684	휘발유의 성분(연료)
옥테인(옥탄)	C_8H_{18}	−57	126	0.703	휘발유의 성분(연료)
데케인(데칸)	$C_{10}H_{22}$	−30	174	0.730	휘발유의 성분(연료)
도데케인(도데칸)	$C_{12}H_{26}$	−10	216	0.749	휘발유의 성분(연료)
테트라데케인(테트라데칸)	$C_{14}H_{30}$	6	254	0.763	디젤 연료 성분
헥사데케인(헥사데칸)	$C_{16}H_{34}$	18	280	0.775	디젤 연료 성분
옥타데케인(옥타데칸)	$C_{18}H_{38}$	28	316	고체	파라핀 왁스 성분
이코산(에코센)	$C_{20}H_{42}$	37	343	고체	파라핀 왁스 성분

알케인의 명명법은 다음과 같은 단계를 따른다.

① 모체(주사슬)를 명명하고, 주사슬의 탄소 원자 결합 종류에 따라 알케인, 알켄, 알카인 등의 접미어를 결정한다. 분자에서 가장 길고 연속적인 사슬을 찾고, 그 사슬의 이름을 모체로 사용한다.

$$CH_3-CH_2$$
$$CH_3-CH-CH_2-CH_2-CH_3$$

가장 긴 사슬에 탄소가 6개 있으므로 펜테인이 아니라 헥세인으로 명명한다.

② 주사슬의 탄소 원자에 번호를 매긴다. 무조건 가지가 달린 탄소의 원자 번호가 작은 숫자가 되도록 모체 사슬의 탄소 원자에 번호를 매긴다.

$$CH_3$$
$$CH_3-CH_2-CH-CH_2-CH_2-CH_3$$
$$1 \quad 2 \quad 3 \quad 4 \quad 5 \quad 6$$
$$[6 \quad 5 \quad 4 \quad 3 \quad 2 \quad 1]$$

틀린 번호

왼쪽부터 번호를 매기면 첫 번째 (유일한) 가지는 세 번째 탄소(C3)에 나타나지만, 만약에 실수로 오른쪽에서부터 세면 C4에 나타날 것이다.

③ 치환기가 붙은 탄소의 번호와 치환기의 이름을 모체 앞에 접두어로 쓴다. 모체 사슬에 붙어 있는 각 가지 치환기에 그 치환기가 붙어 있는 탄소의 위치에 따라 번호를 매긴다.

$$CH_3$$
$$CH_3-CH_2-CH-CH_2-CH_2-CH_3$$
$$1 \quad 2 \quad 3 \quad 4 \quad 5 \quad 6$$

주사슬은 헥세인이다.
사슬의 C3에 -CH_3 치환기가 1개 붙어 있다.

알케인에서 수소 원자 1개를 제거하여 생긴 치환기를 알킬기라고 한다.

$$CH_2-CH_3$$
$$CH_3-CH_2-C-CH_2-CH_2-CH_3$$
$$1 \quad 2 \quad 3 \quad 4 \quad 5 \quad 6$$
$$CH_3$$

주사슬은 헥세인이다.
두 치환기 -CH_3와 -CH_2CH_3는 모두 사슬의 C3에 붙어 있다.

메테인 → (H 1개 제거) → 메틸기

에테인 → (H 1개 제거) → 에틸기

④ 이름을 한 단어로 쓴다. 치환기가 둘 이상인 경우 접두사를 구별하기 위하여 하이픈을 사용하고 알파벳 순서로 나열하며, 번호가 둘 이상 있으면 번호를 분리하기 위하여 쉼표를 사용한다. 둘 이상의 치환기가 같다면 수 접두사인 다이–($di-$, 2개), 트라이–($tri-$, 3개), 테트라–($tetra-$, 4개) 등을 사용한다. 알킬기는 알케인에서 수소가 하나 떨어진 구조로, 탄화 수소의 수소 자리에 주로 치환되며, 기호는 R–로 나타낸다.

$$CH_3-CH_2-\underset{\underset{1\quad\quad 2\quad\quad 3\quad\quad 4\quad\quad 5\quad\quad 6}{}}{\overset{\overset{CH_3}{|}}{C}H}-CH_2-CH_2-CH_3$$

3-메틸헥세인
3-메틸 치환기가 1개 있는
탄소가 6개인 주사슬

$$CH_3-CH_2-\overset{\overset{CH_2-CH_3}{|}}{\underset{\underset{CH_3}{|}}{C}}-CH_2-CH_2-CH_3$$
1   2   3   4   5   6

3-에틸-3-메틸헥세인
3-에틸과 3-메틸 치환기가 있는
탄소가 6개인 주사슬

$$\overset{1\quad\quad 2}{CH_3-CH_2}$$
$$CH_3-\underset{\underset{CH_3}{|}}{C}-CH_2-CH_2-CH_3$$
3   4   5   6

3,3-다이메틸헥세인
3-메틸 치환기가 2개 있는
탄소가 6개인 주사슬

⑤ 알킬기 이외에도 다양한 치환기를 가질 수 있으며, 명명할 때 치환기는 영문 알파벳 순서로 나열하고, 첫 번째 치환기가 가장 작은 숫자를 갖도록 사슬의 탄소 원자에 번호를 붙인다.

$$CH_3-\overset{\overset{NO_2}{|}}{C}H-\overset{\overset{Br}{|}}{C}H-CH_2-CH_2-CH_3$$
1   2   3   4   5   6

3-브로모-2-나이트로헥세인

표 13-2 여러 가지 알킬기

이름	식	모델
메틸(methyl)	$-CH_3$	
에틸(ethyl)	$-CH_2CH_3$	
프로필(propyl)	$-CH_2CH_2CH_3$	
아이소프로필(isopropyl)	$-CH(CH_3)_2$	
뷰틸(butyl)	$-CH_2CH_2CH_2CH_3$	
삼차-뷰틸(*tert*-butyl)	$-C(CH_3)_3$	
아이소펜틸(isopentyl)	$-CH_2CH_2CH(CH_3)_2$	
헥실(hexyl)	$-CH_2CH_2CH_2CH_2CH_2CH_3$	
헵틸(heptyl)	$-CH_2CH_2CH_2CH_2CH_2CH_2CH_3$	
옥틸(octyl)	$-CH_2CH_2CH_2CH_2CH_2CH_2CH_2CH_3$	

표 13-3 자주 사용되는 치환기의 이름

작용기	이름
$-NH_2$	아미노
$-F$	플루오로
$-Cl$	클로로
$-Br$	브로모
$-I$	아이오도
$-NO_2$	나이트로
$-CH=CH_2$	바이닐

예제 13-2

다음 화합물을 체계적인 명명법(IUPAC 명명법)에 따라 명명하라.

(a)
```
            H  H  Cl H  H
            |  |  |  |  |
        H — C — C — C — C — C — H
            |  |  |  |  |
            H  H  H  H  H
```
(a)

(b)
```
                  H
                  |
              H — C — H
                  |
              H — C — H
                  |
      H         H — C — H
      |           |       H  H  H
  H — C —————————— C ————— C — C — C — H
      |           |       |  |  |
      H           H       H  H  H
```
(b)

(c)
```
                              H
                              |
                          H — C — H
      H  H  H  H               |   H
      |  |  |  |               |   |
  H — C — C — C — C ————————— C — C — H
      |  |  |  |               |   |
      H  H  H  H               H   H
```
(c)

풀이

(a) 5개의 탄소 사슬이 있다. 염소(Cl) 치환체는 양쪽 어느 탄소에서 수를 세어도 3번 탄소에 위치하므로, 양쪽 끝에서 시작하는 탄소의 번호를 매길 수 있다.

```
            H  H  Cl H  H
            |  |  |  |  |
        H — C — C — C — C — C — H
            | 1 | 2| 3| 4| 5|
            H  H  H  H  H
```
3-클로로펜테인

(b) 치환된 펜테인처럼 보이지만, 이 분자의 가장 긴 탄소 사슬은 7개의 탄소 원자이다. 치환체는 4번 탄소에 메틸기이다.

(계속)

```
          H
          |
      H — C — H
          |1
      H — C — H
          |2
      H — C — H
       H  |3  H   H   H
       |      |   |   |
   H — C — C — C — C — C — H
       |  4  |5  |6  |7
       H     H   H   H   H
              H  H  H  H
```

4-메틸헵테인

(c) 치환된 헥세인이다.

```
                    H
                    |
                H — C — H
     H   H   H   H  |      H
     |   |   |   |         |
 H — C — C — C — C — C — C — H
     |6  |5  |4  |3  |2   |1
     H   H   H   H   H    H
```

2-메틸헥세인

예제 13-3

3−에틸−2,2,−다이메틸펜테인(3−ethyl−2,2−dimethyipentane)의 구조식을 구하라.

<u>풀이</u>

모체 화합물은 펜테인(pentane)이므로 가장 긴 사슬은 5개의 탄소 원자를 가지고 있다. 2번 탄소에 2개의 메틸기가 붙어 있고, 3번 탄소에 1개의 에틸기가 붙어 있다. 따라서 이 화합물의 구조식은 다음과 같다.

```
                CH3  C2H5
                 |    |
      CH3 — C — CH — CH2 — CH3
       1    2|   3     4      5
            CH3
```

(2) 알케인의 반응

모든 결합이 단일 결합으로 구성된 포화 탄화 수소 알케인은 반응성이 큰 화합물이 아니라서 전통적으로 발열 반응인 연소 반응을 이용하여 난방이나 취사, 산업용 에너지원으로 사용되었다.

$$CH_4(g) + 2O_2(g) \longrightarrow CO_2(g) + 2H_2O(l) \qquad \Delta H^{\circ} = -890.4\,\text{kJ/mol}$$

$$2C_2H_6(g) + 7O_2(g) \longrightarrow 4CO_2(g) + 6H_2O(l) \qquad \Delta H^{\circ} = -3,119\,\text{kJ/mol}$$

알케인의 특이한 반응으로는 1개 이상의 수소를 할로젠 원자로 치환하는 할로젠화 반응(halogenation)이 있고, 이 반응을 통해서 할로젠화 알킬(alkyl halides)이 생성된다.

$$CH_4(g) + Cl_2(g) \longrightarrow \boxed{CH_3Cl(g)} + HCl(g)$$
염화 메틸

$$CH_3Cl(g) \xrightarrow{Cl_2(g)} \boxed{CH_2Cl_2(g)} \xrightarrow{Cl_2(g)} \boxed{CHCl_3(g)} \xrightarrow{Cl_2(g)} \boxed{CCl_4(g)}$$
염화 메틸렌 　　클로로폼　　 사염화 탄소

관용명: 디클로로메테인

할로젠화 반응의 메커니즘은 다음과 같다.

$$CH_4(g) + Cl_2(g) \longrightarrow \boxed{CH_3Cl(g)} + HCl(g)$$
염화 메틸

$$Cl_2 + \text{에너지} \longrightarrow Cl\cdot + Cl\cdot \qquad \text{라디칼}\,Cl\cdot\,\text{의 형성}$$

$$CH_4 + Cl\cdot \longrightarrow \cdot CH_3 + HCl \qquad \text{라디칼}\,\cdot CH_3\text{의 형성}$$

$$\cdot CH_3 + Cl_2 \longrightarrow \boxed{CH_3Cl} + Cl\cdot \qquad \text{생성물}\,CH_3Cl\text{의 형성}$$

라디칼 $Cl\cdot$은 재사용

염소와 플루오린이 치환된 염화불화탄소인 프레온 가스 1개에서 나온 $Cl\cdot$ 라디칼은 계속 재사용되어 성층권에 있는 약 10만 개의 오존을 분해하여 오존홀 문제가 생겼으며, 염화 메틸렌은 디카페인 커피를 만들 때 사용하는 용매이자 페인트 제거제이고, 클로로폼은 예전부터 마취제로 사용되었던 휘발성과 단맛이 있는 액체지만 간, 심장, 신장 손상을 일으키는 독성이 밝혀진 이후 마취제로는 사용하지 않는다.

알케인의 치환 반응 결과, 하나의 탄소에 붙은 4개의 원자나 원자단이 모두 다른 경우 아무리 회전시켜도 절대 겹치지 않고 오직 거울에 비친 형태의 대칭 구조만 생기는 데, 이들 사이의 관계를 '광학 이성질체(거울상 이성질체, optical isomer)'라고 한다. 광학 이성질체는 화학적·물리적 성질이 거의 같으나,

편광을 회전시키는 방향만 다른 화합물로 분리하기 어려우며, 탈리도마이드와 같은 약물의 부작용을 통해 생리학적인 활성이 매우 다르다는 것이 밝혀졌다. 광학 이성질체가 되기 위해서는 반드시 4개의 다른 원자 또는 원자단과 결합한 카이랄 탄소(비대칭 탄소, chiral carbon)가 존재해야 하고, 이런 분자들을 '카이랄 분자'라고 한다.

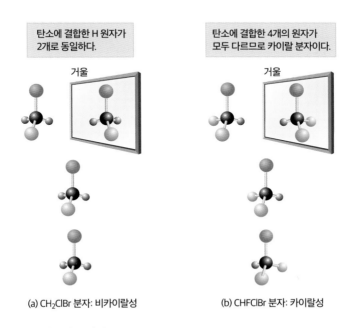

탄소에 결합한 H 원자가 2개로 동일하다.

거울

탄소에 결합한 4개의 원자가 모두 다르므로 카이랄 분자이다.

거울

(a) CH_2ClBr 분자: 비카이랄성   (b) $CHFClBr$ 분자: 카이랄성

그림 13-3 비카이랄 분자와 카이랄 분자의 구조

예제 13-4

다음 분자가 카이랄성인지 비카이랄성인지 판단하라.

$$
\begin{array}{c}
Cl \\
| \\
H-C-CH_2-CH_3 \\
| \\
CH_3
\end{array}
$$

풀이

중심 탄소 원자에 수소 원자, 염소 원자, $-CH_3$기, $-CH_2-CH_3$기가 결합되어 있다. 따라서 중심 탄소 원자는 비대칭이며, 이 분자는 카이랄성이다.

2) 사이클로알케인

사이클로알케인(cycloalkane)은 고리형 탄화 수소이며, 일반식은 $C_nH_{2n}(n = 3, 4, 5 \cdots)$으로 알켄과 같지만, 탄소 원자가 모두 단일 결합을 하는 포화 탄화 수소이다. 탄소수가 3개로 제일 간단한 사이클로프로페인은 휘발성이 있는 가연성 기체로, 작용이 신속하고 회복이 빠른 마취제로 영유아나 중환자의 수술에 유용하지만, 폭발 위험이 있어 헬륨과 혼합하여 사용한다. 사이클로프로페인의 탄소 원자 간 결합각은 $60°$, 탄소수가 4개인 사이클로뷰테인은 $90°$로 사면체 구조의 $109.5°$보다 작아서 불안정한 화합물이다.

인체에 꼭 필요한 콜레스테롤이나 성호르몬인 테스토스테론, 프로게스테론 등의 화합물은 1개 이상의 사이클로알케인 고리 구조를 반드시 포함한다. 안정한 구조로 여겨지는 사이클로헥세인은 여러 형태로 존재하지만, 그중 가장 안정한 두 개의 기하 구조를 갖는데(●그림 13-5), 둘 중 의자 형태가 더 안정하다.

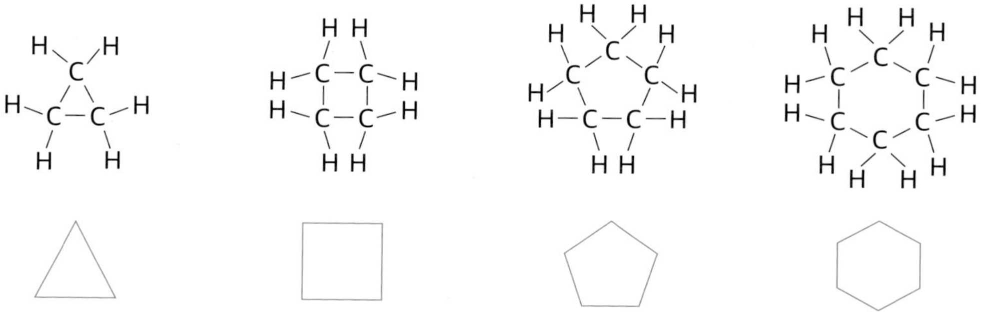

사이클로프로페인
(C_3H_6)

사이클로뷰테인
(C_4H_8)

사이클로펜테인
(C_5H_{10})

사이클로헥세인
(C_6H_{12})

그림 13-4 사이클로알케인의 구조

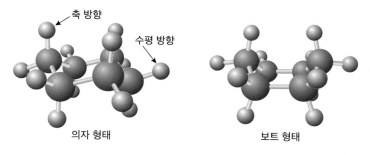

의자 형태   보트 형태

그림 13-5 사이클로헥세인의 안정한 두 가지 기하 구조

3) 알켄

올레핀(olefin)이라고도 하는 알켄(alkene)은 탄소 원자 사이 이중 결합이 1개 이상 있는 불포화 탄화 수소이며, 일반식은 C_nH_{2n}(n = 2, 3 ···)이다. 가장 간단한 에텐[ethene, 관용명은 에틸렌(ethylene)]의 분자식은 C_2H_4로, 두 개의 탄소가 sp^2 혼성화되어 1개의 시그마 결합과 1개의 파이 결합으로 구성된 이중 결합을 한다. 에틸렌은 묘목의 성장을 제어하고 열매의 숙성을 조절하는 식물 호르몬으로, 과일과 채소를 인공적으로 후숙시킬 때도 사용하며, 폴리에틸렌(polyethylene, PE) 고분자를 만드는 단위체이다. 탄소 수가 3개인 프로펜[propene, 관용명은 프로필렌(propylene)]은 단단한 여행 가방이나 가전제품의 플라스틱 구조를 만드는 폴리프로필렌(polypropylene, PP) 고분자를 만드는 단위체로 사용된다.

에틸렌(에텐)　　　프로필렌(프로펜)

(1) 알켄의 명명법

이름의 끝이 엔(−ene)이고, 대부분의 명명법은 알케인의 명명법과 동일하나 반드시 이중 결합의 위치를 표시한다는 점이 다르다. 탄소수가 4개 이상인 알켄은 이중 결합의 위치가 다른 구조 이성질체가 있으므로 반드시 이중 결합이 있는 탄소의 번호 두 개 중 작은 번호를 이름 앞에 명시해야 한다.

$$CH_2=CH-CH_2-CH_3 \qquad H_3C-CH=CH-CH_3$$
1−뷰텐　　　　　　　　　　　2−뷰텐

　알켄의 가장 중요한 특징 중 하나는 회전이 불가능한 이중 결합으로 인해 입체 구조가 다른 기하 이성질체(geometric isomer), 즉 시스(cis)와 트랜스(trans) 이성질체가 존재한다는 것이다. 이중 결합을 기준으로 동일한 치환기나 탄소수가 많은 사슬이 같은 쪽에 존재하는 시스 이성질체는 주로 극성 분자가 되고(쌍극자 모멘트 ≠ 0), 반대쪽에 존재하는 트랜스 이성질체는 극성이 적거나 없다(쌍극자 모멘트 = 0).

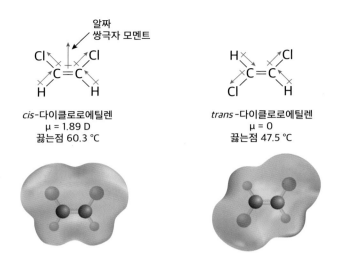

cis-다이클로로에틸렌
μ = 1.89 D
끓는점 60.3 ℃

trans-다이클로로에틸렌
μ = 0
끓는점 47.5 ℃

그림 13-6 다이클로로에틸렌($ClHC=CHCl$) 분자의 시스/트랜스 이성질체

예제 13-5

다음 이성질체의 이름을 결정하라.

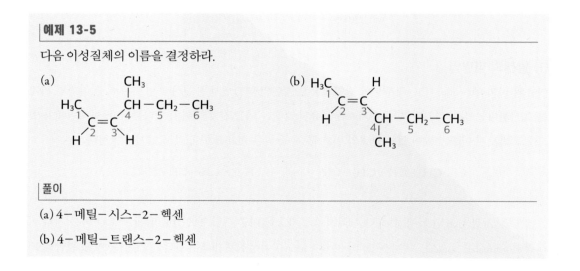

풀이

(a) 4−메틸−시스−2−헥센

(b) 4−메틸−트랜스−2−헥센

---

(2) 알켄의 반응

알켄은 탄소와 탄소 사이에 시그마 결합과 파이 결합으로 이루어진 이중 결합을 갖는 불포화 탄화 수소이므로, 약한 파이 결합이 끊어지면서 다른 분자와 결합하는 첨가 반응(addition reaction)이 일어난다. 대표적인 예는 에틸렌에 할로젠화 수소나 할로젠이 첨가되는 다음과 같은 반응이다.

$$C_2H_4(g) + HX(g) \longrightarrow CH_3-CH_2X(g)$$

$$C_2H_4(g) + X_2(g) \longrightarrow CH_2X-CH_2X(g)$$

$$(X = Cl, Br, I \text{ 등의 할로젠 원자})$$

하지만 프로펜과 같은 비대칭 알켄에 할로젠화 수소가 첨가되면 다음과 같은 두 종류의 생성물이 생길 수 있다.

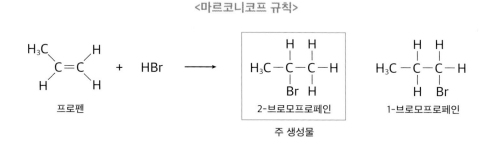

<마르코니코프 규칙>

프로펜   +   HBr   →   2-브로모프로페인 (주 생성물)   1-브로모프로페인

하지만 실제로는 2 – 브로모프로페인만 생성되는데, 이와 같은 현상은 모든 비대칭 알켄이 할로젠화 수소(HX)와 결합할 때 항상 나타난다. 이는 1871년 러시아 화학자 마르코니코프(Markovnikov)가 '비대칭 알켄에 HX가 첨가될 때 H는 수소가 많은 탄소(치환기가 적은 탄소)에 첨가되고, X(할로젠)는 수소가 적은 탄소(치환기가 많은 탄소)에 첨가된다'라는 <마르코니코프 규칙>으로 일반화하였다.

4) 알카인

알카인(alkyne)은 하나 이상의 탄소 – 탄소 삼중 결합을 갖는 불포화 탄화 수소로, 일반식은 C_nH_{2n-2} (n = 2, 3 …)이다.

(1) 알카인의 명명법
알켄의 명명법처럼 삼중 결합이 있는 탄소의 번호 중 작은 숫자를 앞에 표기해야 하고, 이름은 아인 (–yne)으로 끝난다. 가장 간단한 알카인은 에타인(ethyne, C_2H_2)이지만, 예전부터 관용적으로 '아세틸렌(acetylene)'이라는 이름을 주로 사용한다.

$$HC\equiv C-CH_2-CH_3 \qquad H_3C-C\equiv C-CH_3$$
1 – 뷰타인(1 – butyne)   2 – 뷰타인(2 – butyne)

(2) 알카인의 반응

아세틸렌은 끓는점이 $-84\,^\circ\mathrm{C}$인 무색의 기체로, 탄화 칼슘(CaC_2)과 물을 반응시켜 얻을 수 있다.

$$CaC_2(s) + 2H_2O(l) \longrightarrow C_2H_2(g) + Ca(OH)_2(aq)$$

산소와 연소 반응할 때 온도가 $3{,}000\,^\circ\mathrm{C}$인 불꽃이 발생하므로 금속의 용접 공정에 사용한다. 수소가 첨가되면 에틸렌이 된다.

$$C_2H_2(g) + H_2(g) \longrightarrow C_2H_4(g)$$

알켄과 마찬가지로 할로젠화 수소 및 할로젠 분자와 첨가 반응을 한다.

$$C_2H_2(g) + HX(g) \longrightarrow CH_2{=}CHX(g)$$
$$C_2H_2(g) + X_2(g) \longrightarrow CHX{=}CHX(g)$$
$$C_2H_2(g) + 2X_2(g) \longrightarrow CHX_2{-}CHX_2(g)$$

13.3 방향족 탄화 수소

벤젠(C_6H_6) 고리를 하나 이상 갖는 탄화 수소는 특유의 향이 있어서 '방향족 탄화 수소(aromatic hydrocarbon)'라고 부른다. 벤젠은 1826년 패러데이에 의해 발견되었으며, 간단한 분자식(C_6H_6)을 가지면서 탄소가 4개의 결합을 하고 있다. 비극성인 벤젠의 성질을 설명할 수 있는 고리 구조는 약 40년 후인 1865년 케쿨레에 의해 밝혀져서 탄소 – 탄소 간 6개의 결합이 모두 동일한 평면 육각형 분자임이 알려졌다.

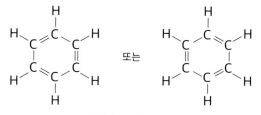

(a) 벤젠의 두 가지 공명 구조

(b) 벤젠의 공명 혼성 구조
(전자가 비편재된 실제 구조)

1) 방향족 화합물의 명명법

① 1-치환된 벤젠의 명명법: 벤젠의 수소 1개가 다른 원자나 원자단으로 치환된 화합물인 1-치환된
   벤젠의 명명법은 다음과 같다.

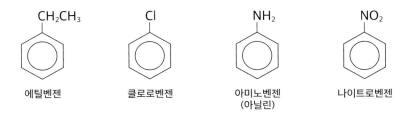

에틸벤젠   클로로벤젠   아미노벤젠
(아닐린)   나이트로벤젠

② 치환기가 2개 이상일 때 번호 부여법: 2개 이상의 치환기가 있으면 처음 치환된 기에 대한 두 번째
   치환기의 위치를 표시해야 하는데, 다음과 같이 탄소에 번호를 부여한다.

③ 다이브로모벤젠의 세 가지 구조 이성질체: 다이브로모벤젠은 다음과 같은 세 가지 구조 이성질체가
   존재하며, 접두사 $o-$(오쏘-, ortho-), $m-$(메타-, meta-), $p-$(파라-, para-)는 두 치환기의 상대
   적인 위치를 나타낸다.

1,2-다이브로모벤젠   1,3-다이브로모벤젠   1,4-다이브로모벤젠
(o-다이브로모벤젠)   (m-다이브로모벤젠)   (p-다이브로모벤젠)

④ 3－브로모나이트로벤젠: 두 개의 치환기가 다른 경우에는 1－치환된 벤젠에 다른 치환기의 위치와 이름을 명시하여 나타내므로 다음의 화합물은 3－브로모나이트로벤젠(3－bromonitrobenzene) 또는 m－브로모나이트로벤젠(m－bromonitrobenzene)이라고 명명한다.

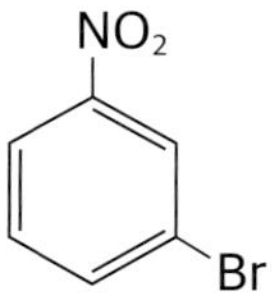

3-브로모나이트로벤젠

⑤ 2－페닐프로페인: 벤젠에서 수소 원자가 하나 제거된 기(C_6H_5-)를 페닐(phenyl)기라고 명명하며, 다음 분자는 2－페닐프로페인(2－phenylpropane)이라고 부른다.

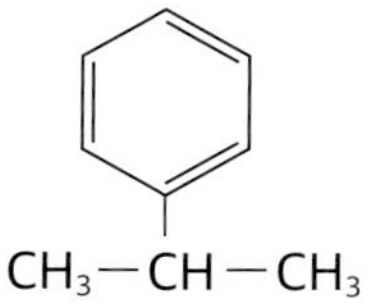

2-페닐프로페인

2) 방향족 화합물의 반응

벤젠은 원유에서 얻는 무색의 인화성 액체이고 불포화 탄화 수소이지만, 이중 결합 전자가 6개의 탄소에 고루 퍼져있는 비편재 구조이므로 안정하여 알켄과 알카인처럼 첨가 반응을 잘하지 못하며, 만약 첨가 반응이 일어난다면 벤젠 고리가 없어져서 방향족 특성이 사라지게 된다.

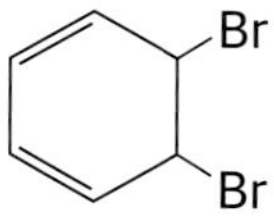

따라서 벤젠과 할로젠 사이에서는 첨가 반응이 아닌 할로젠이 벤젠의 수소 원자 자리에 대신 들어가는 '치환 반응(substitution reaction)'이 일어난다.

촉매인 $AlCl_3$를 이용하여 벤젠에 할로젠화 알킬을 넣고 반응시키면 벤젠 고리에 알킬기가 도입되는데, 이 반응을 '프리델 크래프츠 반응(Friedel−Crafts reaction)'이라고 한다.

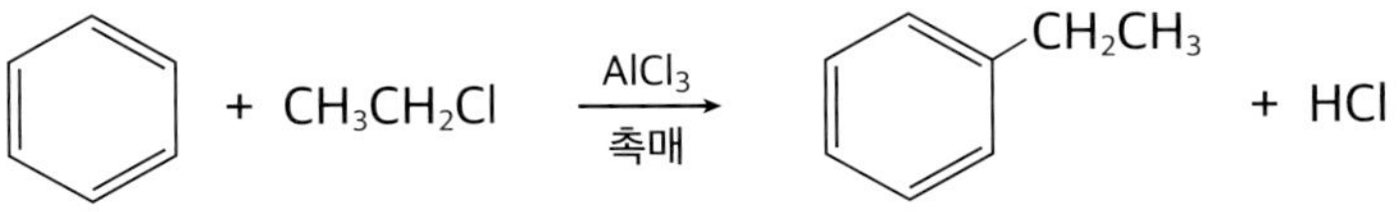

자연계에는 벤젠 고리가 서로 접합된 여러 종류의 다중 고리 방향족 탄화 수소(polycyclic aromatic hydrocarbon)가 존재한다. 다음 구조 중 * 표시가 있는 화합물은 발암성 물질이다.

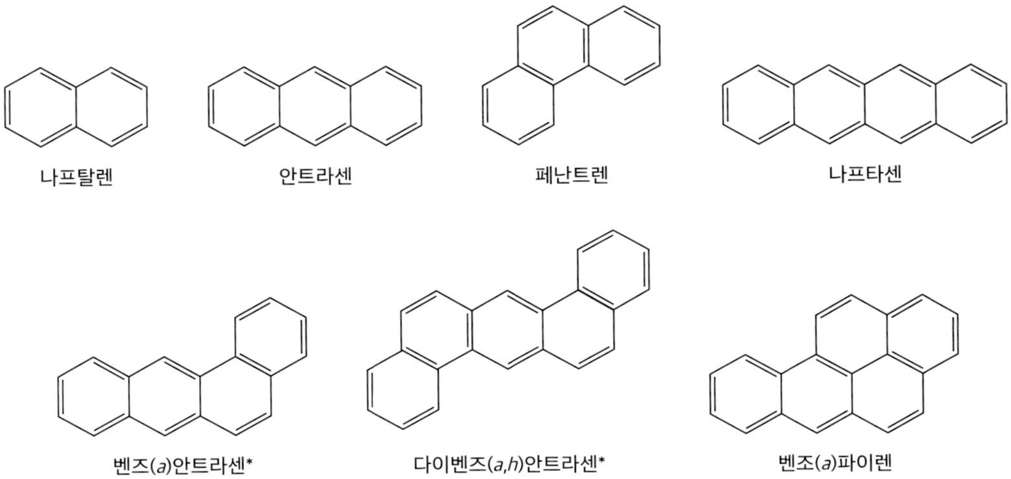

그림 13-7 다중 고리 방향족 탄화 수소

13.4 유기 화합물의 작용기

유기 화합물은 탄소 화합물을 의미하며, 탄화 수소가 기본이 된다. 유기 화합물을 구성하는 원자 중에서 탄소와 수소 이외의 원자(O, N, S, P …)를 '헤테로(hetero) 원자'라고 한다. 하나의 단위체로 거동하는 원자의 집합체를 뜻하는 '작용기(functional group)'는 탄화 수소에 특정한 성질을 부여하고, 알켄과 알카인을 만드는 탄소−탄소 사이 이중 결합과 삼중 결합을 제외한 대부분의 작용기가 헤테로 원자를 포함하며, 탄화 수소에 작용기가 결합한 물질을 '탄화 수소 유도체'라고 한다. 따라서 작용기의 종류에 따라 탄화 수소 유도체의 화학적 · 물리적 성질이 매우 달라진다.

표 13-4 유기 화합물의 여러 가지 작용기

이름	작용기 구조	간단한 예	이름	이름의 접미사
알케인	(C—H와 C—C 단일 결합만 포함)	CH_3CH_3	에테인 (ethane)	-에인(-ane)
알켄	C=C	$H_2C=CH_2$	에텐 (ethene) (에틸렌)	-엔(-ene)
알카인	—C≡C—	$H-C≡C-H$	에타인 (ethyne) (아세틸렌)	-아인(-yne)
아렌 (방향족)	C=C 고리 구조	벤젠 고리 구조	벤젠 (benzene)	없음
알코올	—C—O—H	CH_3OH	메탄올 (methanol)	-올(-ol)
에터	—C—O—C—	CH_3OCH_3	다이메틸 에터 (dimethyl ether)	에터(ether)
아민	—C—N—	CH_3NH_2	메틸아민 (methylamine)	-아민(-amine)
알데하이드	—C—C—H (=O)	CH_3CH (=O)	에탄알 (ethanal) (아세트알데하이드)	-알(-al)
케톤	—C—C—C— (=O)	CH_3CCH_3 (=O)	프로판온 (propanone) (아세톤)	-온(-one)
카복실산	—C—C—O—H (=O)	CH_3COH (=O)	에탄산 (ethanoic acid) (아세트산)	-산(-oic acid)
에스터	—C—C—O—C— (=O)	CH_3COCH_3 (=O)	에탄산 메틸 (methyl ethanoate) (아세트산 메틸)	-산(-oate)

표 13-5 에테인의 몇 가지 유도체

이름	식	특징
에테인 (ethane)	$H-\overset{\overset{H}{\mid}}{\underset{\underset{H}{\mid}}{C}}-\overset{\overset{H}{\mid}}{\underset{\underset{H}{\mid}}{C}}-H$	• 실온에서 기체(b.p. $-88\,°C$) • 무극성 분자로 물에 거의 용해되지 않음
에탄올 (ethanol)	$H-\overset{\overset{H}{\mid}}{\underset{\underset{H}{\mid}}{C}}-\overset{\overset{H}{\mid}}{\underset{\underset{H}{\mid}}{C}}-O\diagdown H$	• 실온에서 액체(b.p. $+78\,°C$) • 극성 분자로 물에 무한정 용해되고 술의 성분임
에틸아민 (ethylamine)	$H-\overset{\overset{H}{\mid}}{\underset{\underset{H}{\mid}}{C}}-\overset{\overset{H}{\mid}}{\underset{\underset{H}{\mid}}{C}}-N\diagup^{H}_{H}$	• 실온에서 기체(b.p. $+16.7\,°C$) • 극성 분자로 부식성, 자극성, 맹독성 가스임

1) 알코올

모든 알코올(alcohol)은 하이드록시($-OH$)기를 갖고 있는 극성 분자이다. 술의 성분인 에틸 알코올(에탄올, ethyl alcohol)은 생물학적으로는 효소나 효모를 이용하여 당류를 발효하여 얻지만,

$$C_6H_{12}O_6(aq) \quad \xrightarrow{\text{효소}} \quad \underset{\text{에탄올}}{2CH_3CH_2OH(aq)} + 2CO_2(g)$$

공업적으로는 $280\,°C$, $300\,atm$에서 에틸렌에 물을 첨가하여 생산한다.

$$\underset{\text{에틸렌}}{CH_2{=}CH_2(g)} + H_2O(g) \quad \xrightarrow{H_2SO_4} \quad \underset{\text{에탄올}}{CH_3CH_2OH(g)}$$

에탄올은 산화되어 아세트 알데하이드가 되고, 다시 한번 산화되어 아세트산이 된다.

$$\underset{\text{에탄올}}{CH_3CH_2OH} \xrightarrow[H^+]{Cr_2O_7^{2-}} \underset{\text{아세트 알데하이드}}{CH_3CHO} \xrightarrow[H^+]{Cr_2O_7^{2-}} \underset{\text{아세트산}}{CH_3COOH}$$

에탄올은 알케인에서 유도되어 지방족 알코올로 분류되는데, 가장 간단한 지방족 알코올은 메탄올(CH_3OH)이며, 체내에서 산화되어 맹독성 발암 물질인 폼알데하이드가 되므로 $15\,mL$만 마셔도 실명하고, $30{\sim}60\,mL$ 이상 마시면 사망할 수 있다.

$$\underset{\text{메탄올}}{CH_3OH} \xrightarrow[H^+]{Cr_2O_7^{2-}} \underset{\text{폼알데하이드}}{HCHO} \xrightarrow[H^+]{Cr_2O_7^{2-}} \underset{\text{폼산}}{HCOOH}$$

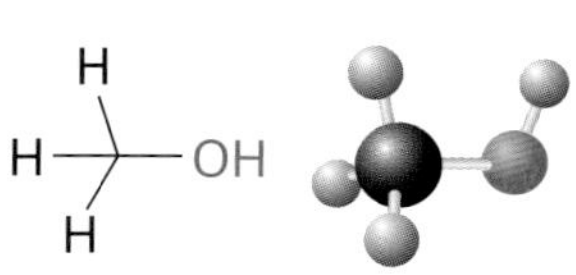

메탄올
(메틸 알코올)

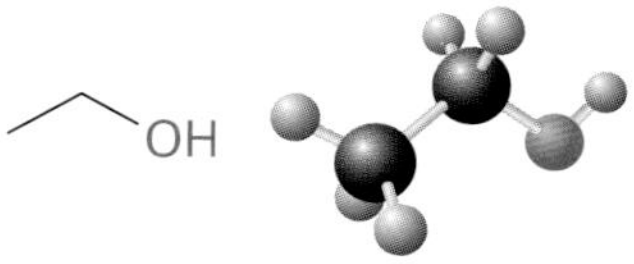

에탄올
(에틸 알코올)

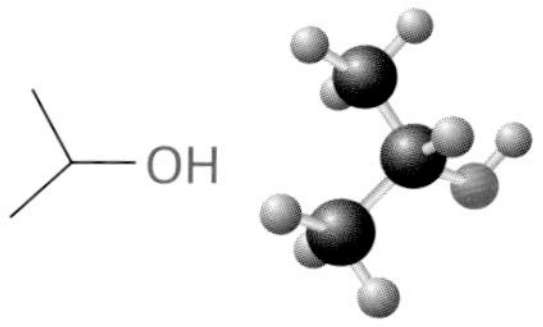

2-프로판올
(아이소프로필 알코올)

2) 에터

에터(ether)는 R−O−R′ 결합을 가진 탄화 수소 유도체로, R과 R′는 알킬기를 의미한다. 가장 널리 사용되는 다이에틸 에터는 140℃에서 강한 탈수제인 황산을 이용하여 에탄올 두 분자 사이에서 물 분자가 제거되는 축합 반응(condensation reaction)에 의해 공업적으로 생산된다.

$$C_2H_5OH + C_2H_5OH \xrightarrow[140\,℃]{황산} C_2H_5OC_2H_5 + H_2O$$
다이에틸 에터

에터는 휘발성과 인화성이 크고, 공기 중에 방치하면 서서히 산화되어 폭발성이 있는 과산화물이 된다.

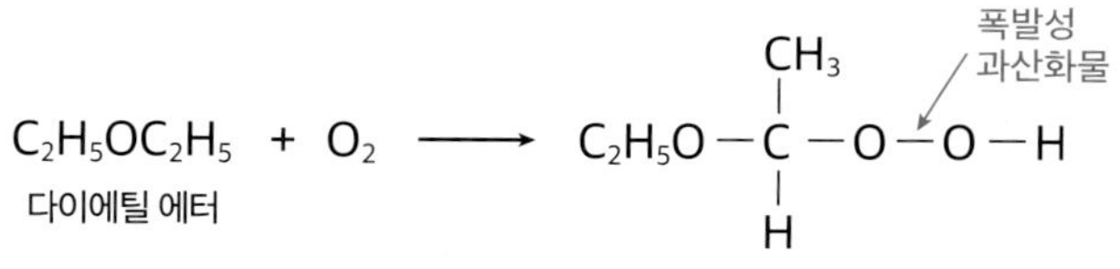

$$C_2H_5OC_2H_5 + O_2 \longrightarrow C_2H_5O-\overset{CH_3}{\underset{H}{C}}-O-O-H$$
다이에틸 에터

폭발성 과산화물

1-에톡시에틸 과산화 수소

3) 알데하이드와 케톤

알데하이드(aldehyde)와 케톤(ketone)은 카보닐기(carbonyl group, >C=O)를 가진 탄화 수소의 유도체이다. 알데하이드는 카보닐기에 적어도 1개의 수소가 결합한 물질이고, 케톤은 카보닐기에 2개의 알킬기가 결합한 물질이다.

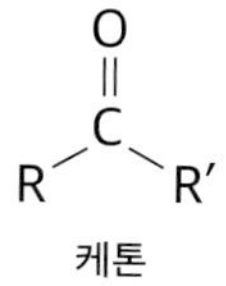

케톤
(ketone)

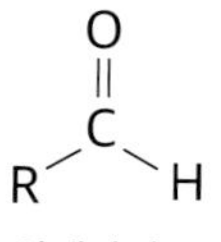

알데하이드
(aldehyde)

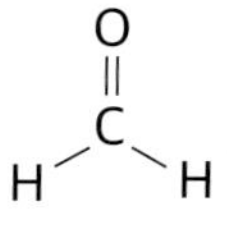

폼알데하이드
(formaldehyde)

알데하이드와 케톤은 알코올을 산화하여 얻을 수 있다. 가장 간단한 알데하이드인 폼알데하이드는 '포름 알데히드'로 널리 알려진 새집 증후군의 원인 물질이며, 투명하고 단단한 고분자를 만들 때 꼭 필요한 물질이자 방부제, 보존제 등 여러 분야에 사용된다. 발암성이 매우 강하고, 37% 수용액은 포르말린이라 부르는 표본의 방부제로 알려져 있는데 불쾌한 냄새가 난다.

- 폼알데하이드의 제법: $CH_3OH + \frac{1}{2}O_2 \longrightarrow H_2C{=}O + H_2O$

- 아세트알데하이드의 제법: $C_2H_5OH + \frac{1}{2}O_2 \longrightarrow \begin{smallmatrix} H_3C \\ \\ H \end{smallmatrix}C{=}O + H_2O$

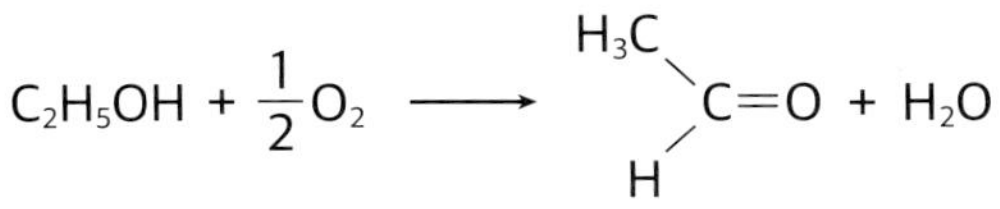

- 아세톤의 제법: $CH_3 - \overset{\displaystyle H}{\underset{\displaystyle OH}{C}} - CH_3 + \frac{1}{2}O_2 \longrightarrow \begin{smallmatrix} H_3C \\ \\ H_3C \end{smallmatrix}C{=}O + H_2O$

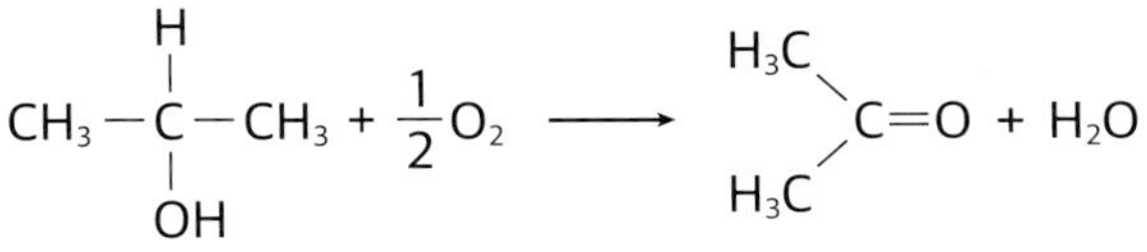

4) 카복실산

카복실기($-COOH$)를 갖는 탄화 수소의 유도체로, 약한 산이며, 자연에 널리 존재한다. 모든 단백질은 약산성인 카복실기와 약염기성인 아민기($-NH_2$)를 모두 갖는 특별한 종류의 양쪽성 물질인 아미노산으로부터 합성된다.

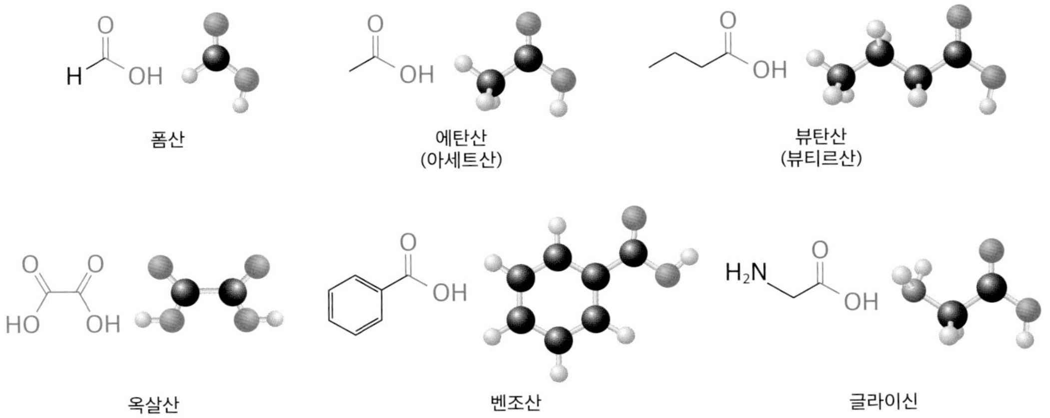

폼산

에탄산
(아세트산)

뷰탄산
(뷰티르산)

옥살산

벤조산

글라이신

그림 13-8 여러 가지 카복실산

카복실산의 중요한 반응은 에스터화(esterification) 반응으로, 카복실산과 알코올 사이에서 물이 빠지면서 축합 반응하여 에스터가 생성된다.

$$CH_3COOH + HOCH_2CH_3 \longrightarrow CH_3-\overset{\overset{\displaystyle O}{\|}}{C}-O-CH_2CH_3 + H_2O$$

아세트산   에탄올   아세트산 에틸

약산인 카복실산은 강염기인 NaOH와 중화 반응하여 약염기성 염을 생성한다.

$$CH_3COOH + NaOH \longrightarrow CH_3COONa + H_2O$$

5) 에스터

에스터(ester)는 R′COOR의 일반식을 갖는 탄화 수소의 유도체로, R′는 수소 원자이거나 알킬기이고, R은 알킬기이다. 탄소수가 작은 에스터는 과일 향을 내기 때문에 식품 산업과 향수 제조에 널리 사용된다.

향기 나는 에스터의 종류
- 바나나: 아세트산 3−메틸뷰틸

         3−methylbutyl acetate

         $CH_3COOCH_2CH_2CH(CH_3)_2$
- 오렌지: 아세트산 옥틸

         octyl acetate

         $CH_3COOCHCH_3C_6H_{13}$
- 사과: 뷰티르산 메틸

         methyl butyrate

         $CH_3CH_2CH_2COOCH_3$

알코올과 카복실산이 반응하여 에스터와 물이 생성되는 에스터화 반응의 역반응으로, 에스터는 산 촉매가 있을 때 가수분해되어 알코올과 카복실산으로 돌아간다.

$$CH_3COOC_2H_5 + H_2O \rightleftharpoons CH_3COOH + C_2H_5OH$$

아세트산 에틸   아세트산   에탄올

하지만 이 반응은 가역 반응이므로 가수분해된 카복실산과 알코올이 다시 에스터를 만드는 반응도 많이 일어나기 때문에 완결되기 어렵다. 따라서 염기성 물질을 첨가하여 카복실산을 중화하면 에스터화 반응을 막아서 가수분해가 완결된다.

$$CH_3COOC_2H_5 + NaOH \longrightarrow CH_3COO^-Na^+ + C_2H_5OH$$

아세트산 에틸   아세트산 소듐   에탄올

이와 같은 이유로 에스터의 가수분해는 주로 염기성 조건에서 일어나며, 탄소의 수가 많은 지방산 에스터를 염기성 조건에서 가수분해하면 지방산의 알칼리 염이 만들어지는 비누화 반응이 된다. 비누는 무극성인 지방산 분자 사슬에 극성인 머리($-COO^-$) 부분을 가진 화합물이다.

$$C_{17}H_{35}COOC_2H_5 + NaOH \xrightarrow{\text{비누화}} \boxed{C_{17}H_{35}COO^-Na^+} + C_2H_5OH$$

스테아르산 에틸   스테아르산 소듐
지방산의 에스터   비누

6) 아민

아민(amine)은 암모니아의 수소가 알킬기로 치환된 탄화 수소의 유도체로, 일반식은 R_3N인데, 여기서 R은 알킬기이거나 수소 원자이다. 아민은 암모니아처럼 물과 반응하여 약간의 수산화 이온을 생성하는 약염기성 물질이다.

$$RNH_2 + H_2O \longrightarrow RNH_3^+ + OH^-$$

암모니아가 근원이므로 아민 계열 화합물은 냄새가 지독하지만, 산과 반응하면 무색무취의 고체 상태 염을 생성한다.

$$CH_3CH_2NH_2 + HCl \longrightarrow CH_3CH_2NH_3^+Cl^-$$

에틸아민   염화 에틸암모늄

방향족 아민은 주로 염료 제조에 사용하는데, 가장 간단한 방향족 아민인 아닐린은 독성이 있는 물질이고, 2-나프틸아민이나 벤지딘 같은 방향족 아민은 발암성이 강한 물질이다.

아닐린   2-나프틸아민   벤지딘

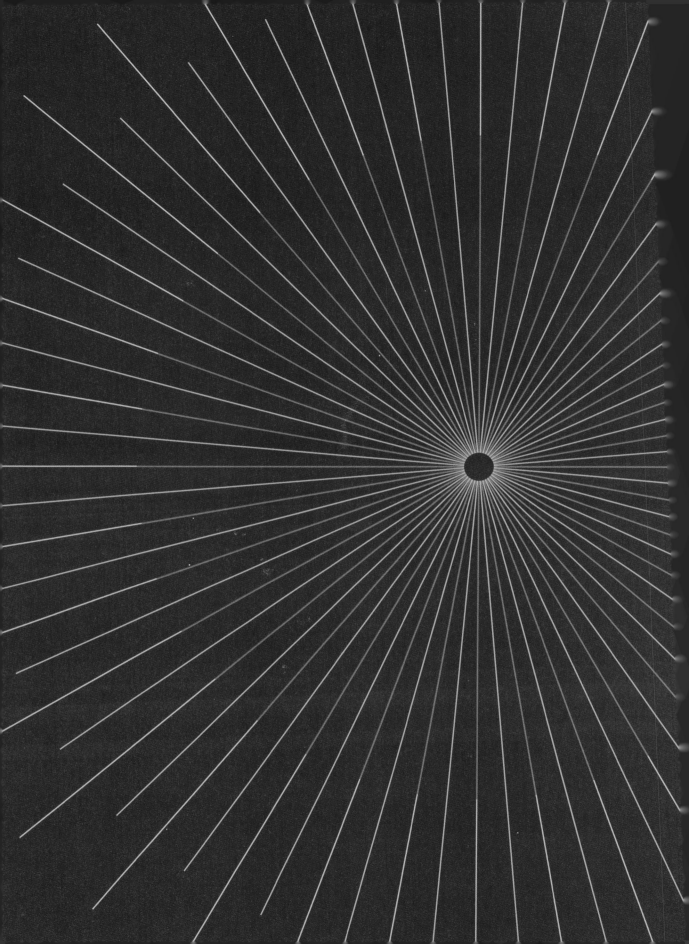

14장

탄수화물, 단백질, 지질

'바이오매스(biomass)'란 태양의 빛에너지를 받아 유기물을 합성하는 식물과 식물을 먹이로 하는 동물, 그리고 모든 미생물을 포함한 생물 유기체 전체를 합하여 부르는 용어이다. 지구상 바이오매스의 약 50%를 차지하는 물질이 탄수화물이며, 대부분의 분자식이 $C_n(H_2O)_m$이므로 탄소와 물이 합해져서 생긴 물질(탄+수화+물)이라는 이름을 갖게 되었으나, 실제로는 탄소와 물이 결합한 구조가 아닌 탄소에 하이드록시기(−OH)가 많이 붙은 구조를 갖는 화합물이다. 구성 원소가 지질과 동일하게 C, H, O이지만 지질은 C−C, C−H 결합이 주가 되므로 무극성 성질이 강한 반면에, 탄수화물은 −OH기가 많아서 강한 극성을 띤다. 단백질은 구성 원소가 C, H, O, N이므로 탄수화물, 지질과는 달리 물질대사 결과 독성이 있는 질소 화합물이 생성되고, 이를 독성이 약한 요소로 전환하고 배출하는 과정에서 간과 신장이 주된 역할을 한다는 특성이 있다. 이 장에서는 생명체를 구성하는 가장 중요한 유기 물질인 탄수화물, 단백질, 지질의 종류와 특성에 대해 알아볼 것이다.

14.1 탄수화물의 종류와 특성

'탄수화물(carbohydrate)'은 여러 개의 −OH기가 붙은 폴리하이드록시 알데하이드 및 케톤, 또는 이들로 가수분해(물이 첨가되어 작은 물질로 분해되는 과정)될 수 있는 화합물로 단당류, 이당류, 다당류로 나누어진다. 가수분해에 의해 더 단순한 화합물로 분해될 수 없는 폴리하이드록시 알데하이드 및 케톤인 단당류와, 분자식에는 알데하이드나 케톤이 될 수 있는 카보닐기(C=O)가 없지만 가수분해되면 2개의 단당류가 되는 이당류, 그리고 이당류와 마찬가지로 카보닐기는 없지만 가수분해되어 3개 이상의 단당류로 변하는 다당류가 있다.

탄수화물은 태양의 에너지를 이용하여 이산화 탄소와 물을 포도당(글루코스, glucose)과 산소로 전환하는 광합성(photosynthesis)을 통해 녹색 식물과 조류에서 만들어진 화학 에너지 저장 물질이며, 대기 중 거의 모든 산소는 광합성에 의해 생성된다. 탄수화물은 식물에서 전분과 셀룰로스 같은 다당류 형태로 저장되었다가 수용성인 글루코스로 변하여 생체 곳곳으로 이동한 후, 물질대사를 통해 에너지를 방출한다.

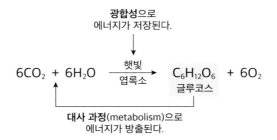

$$6CO_2 + 6H_2O \xrightarrow[\text{엽록소}]{\text{햇빛}} C_6H_{12}O_6 + 6O_2$$

그림 14-1 광합성과 글루코스 대사 과정

1) 단당류

(1) 단당류의 종류와 이름

일반적으로 단당류(monosaccharide)는 사슬에 3~6개의 탄소 원자를 갖고 있으며, 말단 탄소(1번째인 C1 탄소) 또는 2번째 탄소(C2 탄소)에 카보닐기가 있고, 나머지 탄소 원자에는 하이드록시기(−OH)가 있다. 사슬형 단당류는 카보닐기 위쪽에 있도록 수직으로 그린다.

- 알도스(aldose): 알데하이드. 1번째 탄소 C1에 카보닐기가 있는 단당류
- 케토스(ketose): 케톤. 2번째 탄소 C2에 카보닐기가 있는 단당류

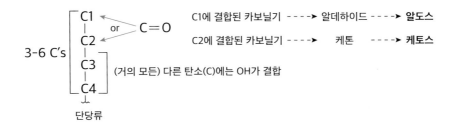

글리세르알데하이드(glyceraldehyde)는 가장 단순한 알도스이고, 다이하이드록시아세톤(dihydroxyacetone)은 가장 단순한 케토스이다. 글리세르알데하이드와 다이하이드록시아세톤은 같은 분자식 $C_3H_6O_3$를 갖지만, 원자 배열이 다른 구조 이성질체(structural isomer)이며, 글루코스는 가장 흔한 알도스이다. 모든 탄수화물에는 관용명이 있는데, 글리세르알데하이드와 다이하이드록시아세톤은 이름의 끝이 접미사(−오스, −ose)로 끝나지 않는 유일한 단당류이다.

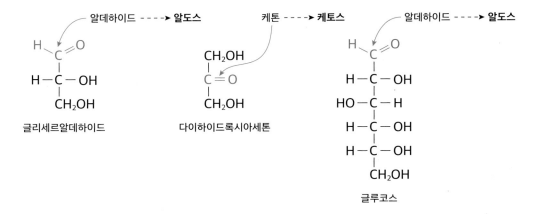

글리세르알데하이드   다이하이드록시아세톤   글루코스

단당류는 사슬의 탄소 개수에 따라 다음과 같이 분류한다.

- 3개의 탄소: 삼탄당(트라이오스, triose)
- 4개의 탄소: 사탄당(테트로스, tetrose)
- 5개의 탄소: 오탄당(펜토스, pentose)
- 6개의 탄소: 육탄당(헥소스, hexose)

따라서 다이하이드록시아세톤은 케토트라이오스(3개의 탄소를 가진 케톤), 글루코스는 알도헥소스(6개의 탄소를 가진 알데하이드)가 된다. 단당류는 모두 단맛이 나지만 종류에 따라 단맛의 정도가 매우 다양하고, 수소 결합이 가능한 −OH기가 많아서 물에 매우 잘 녹으며, 녹는점이 높은 극성 화합물이다.

예제 14-1

카보닐기의 유형과 사슬의 탄소 개수에 따라 다음 각 단당류를 분류하라.

(a) 리보스(ribose)

(b) 프럭토스(fructose)

(계속)

풀이

(a) 사슬에는 탄소(C)가 총 5개이므로 알도펜토스(aldopentose)이다.

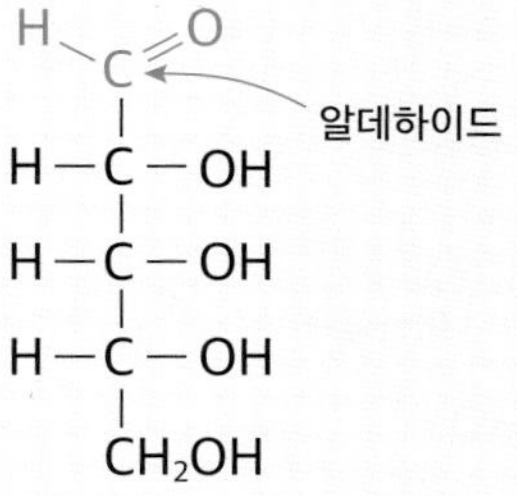

리보스

(b) 사슬에는 탄소(C)가 총 6개이므로 케토헥소스(ketohexose)이다.

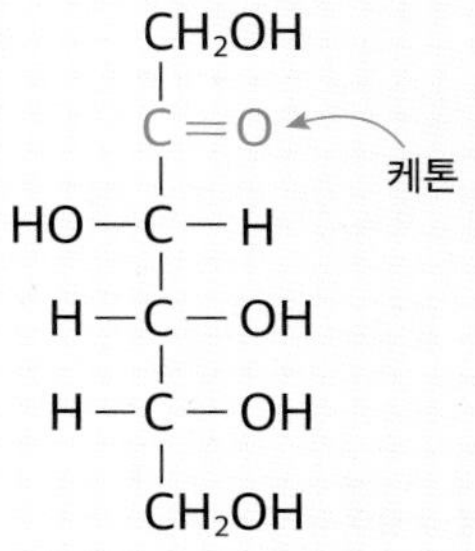

프럭토스

(2) 피셔 투영식

다이하이드록시아세톤을 제외한 모든 탄수화물에는 하나 이상의 카이랄성 탄소가 존재한다. '피셔 투영식(Fischer projection formula)'은 단당류의 카이랄성을 나타내는 데 이용하는 식으로, 카이랄 탄소를 중심으로 수평으로 결합된 원자 또는 원자단은 입체적으로 앞으로 튀어나오는(쐐기선으로 그리는) 결합을 의미하고, 수직으로 결합된 원자 또는 원자단은 뒤로 들어가는(점선 쐐기선으로 그리는) 결합을 의미한다. 카이랄 탄소를 1개 가진 가장 단순한 알도스인 글리세르알데하이드를 살펴보면 다음과 같은 두 가지 거울상 이성질체가 있다. 카이랄 탄소의 오른쪽에 −OH가 위치하면 자연적으로 발생하는 D−글리세르알데하이드, 왼쪽에 위치하면 자연적으로는 생기지 않는 L−글리세르알데하이드이다.

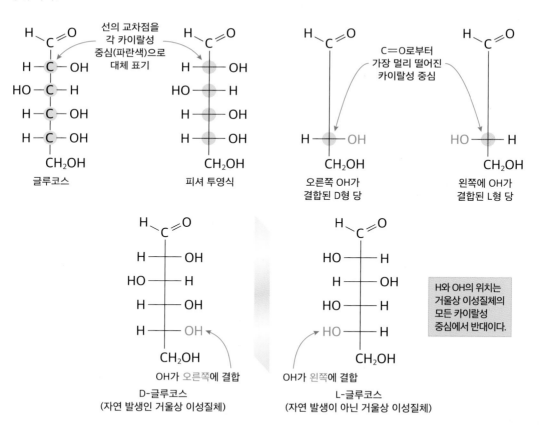

글리세르알데하이드의 2개의 거울상 이성질체

카이랄성 중심

OH가 오른쪽에 결합

D-글리세르알데하이드
(자연 발생인 이성질체)

카이랄성 중심

OH가 왼쪽에 결합

L-글리세르알데하이드
(자연 발생이 아닌 이성질체)

D-글리세르알데하이드

피셔 투영식

카이랄 탄소가 2개 이상인 단당류에서는 카보닐기에서 가장 먼 카이랄 탄소에 있는 −OH기가 오른쪽을 향하면 D형 단당류이고, 왼쪽을 향하면 L형 단당류인데, 자연적으로 생성되는 모든 당류는 D형 당류이다.

선의 교차점을 각 카이랄성 중심(파란색)으로 대체 표기

글루코스

피셔 투영식

C=O으로부터 가장 멀리 떨어진 카이랄성 중심

오른쪽 OH가 결합된 D형 당

왼쪽에 OH가 결합된 L형 당

OH가 오른쪽에 결합

D-글루코스
(자연 발생인 거울상 이성질체)

OH가 왼쪽에 결합

L-글루코스
(자연 발생이 아닌 거울상 이성질체)

H와 OH의 위치는 거울상 이성질체의 모든 카이랄성 중심에서 반대이다.

예제 14-2

알도펜토스 리보스(aldopentose ribose)에 대해 다음 질문에 답하라.

(a) 모든 카이랄성 중심을 표시하라.

(b) D형 또는 L형 단당류로 분류하라.

(c) 거울상 이성질체를 그려라.

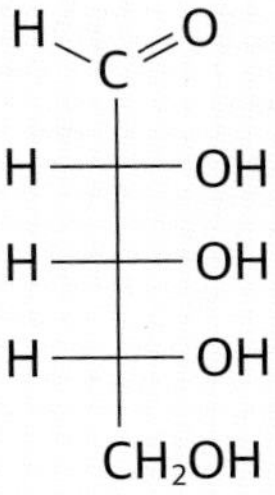

리보스

풀이

(a) 리보스에 H와 OH기를 모두 포함하는 3개의 탄소는 파란색으로 표시된 카이랄성 중심이다.

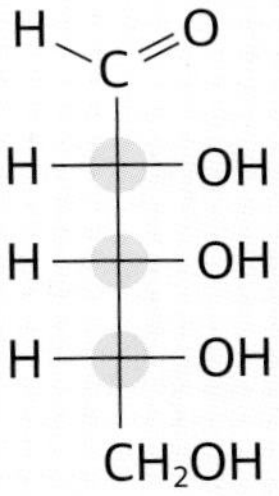

(b) 리보스는 카보닐에서 가장 먼 위치의 카이랄성 중심에 결합된 OH기가 오른쪽에 있기 때문에 D형 단당류이다.

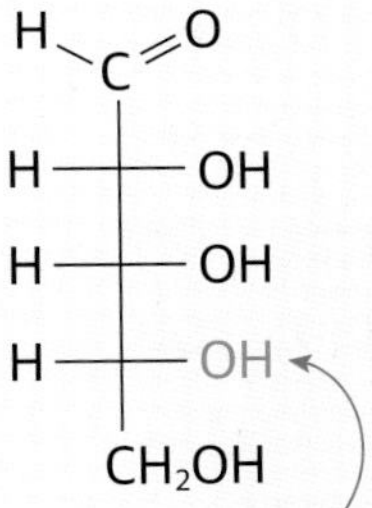

D형 당

(계속)

(c) D-리보스의 거울상 이성질체인 L-리보스는 탄소 사슬의 왼쪽에 3개의 OH기를 모두 가지고 있다.

```
      H    O
       \\ //
        C
        |
  HO —— C —— H
        |
  HO —— C —— H
        |
  HO —— C —— H
        |
      CH₂OH
```

거울상 이성질체

(3) 일반적인 단당류

자연계에 가장 흔한 단당류는 알도헥소스인 D-글루코스(D-glucose)와 D-갈락토스(D-galactose), 케토헥소스인 D-프럭토스(D-fructose)이다. 덱스트로스(dextrose)라고도 하는 글루코스는 혈당 측정 시 언급되는 포도당으로, 자연계에 가장 풍부한 단당류이며, 다당류인 셀룰로스와 전분(녹말)을 구성하는 성분이자 세포 내에서 대사되어 에너지를 공급하는 역할을 한다. 과도하게 섭취된 글루코스는 체내에서 다당류인 글리코겐(polysaccharide glycogen) 또는 지질로 전환되어 저장된다.

이당류 락토스(lactose)를 구성하는 단당류 중 하나인 갈락토스(유당, galactose)는 하나뿐인 카이랄성 탄소에 결합한 −H와 −OH의 위치만 다른 글루코스의 카이랄성 이성질체이다. 프럭토스(과당, fructose)는 이당류 설탕(수크로스, sucrose)을 구성하는 단당류 중 하나로, 단맛이 매우 강하다.

이 카이랄성 중심이 유일하게 다르다.

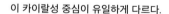

D-글루코스   D-갈락토스   D-프럭토스

(4) 단당류의 고리 형태

하이드록시기와 알데하이드 또는 케톤을 모두 포함하는 단당류는 분자 내 고리화 반응을 통하여 안정한 고리형 헤미아세탈(hemiacetal)을 생성한다.

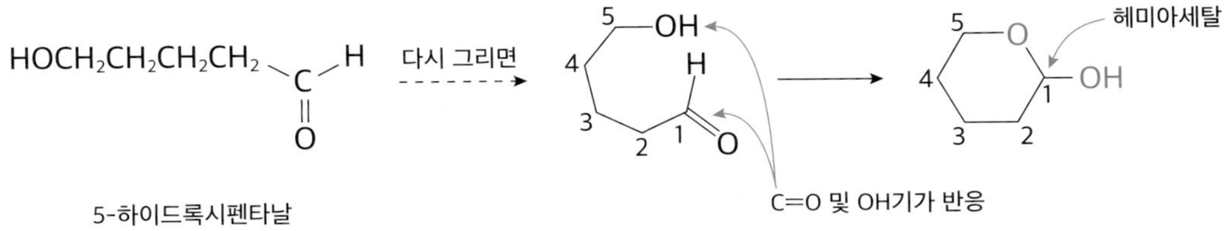

$HOCH_2CH_2CH_2CH_2$—C—H   다시 그리면

5-하이드록시펜타날

C=O 및 OH기가 반응

헤미아세탈

헤미아세탈의 일부인 탄소 원자는 새로운 카이랄성 중심인 아노머 탄소(anomic carbon)가 되며, 따라서 고리 아래쪽에 −OH기가 그려진 α−아노머(α−anomer)와 고리 위쪽에 −OH기가 그려진 β−아노머(β−anomer) 이렇게 두 가지의 다른 물질이 생긴다.

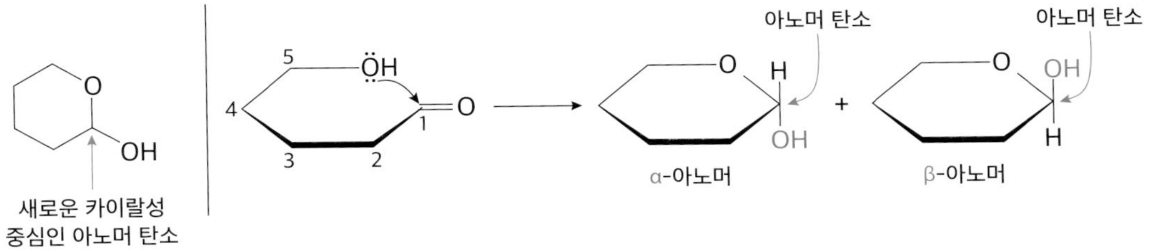

새로운 카이랄성
중심인 아노머 탄소

아노머 탄소

아노머 탄소

α-아노머

β-아노머

가장 흔한 단당류인 D−글루코스를 이용하여 고리 형태를 그려보자. 카보닐에서 가장 먼 카이랄 중심 탄소(C5)에 있는 산소 원자는 카보닐 탄소로부터 6번째에 위치한 원자이므로, 결합각과 입체 저항성을 고려할 때 가장 고리를 형성하기에 적절한 거리에 있는 원자이기 때문에 헤미아세탈을 만들어 육각형 고리가 된다.

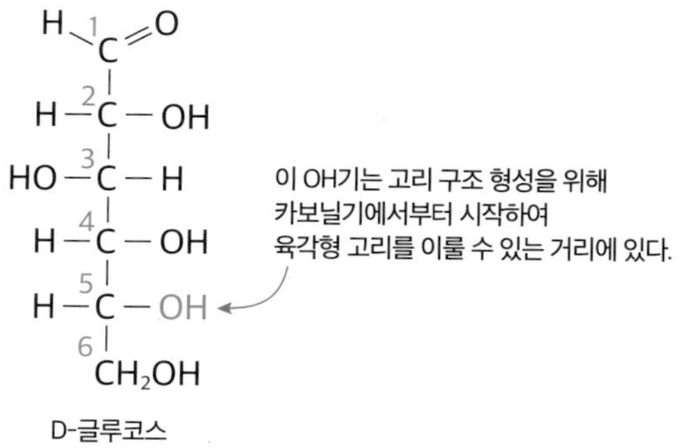

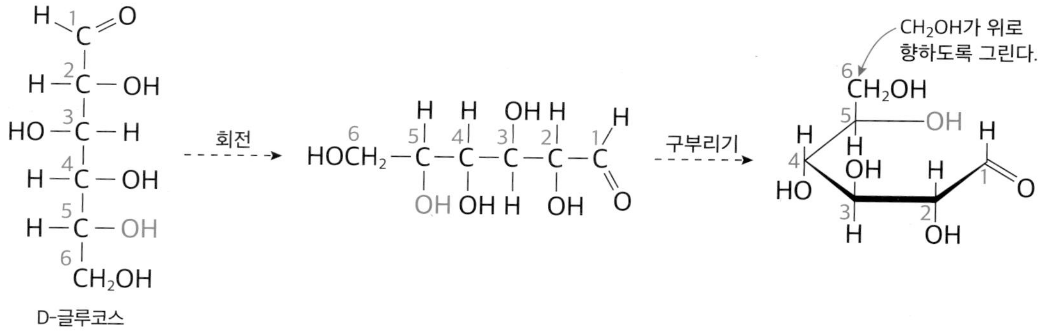

H−C¹=O
H−C²−OH
HO−C³−H
H−C⁴−OH
H−C⁵−OH
⁶CH₂OH

D-글루코스

이 OH기는 고리 구조 형성을 위해
카보닐기에서부터 시작하여
육각형 고리를 이룰 수 있는 거리에 있다.

H−C¹=O
H−C²−OH
HO−C³−H
H−C⁴−OH
H−C⁵−OH
⁶CH₂OH

D-글루코스

회전 →

HOCH₂−⁵C−⁴C−³C−²C−¹C
H H OH H
OH OH H OH O

구부리기 →

CH₂OH가 위로
향하도록 그린다.

⁶CH₂OH
⁵
⁴ OH
HO ³ ²
OH H
H ¹ O

고리가 형성되는 과정에서 새로운 카이랄성 중심이 생기므로, D−글루코스에는 α−아노머와 β−아노머 두 가지의 고리 구조가 생긴다.

- α−D−글루코스(α−아노머): 아노머 탄소 아래쪽에 OH기가 있다(빨간색).
- β−D−글루코스(β−아노머): 아노머 탄소 위쪽에 OH기가 있다(파란색).

글루코스와 다른 당의 고리형 헤미아세탈을 나타내는 데 사용하는 이 납작한 육각형 고리를 '하워드 투영도(Haworth projection)'라고 한다. 하워드 투영도에서 평평한 육각형으로 나타낸 글루코스 고리는 실제 입체적으로 주름진 3차원 모양이다. 각각의 고리형 헤미아세탈은 분리·정제하여 따로 결정화가 가능하지만, 물에 녹이면 세 가지 평형 혼합물로 존재하게 되며, 이를 '변광 회전(mutarotation)'이라 한다.

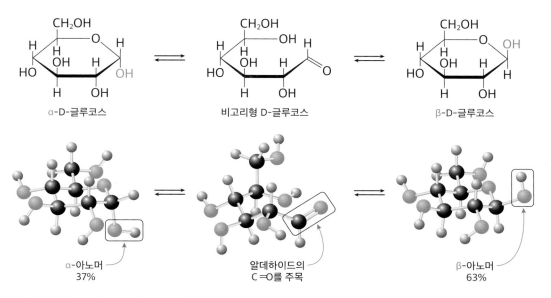

α-D-글루코스   비고리형 D-글루코스   β-D-글루코스

α-아노머
37%

알데하이드의
C＝O를 주목

β-아노머
63%

그림 14-2 **D-글루코스의 세 가지 형태**

2) 이당류

'이당류(disaccharide)'는 단당류 2개가 결합한 탄수화물로, 글루코스 2개가 결합한 말토스(엿당, maltose), 글루코스와 갈락토스가 결합한 락토스(젖당, lactose), 글루코스와 프럭토스가 결합한 수크로스(설탕, sucrose)가 있다. 한 단당류의 헤미아세탈이 다른 단당류의 −OH와 결합하여 물이 빠지면서 두 고리를 새로 연결하는 C−O 결합(글리코사이드 결합, glycosidic linkage)이 생기면서 이당류가 생성된다.

헤미아세탈   글리코사이드 결합

이당류의 일반적인 구조
(아세탈의 산소는 빨간색으로 표시함)

이당류를 구성하는 2개의 단당류 고리는 오각형과 육각형 모두 가능하며, 모든 이당류에는 고리를 연결하는 아세탈기가 1개 이상 있다. 이때 고리마다 존재하는 2개의 산소 원자와 결합하는 탄소인 아노머 탄소를 1번으로 하여 번호를 매긴다. 이당류의 글리코사이드 결합은 하워드 투영도로 나타내면 다음과 같이 두 종류의 분자가 생긴다.

- α-글리코사이드(α-glycoside): 단당류를 연결하는 아세탈 구조가 고리 아래로 향하는 글리코사이드 결합을 갖는다.
- β-글리코사이드(β-glycoside): 단당류를 연결하는 아세탈 구조가 고리 위로 향하는 글리코사이드 결합을 갖는다.

아래 방향 글리코사이드 결합
1→4-α-글리코사이드 결합

위 방향 글리코사이드 결합
1→4-β-글리코사이드 결합

예제 14-3

다음 물음에 답하라.

(a) 말토스에서 글리코사이드 결합을 찾아라.

(b) 두 고리상의 탄소 원자에 번호를 매겨라.

(c) 글리코사이드 결합을 α 또는 β로 분류하고, 숫자를 매겨 결합 위치를 지정하라.

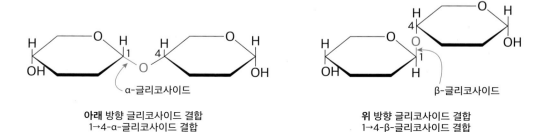

말토스

풀이

(a) 글리코사이드 결합은 2개의 단당류를 연결하는 빨간색으로 표시된 아세탈의 C−O−C 결합이다.

(b) 각 고리는 2개의 산소 원자에 결합된 탄소인 아노머 탄소를 시작으로 하여 번호가 매겨진다.

(c) 말토스는 C−O 결합이 아래로 향하고 있기 때문에 α−글리코사이드 결합이 있다. 글리코사이드 결합은 한쪽 고리의 C1을 다른 고리의 C4에 연결하므로 말토스는 1 → 4−α−글리코사이드 결합이 있다.

(계속)

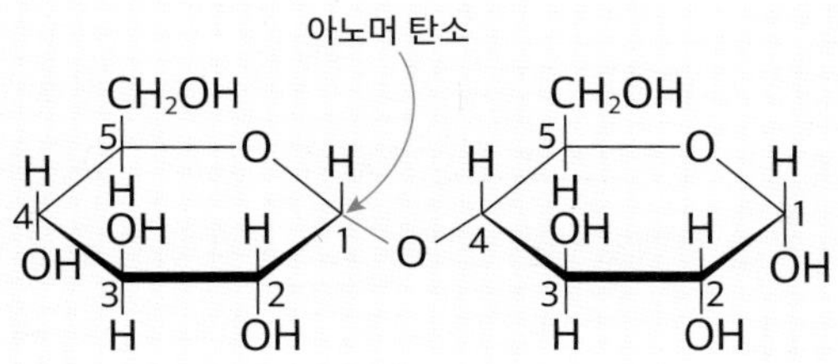

아노머 탄소

이당류의 가수분해는 C−O 글리코사이드 결합에 물이 첨가되면서 결합이 끊어지고 2개의 단당류가 생기는 과정으로, 말토스의 가수분해는 다음과 같다.

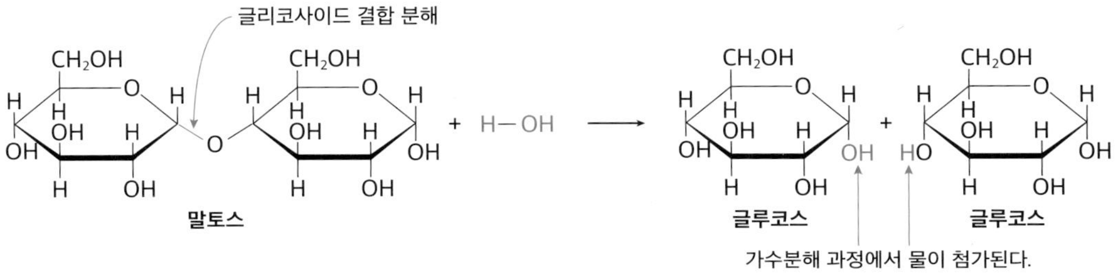

글리코사이드 결합 분해

말토스 + H−OH ⟶ 글루코스 + 글루코스

가수분해 과정에서 물이 첨가된다.

3) 다당류

'다당류(polysaccharide)'는 3개 이상의 단당류가 글리코사이드 결합으로 연결된 물질이다. 자연계에는 반복적인 글루코스 단위로 구성된 셀룰로스(cellulose), 전분(starch), 글리코겐(glycogen)이 가장 흔하게 존재한다.

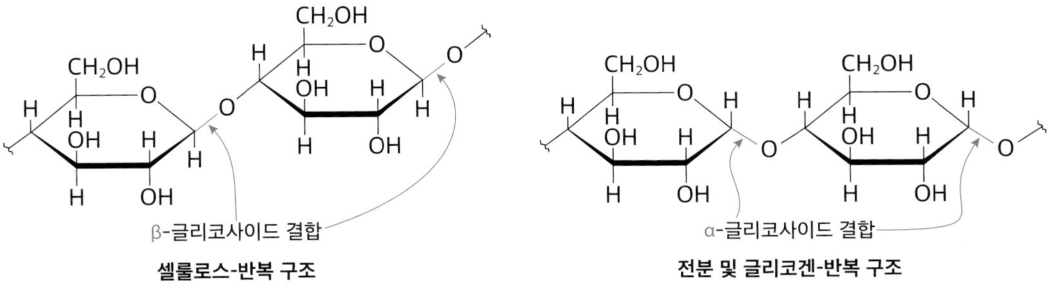

β-글리코사이드 결합

셀룰로스-반복 구조

α-글리코사이드 결합

전분 및 글리코겐-반복 구조

- 셀룰로스: $1 \rightarrow 4 - \beta -$ 글리코사이드 결합으로 연결된 글루코스 고리가 있다
- 전분, 글리코겐: $1 \rightarrow 4 - \alpha -$ 글리코사이드 결합으로 연결된 글루코스 고리가 있다.

(1) 셀룰로스

거의 모든 식물의 세포벽에서 발견되는 셀룰로스는 나무와 식물 줄기를 단단하게 하며, $1 \rightarrow 4-\beta-$글리코사이드 결합으로 반복되는 글루코스로 구성된 곁가지 사슬이 없는 고분자(unbranched polymer)이다. $\beta-$글리코사이드 결합은 판 형태로 쌓이는 셀룰로스 분자의 긴 선형 사슬을 만들어 3차원 배열을 가능하게 한다. 사람은 셀룰로스를 분해하는 $\beta-$글루코사이데이즈($\beta-$glucosidase)라는 효소가 없어서 셀룰로스를 소화할 수 없지만, 소나 양, 낙타와 같은 반추 동물은 소화 기관에 이 효소를 가진 박테리아가 있어서 셀룰로스 소화가 가능하다.

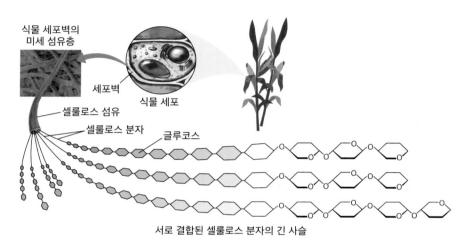

그림 14-3 셀룰로스 구조

(2) 전분

녹말이라고도 하는 전분은 식물의 씨앗과 뿌리에서 발견되는 주요 탄수화물로, 쌀과 밀, 감자, 옥수수는 다량의 전분을 포함하는 식품이다. 전분은 $\alpha-$글리코사이드 결합에 의해 반복되는 글루코스 단위로 구성된 고분자로, 일반적으로 아밀로스(amylose)와 아밀로펙틴(amylopectin) 두 가지 형태가 있다.

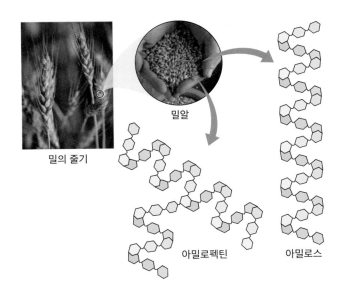

CH₂OH 구조 상단 이미지

2개의 다당류 사슬이
한 사슬의 곁가지에서 연결된다.

α-글리코사이드 결합
(빨간색으로 표시함)

아밀로펙틴
(전분의 곁가지형 구조)

아밀로스는 전분의 20%를 차지하며 1→4−α−글리코사이드 결합을 갖는 곁가지 사슬이 없는 글루코스 고분자로 나선형 배열을 하지만, 전분의 80%를 차지하는 아밀로펙틴은 곁가지가 많이 포함된 사슬 구조를 갖는다. 전분 분자의 −OH기는 입체 구조상 안쪽이 아닌 바깥쪽에 노출되어 있으므로 물 분자와 수소 결합이 가능하여 셀룰로스보다 물에 더 잘 녹으며, 사람은 전분을 소화하는 아밀레이스 효소가 있으므로 전분을 주 에너지원으로 사용한다.

밀알

밀의 줄기

아밀로펙틴

아밀로스

그림 14-4 전분의 아밀로스와 아밀로펙틴 구조

(3) 글리코겐

글리코겐은 동물 체내에 저장되는 다당류의 주된 형태로, 주로 간과 근육에 저장되며, 아밀로펙틴과 유사한 분자 구조를 갖지만 훨씬 더 많은 곁가지 사슬이 있다. 수많은 가지 끝마다 글루코스 단위 분자가 있어, 신체가 필요할 때마다 결합이 끊어져 분리될 수 있어 효율적으로 에너지 공급이 가능하다.

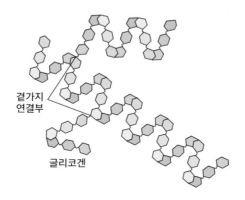

곁가지
연결부

글리코겐

14.2 단백질의 종류와 특성

'단백질(protein)'은 아미노산이 결합하여 형성되는 수많은 아마이드 결합을 갖는 생물학적 고분자이다. 단백질이라는 단어는 '제일 중요한'을 의미하는 그리스어 proteios에서 유래되었으며, 인체 전반에 걸쳐서 합성되고, 건조 중량으로 보았을 때 체중의 약 50%를 차지하는 중요한 유기물이다.

아미노산

단백질
(아마이드 결합은 빨간색으로 표시함)

머리카락, 피부, 손톱의 케라틴, 결합조직의 콜라겐과 같은 섬유 단백질은 조직과 세포를 유지하고 구조화하며, 호르몬과 효소 단백질은 신체의 신진대사를 조절한다. 수송 단백질은 혈액을 통해 물질을 운반하고, 저장 단백질은 각 장기에 이온과 원소를 저장하며, 수축성 단백질은 근육의 운동을 제어한다. 면역 글로불린은 외부에서 들어온 이물질로부터 신체를 방어하는 단백질이다. 탄수화물과 지질은 신체에 저장이 가능하지만, 단백질은 저장이 되지 않아 매일 섭취해야 한다.

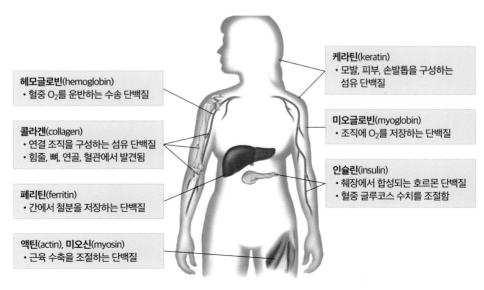

그림 14-5 인체의 단백질

1) 아미노산

단백질을 구성하는 단위체인 아미노산(amino acid)에는 아미노기(NH_2)와 카복실기(COOH) 두 가지 작용기가 있다. 자연적으로 생성되는 20개의 아미노산은 α - 탄소에 결합된 R기에 따라 그 종류가 결정되며, R기는 아미노산의 곁가지 사슬(side chain) 역할을 한다.

아미노기

카복실기

α-탄소

α-아미노산

글리신

글리신(glycine)이라고 하는 가장 단순한 아미노산은 R＝H이며, 곁가지 사슬에 추가로 카복실기가 있는 아미노산을 산성 아미노산, 곁가지 사슬에 염기성 N 원자가 있는 것을 염기성 아미노산, 그리고 기타 모든 아미노산은 중성 아미노산으로 분류한다. 모든 아미노산은 3개의 알파벳 또는 1개의 알파벳으로 표기하는 축약된 일반명이 있으며, 예를 들어 글리신은 Gly 또는 G라고 쓴다. ●표 14-1에 단백질을 구성하는 일반적인 아미노산 20종의 구조와 축약된 일반명을 나타내었으며, 이 20종의 아미노산 중 10종만 인체 내에서 합성된다. 합성되지 않는 10종의 아미노산을 필수 아미노산(essential amino acid)이라고 하며, 이는 반드시 음식물로부터 섭취해야 한다.

표 14-1 단백질을 구성하는 아미노산 20종

중성 아미노산					
이름	구조	약어	이름	구조	약어
알라닌 (alanine)	$H_3\overset{+}{N}-\overset{\overset{H}{\|}}{\underset{\underset{CH_3}{\|}}{C}}-COO^-$	Ala 또는 A	페닐알라닌 (phenylalanine)*	$H_3\overset{+}{N}-\overset{\overset{H}{\|}}{\underset{\underset{CH_2}{\|}}{C}}-COO^-$ (벤젠고리)	Phe 또는 F
아스파라긴 (asparagine)	$H_3\overset{+}{N}-\overset{\overset{H}{\|}}{\underset{\underset{CH_2CONH_2}{\|}}{C}}-COO^-$	Asn 또는 N	프롤린 (proline)	(고리구조) $-COO^-$	Pro 또는 P
시스테인 (cysteine)	$H_3\overset{+}{N}-\overset{\overset{H}{\|}}{\underset{\underset{CH_2SH}{\|}}{C}}-COO^-$	Cys 또는 C	세린 (serine)	$H_3\overset{+}{N}-\overset{\overset{H}{\|}}{\underset{\underset{CH_2OH}{\|}}{C}}-COO^-$	Ser 또는 S
글루타민 (glutamine)	$H_3\overset{+}{N}-\overset{\overset{H}{\|}}{\underset{\underset{CH_2CH_2CONH_2}{\|}}{C}}-COO^-$	Gln 또는 Q	트레오닌 (threonine)*	$H_3\overset{+}{N}-\overset{\overset{H}{\|}}{\underset{\underset{CH(OH)CH_3}{\|}}{C}}-COO^-$	Thr 또는 T
글리신 (glycine)	$H_3\overset{+}{N}-\overset{\overset{H}{\|}}{\underset{\underset{H}{\|}}{C}}-COO^-$	Gly 또는 G	트립토판 (tryptophan)*	$H_3\overset{+}{N}-\overset{\overset{H}{\|}}{\underset{\underset{CH_2}{\|}}{C}}-COO^-$ (인돌고리)	Trp 또는 W
아이소류신 (isoleucine)*	$H_3\overset{+}{N}-\overset{\overset{H}{\|}}{\underset{\underset{CH(CH_3)CH_2CH_3}{\|}}{C}}-COO^-$	Ile 또는 I	타이로신 (tyrosine)	$H_3\overset{+}{N}-\overset{\overset{H}{\|}}{\underset{\underset{CH_2}{\|}}{C}}-COO^-$ (페놀고리) $-OH$	Tyr 또는 Y
류신 (leucine)*	$H_3\overset{+}{N}-\overset{\overset{H}{\|}}{\underset{\underset{CH_2CH(CH_3)_2}{\|}}{C}}-COO^-$	Leu 또는 L	발린 (valine)*	$H_3\overset{+}{N}-\overset{\overset{H}{\|}}{\underset{\underset{CH(CH_3)_2}{\|}}{C}}-COO^-$	Val 또는 V
메티오닌 (methionine)*	$H_3\overset{+}{N}-\overset{\overset{H}{\|}}{\underset{\underset{CH_2CH_2SCH_3}{\|}}{C}}-COO^-$	Met 또는 M			

산성 아미노산			염기성 아미노산		
이름	구조	약어	이름	구조	약어
아스파라트산 (aspartic acid)	$H_3\overset{+}{N}-\overset{\overset{H}{\|}}{\underset{\underset{CH_2COO^-}{\|}}{C}}-COO^-$	Asp 또는 D	아르기닌 (arginine)*	$H_3\overset{+}{N}-\overset{\overset{H}{\|}}{\underset{\underset{(CH_2)_3-N-\overset{\overset{+NH_2}{\|}}{C}-NH_2}{\|}}{C}}-COO^-$	Arg 또는 R
글루탐산 (glutamic acid)	$H_3\overset{+}{N}-\overset{\overset{H}{\|}}{\underset{\underset{CH_2CH_2COO^-}{\|}}{C}}-COO^-$	Glu 또는 E	히스티딘 (histidine)*	$H_3\overset{+}{N}-\overset{\overset{H}{\|}}{\underset{\underset{CH_2}{\|}}{C}}-COO^-$ (이미다졸고리)	His 또는 H
			라이신 (lysine)*	$H_3\overset{+}{N}-\overset{\overset{H}{\|}}{\underset{\underset{(CH_2)_4\overset{+}{N}H_3}{\|}}{C}}-COO^-$	Lys 또는 K

* 필수 아미노산은 별표(*)로 표시함

(1) 아미노산의 피셔 투영식

아미노산은 중성 분자로는 존재하지 않고 언제나 카복실기의 수소 이온이 아미노기로 이동하여 양전하($-NH_3^+$)와 음전하($-COO^-$)가 함께 존재하는 양쪽성 이온인 쯔비터 이온(zwitterion) 형태로 존재한다.

단당류와 마찬가지로 아미노산도 가장 간단한 아미노산인 글리신을 제외하고는 모든 $\alpha-$탄소가 카이랄성 탄소이므로 피셔 투영식으로 나타낸다. 아미노산의 피셔 투영식을 그릴 때는 수직 방향 위쪽에 $-COO^-$기를 배치하고, 아래쪽에 R기를 배치한다.

- L형 아미노산: 피셔 투영식의 왼쪽에 $-NH_3^+$기가 있으며, 자연적으로 생성되는 보통의 아미노산은 대부분 L형이다.
- D형 아미노산: 피셔 투영식의 오른쪽에 $-NH_3^+$기가 있으며, 자연계에서는 거의 발견되지 않는다.

예제 14-4

각 아미노산을 피셔 투영식으로 그려라.

(a) L-류신   (b) D-시스테인

풀이

(a) 류신은 R = $CH_2CH(CH_3)_2$이고, NH_3^+가 왼쪽에 있는 L형 이성질체이다.

(b) 시스테인은 R = CH_2SH이고, NH_3^+가 오른쪽에 있는 D형 이성질체이다.

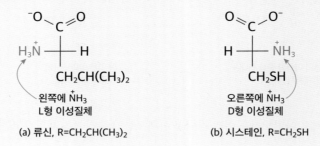

(a) 류신, R=CH₂CH(CH₃)₂   (b) 시스테인, R=CH₂SH

(2) 아미노산의 산-염기 형태

아미노산은 용해되는 수용액의 pH에 따라 다양한 형태로 존재할 수 있다. 용액의 pH ≈ 6이면 알라닌을 비롯한 중성 아미노산은 쯔비터 이온 형태(A)로 존재하며, 알짜 전하가 없다. 쯔비터 이온 형태(A)에 강산을 첨가하여 pH ≤ 2 상태가 되면 아미노산은 알짜 양전하를 띤 형태(B)가 되고, 강염기를 첨가하여 pH ≥ 10 상태가 되면 알짜 음전하를 띤 형태(C)가 된다.

암모늄 양이온 →   카복실레이트 음이온   pH ≈ 6

알라닌
알짜 전하 없음

A

카복실레이트 음이온은 양성자를 포획한다.

산 첨가

$$H_3\overset{+}{N}-\underset{CH_3}{\overset{H}{\underset{|}{\overset{|}{C}}}}-C\overset{O}{\underset{O^-}{\big\langle}} \quad \xrightarrow{\ H^+\ } \quad H_3\overset{+}{N}-\underset{CH_3}{\overset{H}{\underset{|}{\overset{|}{C}}}}-C\overset{O}{\underset{OH}{\big\langle}} \qquad \boxed{pH \leq 2}$$

전체 전하 +1

A → B

암모늄 양이온은 양성자를 잃는다.

염기 첨가

$$H_3\overset{+}{N}-\underset{CH_3}{\overset{H}{\underset{|}{\overset{|}{C}}}}-C\overset{O}{\underset{O^-}{\big\langle}} \quad \xrightarrow{\ OH^-\ } \quad H_2N-\underset{CH_3}{\overset{H}{\underset{|}{\overset{|}{C}}}}-C\overset{O}{\underset{O^-}{\big\langle}} \quad + \quad H_2O \qquad \boxed{pH \geq 10}$$

전체 전하 -1

A → C

알라닌은 용해되는 용액의 pH에 따라 세 가지 중 하나의 형태로 존재하며, 중성 아미노산은 혈액의 pH 7.4에서 주로 쯔비터 이온 형태로 존재한다. 아미노산이 주로 중성 형태로 존재하는 pH를 등전점이라고 하며 간략하게 pI로 표기하는데, 중성 아미노산의 등전점은 일반적으로 약 6이고, 산성 아미노산은 약 3, 염기성 아미노산은 7.6~10.8 사이이다.

예제 14-5

각 pH에서 아미노산 글리신(glycine)의 구조를 그려라.

(a) pH 6   (b) pH 2   (c) pH 11

풀이

(a) pH = 6일 때, 글리신의 형태는 중성 쯔비터 형태가 우세하다.

(b) pH = 2일 때, 글리신의 알짜 전하는 +1이다.

(c) pH = 11일 때, 글리신의 알짜 전하는 −1이다.

$$H_3\overset{+}{N}-\underset{H}{\overset{H}{\underset{|}{\overset{|}{C}}}}-C\overset{O}{\underset{O^-}{\big\langle}} \qquad H_3\overset{+}{N}-\underset{H}{\overset{H}{\underset{|}{\overset{|}{C}}}}-C\overset{O}{\underset{OH}{\big\langle}} \qquad H_2N-\underset{H}{\overset{H}{\underset{|}{\overset{|}{C}}}}-C\overset{O}{\underset{O^-}{\big\langle}}$$

중성   전하 +1   전하 -1

pH = 6   pH = 2   pH = 11

(a)   (b)   (c)

(3) 펩타이드

다이펩타이드(dipeptide)는 아미노산 2개가 아마이드 결합한 펩타이드이고, 트라이펩타이드(tripeptide)는 아미노산 3개가 2개의 아마이드 결합으로 연결된 펩타이드이다.

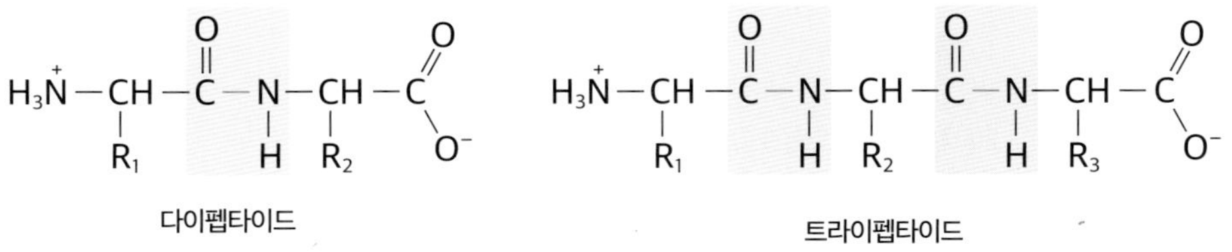

다이펩타이드   트라이펩타이드

(아마이드 결합은 빨간색으로 표시함)

폴리펩타이드(polypeptide)와 단백질은 많은 아미노산이 아마이드 결합한 긴 선형 사슬 고분자이지만, 일반적으로 아미노산이 40개 이상 붙은 경우에만 단백질이라고 명명한다. 모든 아미노산은 아미노기와 카복실기가 모두 있으므로, 두 개의 아미노산이 아마이드 결합하면 두 종류의 다이펩타이드가 만들어진다. 예를 들어 알라닌(Ala)과 세린(Ser)이 결합한 다이펩타이드를 알아보자.

다이펩타이드 A와 B는 구조 이성질체 관계이고, 관계상 $-NH_3^+$기가 있는 N-말단 아미노산을 왼쪽에, $-COO^-$가 있는 C-말단 아미노산을 오른쪽에 표기하고, 펩타이드의 이름도 C-말단 아미노산의 유도체로 명명한다. C-말단 아미노산의 치환기를 따라 왼쪽에서 오른쪽 순으로 다른 모든 아미노산의 이름 끝의 −인(−ine) 또는 −산(−icacid)을 접미사 −일(−yl)로 변경하여 붙인다. 따라서 C-말단 아미노산으로 세린을 갖는 펩타이드 A는 알라닐세린(alanylserine)이라 하고, C-말단 아미노산으로 알라닌을 갖는 펩타이드 B는 세릴알라닌(serylalanine)이라고 한다.

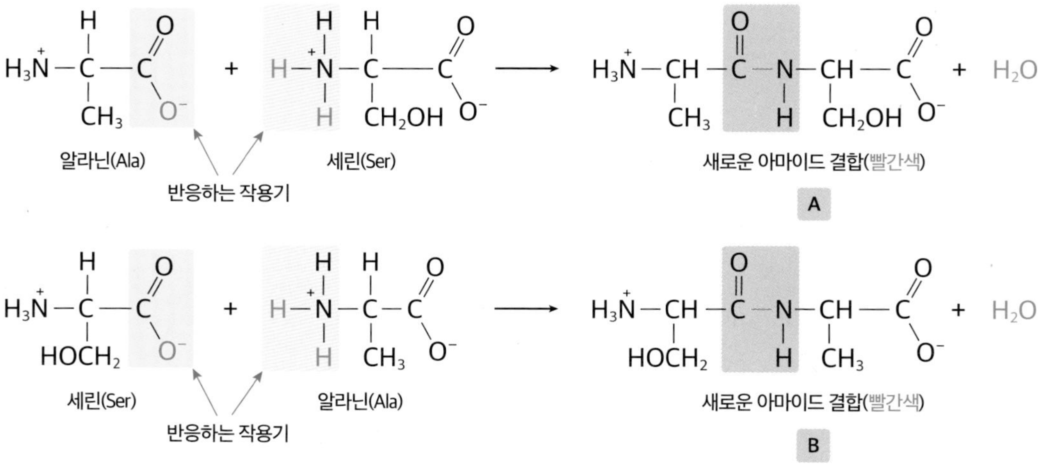

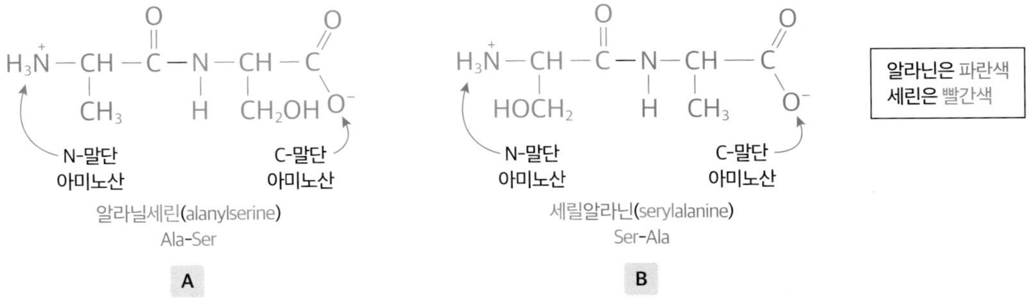

H₃N⁺—CH—C(=O)—N(H)—CH—C(=O) ... structure A

알라닌은 파란색
세린은 빨간색

N-말단
아미노산

C-말단
아미노산

알라닐세린(alanylserine)
Ala-Ser

A

N-말단
아미노산

C-말단
아미노산

세릴알라닌(serylalanine)
Ser-Ala

B

예제 14-6

다음 트라이펩타이드를 형성하는 데 사용되는 개별 아미노산이 무엇인지 밝히고, 트라이펩타이드를 명명하라.

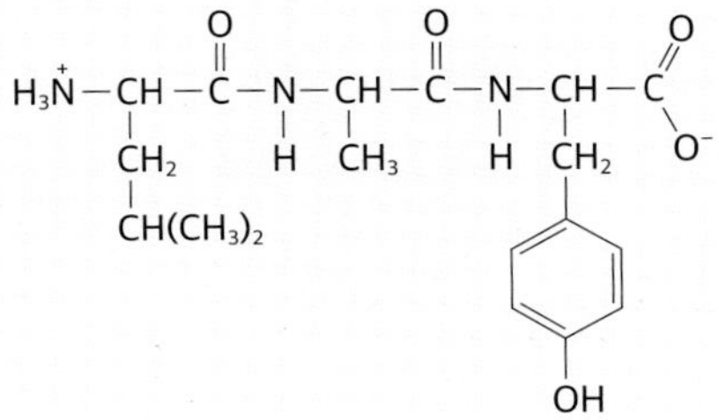

풀이

풀이

아미노산을 연결하는 아마이드 결합을 빨간색으로 끊으면 류신(leucine), 알라닌(alanine), 타이로신(tyrosine)을 찾을 수 있다.

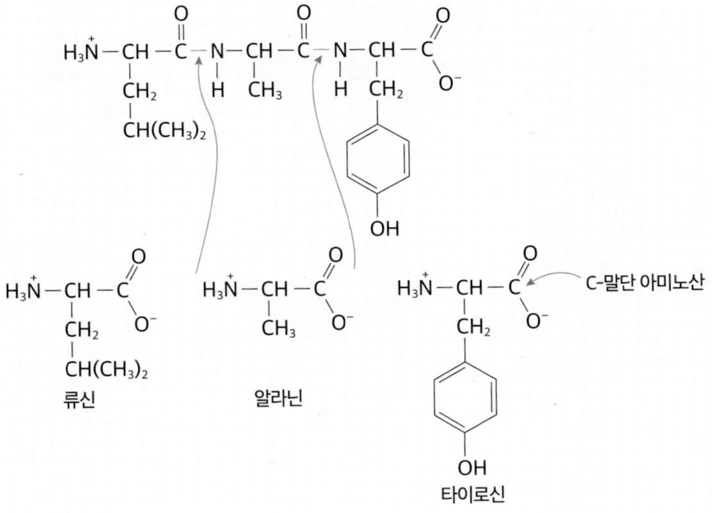

C-말단 아미노산

류신

알라닌

타이로신

(계속)

트라이펩타이드는 류신과 알라닌을 치환체로 하는 C – 말단 아미노산, 타이로신의 유도체로 명명되므로 트라이펩타이드의 이름은 류실알라닐타이로신(leucylalanyltyrosine)이다.

(4) 단백질의 구조

살아 있는 세포의 구조와 기능을 담당하는 고분자인 단백질의 반응을 이해하기 위해서는 단백질의 1차, 2차, 3차, 4차 구조라고 부르는 입체 구조를 이해해야 한다.

① 1차 구조

단백질의 1차 구조는 아마이드 결합(펩타이드 결합)으로 연결된 아미노산의 서열(배열 순서)을 의미하며, 펩타이드 결합에 관련된 6개의 모든 원자는 결합각이 120°인 평면 구조를 하고 있으므로, 이를 기준으로 다른 원자를 입체적으로 배열하면 다음과 같은 지그재그 배열이 된다. 단백질의 1차 구조(아미노산 서열)는 모든 단백질의 특성과 기능을 결정하며, 하나의 아미노산이라도 바뀌면 단백질의 특성이 완전히 달라진다.

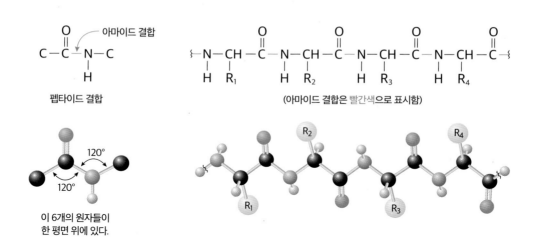

② 2차 구조

단백질의 2차 구조는 특정 아마이드의 N−H 수소와 특정 아마이드에서 4번째에 위치한 다른 아마이드의 C=O 산소 사이 수소 결합 때문에 생긴다. 단백질의 2차 구조는 1개의 펩타이드 사슬이 오른손잡이 또는 시계 방향으로 회전하는 α−나선(α−helix) 구조와, 가닥이라고 하는 2개 이상의 펩타이드 사슬이 나란히 배열되는 β−병풍(β−pleated sheet) 구조가 있다. α−나선 구조의 나선 한 바퀴마다 3.6개의 아미노산이 존재한다.

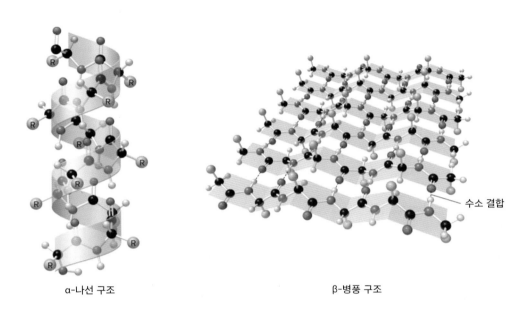

α-나선 구조   β-병풍 구조

③ 3차 구조

단백질의 3차 구조(tertiary structure)는 전체 펩타이드 사슬이 안정성을 극대화하는 모양으로 접힌 입체 형태이다. 세포 내 환경은 물이 대부분인 극성 환경이므로 단백질은 많은 수의 극성 및 전하를 띤 기를 외부 표면에 배치하는 방식으로 접혀서 극성 분자−극성 분자 인력과 물과의 수소 결합을 통해 안정하게 존재한다. 그리고 단백질 내부에 대부분의 비극성 곁가지 사슬을 배치하여 무극성 부분 사이의 분산력(런던 분산력, London dispersion force)으로 분자 안정성을 증가시킨다. 또한 −COO⁻ 및 −NH₃⁺처럼 전하를 띤 곁가지 사슬이 있는 아미노산은 정전기적 상호작용을 통해서 3차 구조를 더욱 안정화한다. 이황화 결합(disulfide bond)은 단백질의 3차 구조를 안정화시키는 유일한 공유 결합으로, 동일한 폴리펩타이드 사슬의 두 시스테인기 사이에서나 동일한 단백질의 서로 다른 폴리펩타이드 사슬의 두 시스테인기의 산화 반응으로 생성된다.

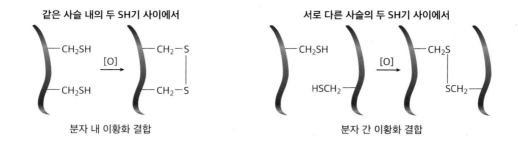

같은 사슬 내의 두 SH기 사이에서

서로 다른 사슬의 두 SH기 사이에서

분자 내 이황화 결합

분자 간 이황화 결합

④ 4차 구조

단백질의 4차 구조(quaternary structure)는 2개 이상의 접힌 폴리펩타이드 사슬이 하나의 단백질 복합체로 모일 때 형성되는 모양이며, 각각의 개별 폴리펩타이드 사슬은 전체 단백질의 소단위 (subunit)라고 부른다. 적혈구의 성분이자 산소를 운반하는 헤모글로빈(hemoglobin) 단백질은 분자 간 힘에 의해 조밀하게 결합된 2개의 α 소단위와 2개의 β 소단위로 구성되고, 4개의 소단위가 모두 함께 있을 때에만 헤모글로빈이 제 기능을 할 수 있다.

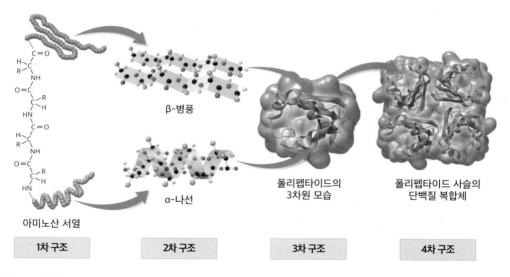

β-병풍

α-나선

아미노산 서열

폴리펩타이드의 3차원 모습

폴리펩타이드 사슬의 단백질 복합체

| 1차 구조 | 2차 구조 | 3차 구조 | 4차 구조 |

그림 14-6 단백질의 1차, 2차, 3차, 4차 구조

14.3 지질의 종류와 특성

'지질(lipid)'은 매우 많은 C—C 결합과 C—H 결합을 가졌으나 극성 작용기의 수는 적어서 대부분 무극성 분자이거나 아주 약한 극성 부분이 있으므로 물에는 용해되지 않고 유기 용매에만 용해되는 생물 분자이다. 지질은 크게 가수분해성(hydrolyzable) 지질과 비가수분해성(nonhydrolyzable) 지질로 나눌 수 있다. 왁스(wax), 트라이아실글리세롤(triacylglycerol), 인지질(phospholipid)은 에스터기가 있어서 특정 조건에서 가수분해되어 카복실산과 알코올을 생성하는 가수분해성 지질이며, 스테로이드(steroid), 지용성 비타민(fat−soluble vitamin), 에이코사노이드(eicosanoid)는 비가수분해성 지질이다. 지질의 열량은 9 kcal/g으로 탄수화물과 단백질의 열량인 4 kcal/g의 2배 이상이므로 훌륭한 에너지원이며, 세포막의 핵심 구성 성분이자 생체 내의 화학 신호 전달에도 많은 역할을 한다.

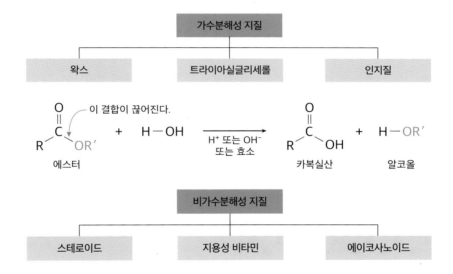

1) 지방산

지방산(fatty acid)은 탄소 원자 12~20개로 이루어진 긴 사슬 형태의 카복실산으로, 가수분해성 지질이 분해되어 생긴다. 무극성인 C—C 결합과 C—H 결합 부분은 물 분자와의 인력이 거의 없는 소수성(hydrophobic) 부분이며, 극성 작용기 부분이 친수성(hydrophilic) 부분이 된다. 지질은 항상 소수성 부분이 친수성 부분보다 크며, 자연계의 지방산은 항상 짝수개의 탄소로 이루어져 있다.

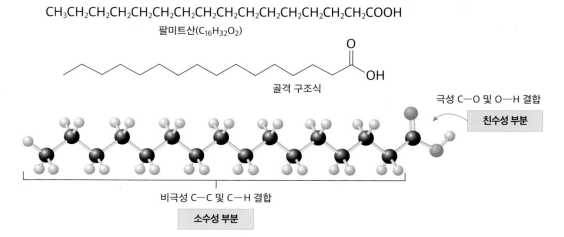

$$CH_3CH_2CH_2CH_2CH_2CH_2CH_2CH_2CH_2CH_2CH_2CH_2CH_2CH_2CH_2COOH$$

팔미트산($C_{16}H_{32}O_2$)

골격 구조식

극성 C―O 및 O―H 결합

친수성 부분

비극성 C―C 및 C―H 결합

소수성 부분

그림 14-7 탄소가 16개인 팔미트산의 구조

지방산은 크게 두 종류로, 긴 탄화 수소 사슬에 이중 결합이 전혀 없는 포화 지방산(saturated fatty acid)과 하나 이상의 이중 결합이 존재하는 불포화 지방산(unsaturated fatty acid)으로 분류된다. 자연적으로 생성되는 지방산의 이중 결합은 일반적으로 시스(cis) 구조이며, 포화 지방산인 스테아르산(stearic acid)과 1개 시스 형태의 이중 결합이 있는 불포화 지방산인 올레산(oleic acid)은 다음과 같은 구조를 갖는다.

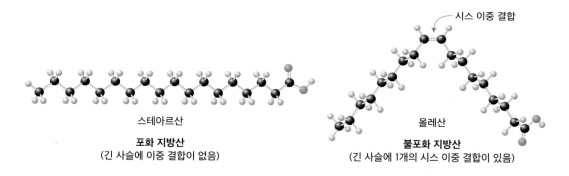

시스 이중 결합

스테아르산
포화 지방산
(긴 사슬에 이중 결합이 없음)

올레산
불포화 지방산
(긴 사슬에 1개의 시스 이중 결합이 있음)

불포화 탄화 수소는 종종 오메가―n산(omega―n acid)으로 불리는데, 이때 n은 이중 결합을 하는 1번째 탄소의 위치를 나타내는 번호이다. 항상 CH_3가 붙어 있는 사슬의 끝부터 번호를 붙여야 하므로 리놀레산은 오메가―6산이고, 리놀렌산은 오메가―3산이다. 불포화 지방산의 이중 결합 수가 많아질수록 탄소 사슬이 구부러지므로 포화 지방산처럼 차곡차곡 쌓이기 어려워 고체가 되기 힘들고 녹는점이 낮다.

첫 C=C 결합이
여섯 번째 탄소(C6)에서 발견됨 ⟶ 오메가-6산(omega-6 acid)

리놀레산

첫 C=C 결합이
세 번째 탄소(C3)에서 발견됨 ⟶ 오메가-3산(omega-3 acid)

리놀렌산

표 14-2 일반적인 지방산

구분	탄소(C) 개수	C=C 결합 수	구조	이름	녹는점 Mp(℃)
포화 지방산	12	0	$CH_3(CH_2)_{10}COOH$	라우르산 (lauric acid)	44
	14	0	$CH_3(CH_2)_{12}COOH$	미리스트산 (myristic acid)	58
	16	0	$CH_3(CH_2)_{14}COOH$	팔미트산 (palmitic acid)	63
	18	0	$CH_3(CH_2)_{16}COOH$	스테아르산 (stearic acid)	71
	20	0	$CH_3(CH_2)_{18}COOH$	아라키드산 (arachidic acid)	77
불포화 지방산	16	1	$CH_3(CH_2)_5CH=CH(CH_2)_7COOH$	팔미톨레산 (palmitoleic acid)	1
	18	1	$CH_3(CH_2)_7CH=CH(CH_2)_7COOH$	올레산 (oleic acid)	16
	18	2	$CH_3(CH_2)_4CH=CHCH_2CH=CH(CH_2)_7COOH$	리놀레산 (linoleic acid)	-5
	18	3	$CH_3CH_2CH=CHCH_2CH=CHCH_2CH=CH(CH_2)_7COOH$	리놀렌산 (linolenic acid)	-11
	20	4	$CH_3(CH_2)_4(CH=CHCH_2)_4(CH_2)_2COOH$	아라키돈산 (arachidonic acid)	-49

2) 트라이아실글리세롤

동물의 지방과 식물성 기름은 글리세롤(glycerol)과 3개 지방산의 반응으로 만들어지는 트라이에스터
(triester)인 트라이아실글리세롤(triacylglycerol) 또는 트라이글리세라이드(triglyceride)이다.

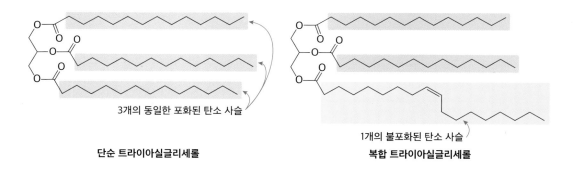

글리세롤	지방산	트라이아실글리세롤	구획 도식
	(R기는 탄소 11~19짜리 사슬임)	(3개의 에스터기는 빨간색으로 표시함)	

트라이아실글리세롤은 3개의 동일한 지방산 사슬을 갖는 단순 트라이아실글리세롤과, 2가지 또는
3가지 종류의 다른 지방산이 혼재된 복합 트라이아실글리세롤로 나눌 수 있다. 단일 불포화 트라이아
실글리세롤은 C=C 결합이 1개 있는 반면, 고도 불포화 트라이아실글리세롤은 C=C 결합이 2개 이상
이다.

3개의 동일한 포화된 탄소 사슬

단순 트라이아실글리세롤

1개의 불포화된 탄소 사슬

복합 트라이아실글리세롤

지방과 기름은 물리적 성질이 다른 트라이아실글리세롤이다. 이중 결합의 수가 적은 지방산으로부터 만들어져 상온에서 고체이면서 녹는점이 높으면 '지방'이고, 반대로 이중 결합의 수가 많은 지방산으로부터 만들어져 상온에서 액체이면서 녹는점이 낮으면 '기름'이다.

(1) 비누화 반응

비누는 긴 탄화 수소 사슬을 갖는 카복실산의 금속염(metal salt), 즉 지방산의 금속염으로 트라이아실글리세롤의 염기성 가수분해(비누화 반응)에 의해 제조된다. '비누화 반응'은 동물성 지방이나 식물성 기름을 염기 수용액에서 가열했을 때 3개의 에스터가 가수분해되어 글리세롤과 3개 지방산의 소듐염이 형성되는 반응이며, 이때 생긴 지방산염이 비누이다. 비누의 무극성 꼬리는 기름때를 녹이고, 극성 머리는 물에 녹아서 세척 작용을 한다.

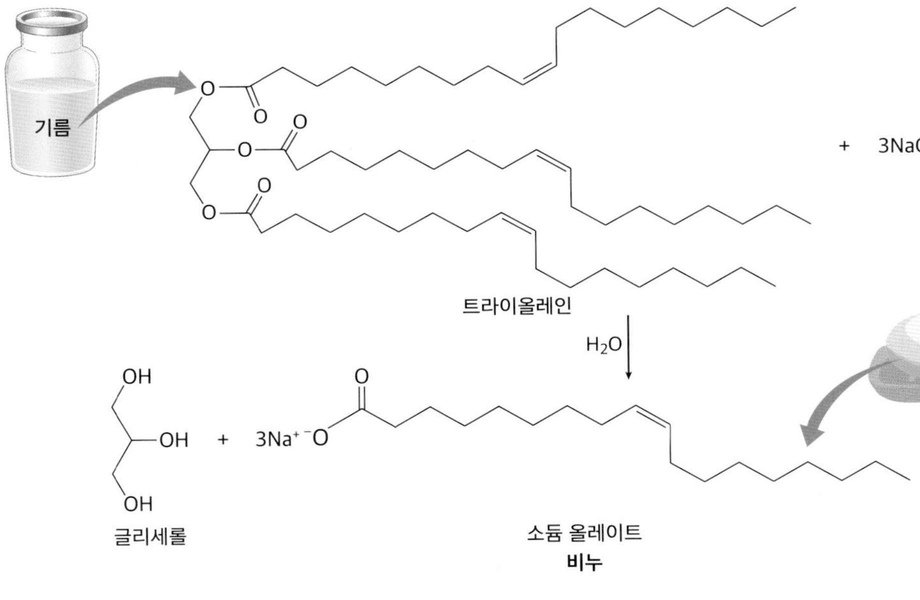

기름

트라이올레인

$+ \quad 3NaOH$

H_2O

비누

글리세롤 $\quad + \quad 3Na^+$

소듐 올레이트
비누

3) 인지질

인 원자를 포함하는 지질인 인지질은 포스포아실글리세롤과 스핑고마이엘린으로 나눌 수 있으며, 두 종류 모두 동물과 식물의 세포막 구성 성분이다. 일반적인 지질인 트라이아실글리세롤과 두 종류의 인 지질 구조를 비교해 보자.

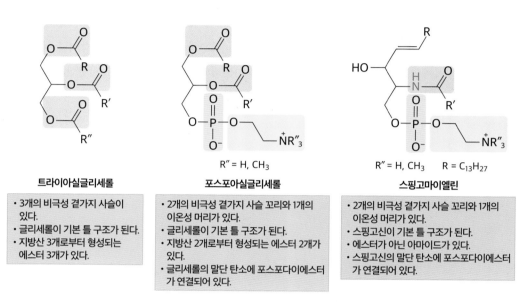

트라이아실글리세롤	포스포아실글리세롤	스핑고마이엘린
• 3개의 비극성 곁가지 사슬이 있다. • 글리세롤이 기본 틀 구조가 된다. • 지방산 3개로부터 형성되는 에스터 3개가 있다.	• 2개의 비극성 곁가지 사슬 꼬리와 1개의 이온성 머리가 있다. • 글리세롤이 기본 틀 구조가 된다. • 지방산 2개로부터 형성되는 에스터 2개가 있다. • 글리세롤의 말단 탄소에 포스포다이에스터가 연결되어 있다.	• 2개의 비극성 곁가지 사슬 꼬리와 1개의 이온성 머리가 있다. • 스핑고신이 기본 틀 구조가 된다. • 에스터가 아닌 아마이드가 있다. • 스핑고신의 말단 탄소에 포스포다이에스터가 연결되어 있다.

(1) 포스포아실글리세롤

모든 세포막의 주요 지질 구성 성분인 포스포아실글리세롤(phosphoacylglycerol) 또는 포스포아실글리세라이드(phosphoglyceride)는 인지질의 가장 평범한 형태로, 2개의 에스터 결합이 있고, 나머지 하나는 인산의 수소 원자가 알킬기로 치환된 부분이며, 인산의 유도체 부분의 R″기는 일반적으로 두 종류가 있다. R″ = $CH_2CH_2NH_3^+$일 경우 그 분자는 세팔린(cephalin) 또는 포스파티딜에탄올아민(phosphatidylethanolamine)이 되고, R″ = $CH_2CH_2N(CH_3)_3^+$일 경우 그 분자는 레시틴(lecithin) 또는 포스파티딜콜린(phosphatidylcholine)이 된다.

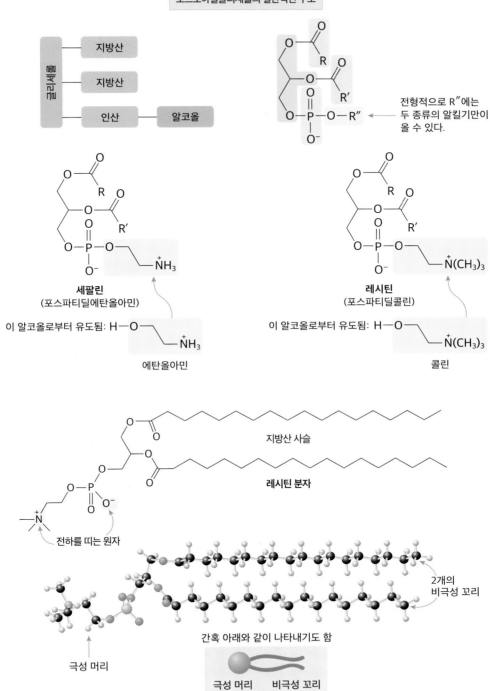

포스포아실글리세롤의 일반적인 구조

지방산

지방산

인산 ── 알코올

글리세롤

전형적으로 R″에는
두 종류의 알킬기만이
올 수 있다.

세팔린
(포스파티딜에탄올아민)

이 알코올로부터 유도됨: H─O─에탄올아민 구조

에탄올아민

레시틴
(포스파티딜콜린)

이 알코올로부터 유도됨: H─O─콜린 구조

콜린

지방산 사슬

레시틴 분자

전하를 띠는 원자

2개의
비극성 꼬리

극성 머리

간혹 아래와 같이 나타내기도 함

극성 머리   비극성 꼬리

그림 14-8 포스포아실글리세롤의 3차원 구조

(2) 스핑고마이엘린

인지질의 한 종류인 스핑고마이엘린(sphingomyelin)은 구조에 글리세롤이 없으며, 대신 스핑고신 (sphingosine)으로부터 유도된다. 따라서 에스터기가 없고, 단일 지방산은 아마이드 결합(amide bond)을 형성하면서 탄소 골격과 연결되어 있으며, 포스포아실글리세롤처럼 인산 유도체 부분이 존재하므로 결과적으로 1개의 극성(이온성) 머리와 2개의 비극성 꼬리가 있다.

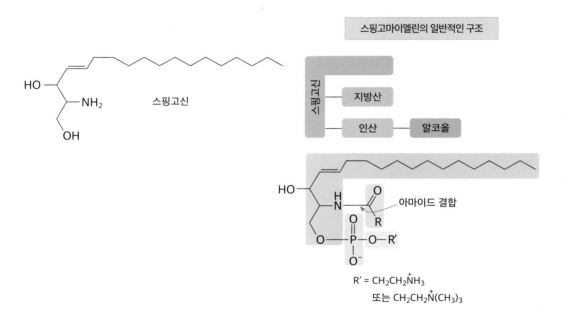

4) 스테로이드

생물체 내의 비가수분해성 지질인 스테로이드는 내분비샘에서 분비되는 호르몬의 성분이다. 호르몬 이란 생명체의 특정 부위에서 합성되지만 다른 부위에서 반응을 일으키는 분자를 뜻한다. 중요한 스테 로이드 호르몬의 두 종류에는 성 호르몬(sex hormone)과 부신 피질 스테로이드(adrenal cortical steroid)가 있다.

여성 호르몬에는 에스트로겐(estrogen)과 프로게스틴(progestin)이 있으며, 에스트라다이올(estradiol) 과 에스트론(estrone)은 난소에서 합성되는 에스트로겐으로, 여성의 2차 성징 발달을 조절하고 월경 주 기를 조절한다. 프로게스테론은 '임신 호르몬'이라고 불리며, 수정란 이식을 위해 자궁을 변화시킨다.

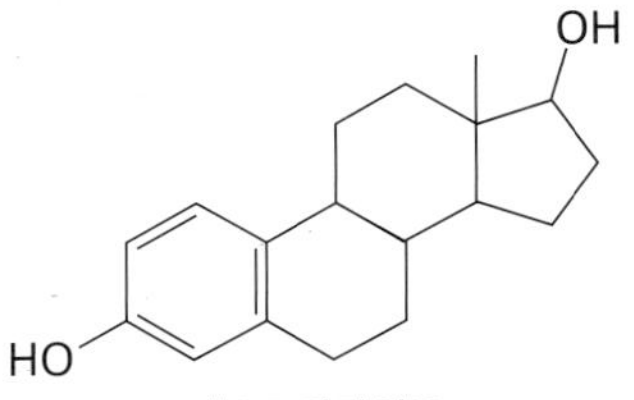

에스트라다이올

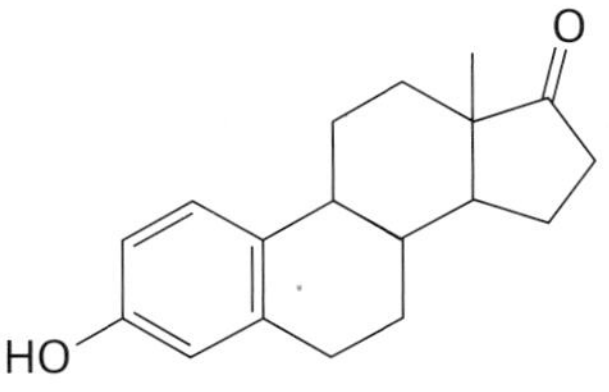

에스트론

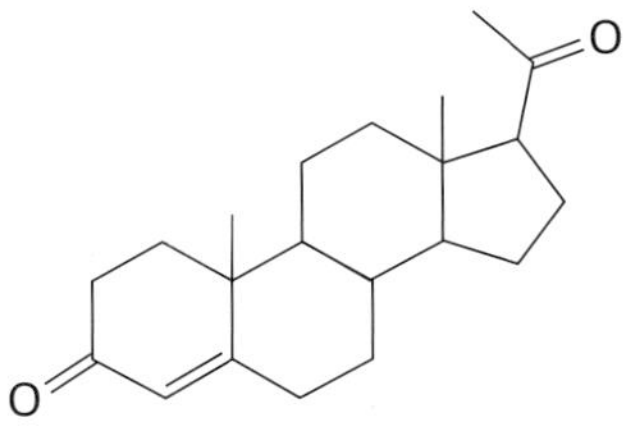

프로게스테론

안드로겐(androgen)이라고 하는 남성 호르몬에는 고환에서 합성되는 테스토스테론(testosterone)과 안드로스테론(androsterone)이 있으며, 남성의 2차 성징 발달과 근육량 증가, 목소리의 변화를 일으킨다.

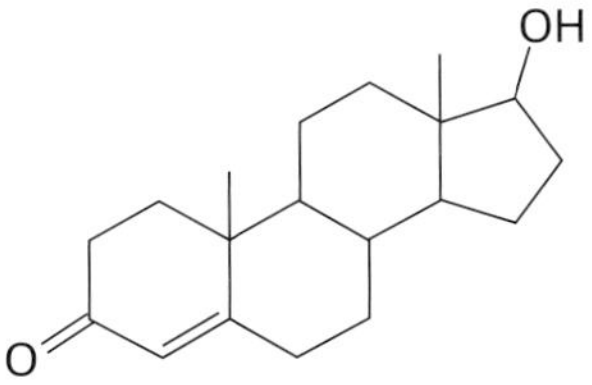

테스토스테론

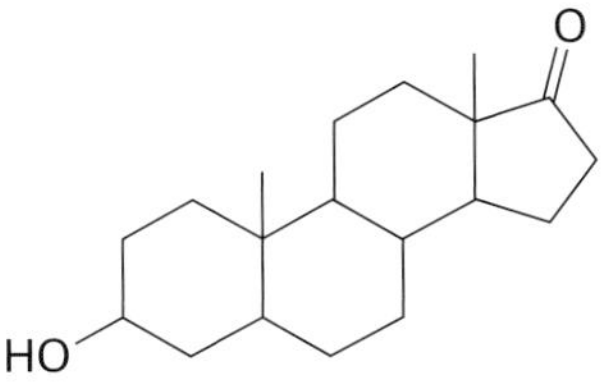

안드로스테론

부신 피질 스테로이드(adrenal cortical steroid)에는 알도스테론(aldosterone), 코르티손(cortisone), 코르티솔(cortisol)이 포함되는데, 이는 모두 부신의 바깥층에서 합성된다. 알도스테론은 체액의 Na^+ 및 K^+ 농도를 조절하여 혈압과 삼투압을 조절하고, 코르티손과 코르티솔은 항염증제 역할과 탄수화물 대사를 조절하는 역할을 한다.

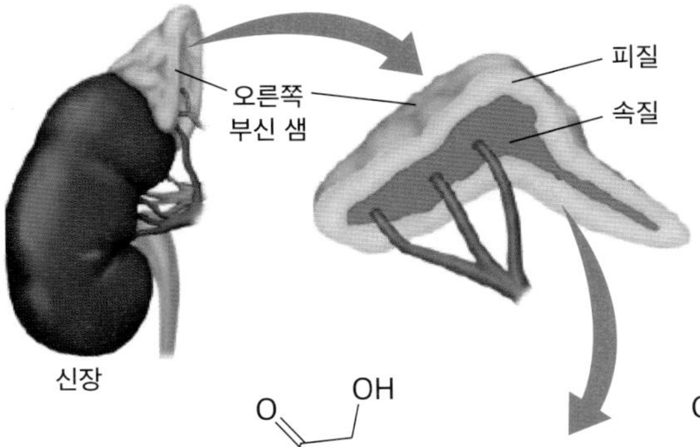

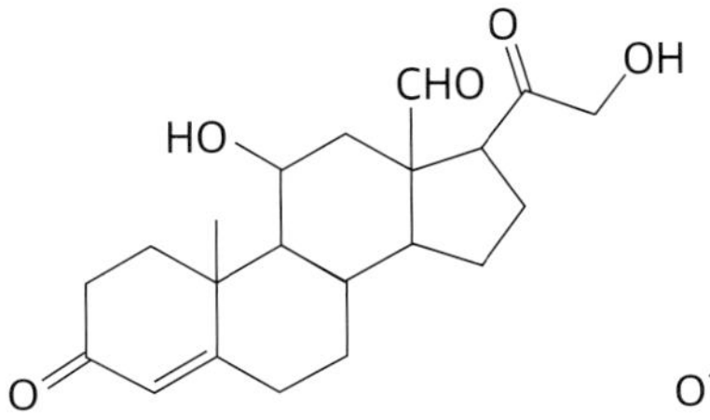

오른쪽 부신 샘

피질

속질

신장

알도스테론

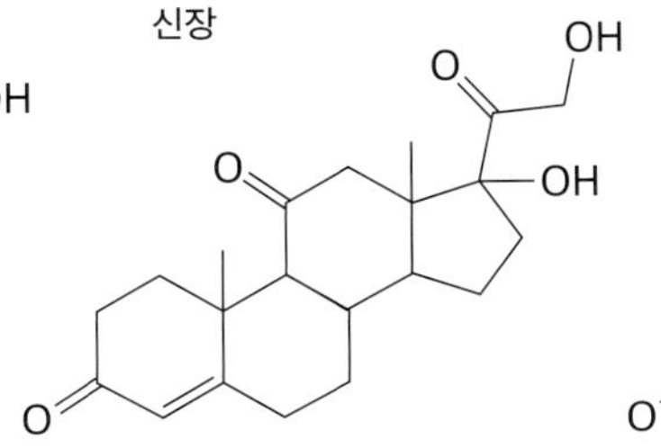

코르티손

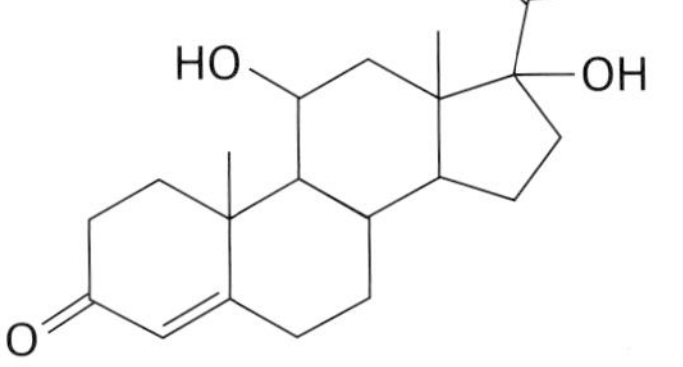

코르티솔

15장
전기 화학과 반도체

15.1 반쪽 반응법을 이용한 산화-환원 반응 완결

전기 화학은 전기 에너지와 화학적 변화의 관계를 연구하는 학문이다. 산화-환원 반응에서 발생하는 전자의 흐름(전류)을 이용하여 전기 에너지로 사용하는, 즉 화학 에너지를 전기 에너지로 전환하는 화학 전지에는 건전지, 납축전지, 리튬이온 전지, 그리고 연료 전지에 이르기까지 다양한 전지들이 포함된다. 반대로 외부에서 전기 에너지를 공급하여 화학 물질의 산화-환원 반응을 일으키는, 즉 전기 에너지를 화학 에너지로 전환하는 과정에는 전기 분해, 제련, 도금 등이 포함된다.

화학 전지와 전기 분해 모두 산화-환원 반응을 기본으로 하며, 지금부터 반쪽 반응법을 이용하여 철(II) 이온(Fe^{2+})과 다이크로뮴산 이온($Cr_2O_7^{2-}$)이 반응하여 철(III) 이온(Fe^{3+})과 크로뮴(III) 이온(Cr^{3+})을 생성하는 산화-환원 반응을 완결하는(균형을 맞추는) 방법을 배워볼 것이다. 반응이 수용액에서 일어나는 경우 화학 반응식의 균형을 맞추기 위해 물(H_2O)과 수소 이온(H^+)을 추가할 수 있다. 만약 반응이 염기성 조건에서 일어난다면 물과 수소 이온을 추가하여 완결한 반응식에 수소 이온의 개수와 동일한 수산화 이온(OH^-)을 양변에 더하여 수소 이온을 물로 바꿔주어야 한다.

① $Fe^{2+} + Cr_2O_7^{2-} \longrightarrow Fe^{3+} + Cr^{3+}$ 반응식을 산화(oxidation) 반쪽 반응과 환원(reduction) 반쪽 반응으로 나눈다.

$$산화: Fe^{2+} \longrightarrow Fe^{3+}$$
$$환원: Cr_2O_7^{2-} \longrightarrow Cr^{3+}$$

② 각각의 반쪽 반응을 산소와 수소를 제외한 나머지 원소에 대해 균형을 맞춘다.

$$산화: Fe^{2+} \longrightarrow Fe^{3+}$$
$$환원: Cr_2O_7^{2-} \longrightarrow 2Cr^{3+}$$

③ 양쪽 반쪽 반응식에 물(H_2O)을 더해 산소에 대한 질량 균형을 맞춘다. 각 물질의 산화 상태는 변화가 없다.

$$산화: Fe^{2+} \longrightarrow Fe^{3+}$$
$$환원: Cr_2O_7^{2-} \longrightarrow 2Cr^{3+} + 7H_2O$$

④ 양쪽 반쪽 반응식에 수소 이온(H^+)을 더해 수소에 대한 질량 균형을 맞춘다. 각 물질의 산화 상태는 변화가 없다.

$$산화: Fe^{2+} \longrightarrow Fe^{3+}$$
$$환원: 14H^+ + Cr_2O_7^{2-} \longrightarrow 2Cr^{3+} + 7H_2O$$

⑤ 양쪽 반쪽 반응식에 전자를 더해 전하 균형을 맞춘다.

$$\text{산화: } Fe^{2+} \longrightarrow Fe^{3+} + e^-$$

전체 전하: $+2 \qquad +2$

$$\text{환원: } 6e^- + 14H^+ + Cr_2O_7^{2-} \longrightarrow 2Cr^{3+} + 7H_2O$$

전체 전하: $+6 \qquad +6$

⑥ 양쪽 반쪽 반응식의 전자수가 같아지도록 반쪽 반응에 적절한 정수를 곱해준다.

$$\text{산화: } 6(Fe^{2+} \longrightarrow Fe^{3+} + e^-) \Rightarrow 6Fe^{2+} \longrightarrow 6Fe^{3+} + 6e^-$$

$$\text{환원: } 6e^- + 14H^+ + Cr_2O_7^{2-} \longrightarrow 2Cr^{3+} + 7H_2O$$

⑦ 마지막으로 두 반쪽 반응식을 더해, 양쪽의 전자를 소거하고 나머지 요소를 표시한다.

$$6Fe^{2+} \longrightarrow 6Fe^{3+} + 6e^-$$
$$+ \ 6e^- + 14H^+ + Cr_2O_7^{2-} \longrightarrow 2Cr^{3+} + 7H_2O$$
$$\overline{6Fe^{2+} + 14H^+ + Cr_2O_7^{2-} \longrightarrow 6Fe^{3+} + 2Cr^{3+} + 7H_2O}$$

⑧ 염기성 수용액의 경우에는 마지막으로 얻은 균형식의 수소 이온(H^+)에 각각 수산화 이온(OH^-)을 양쪽에 더해주고, 두 이온을 결합시켜 물(H_2O)을 만들어준다.

⑨ 생성된 물 분자를 상쇄시키고, 반응식을 완결한다.

예제 15-1

과망가니즈(permanganate) 이온과 아이오딘(iodide) 이온은 염기성 용액에서 반응하여 이산화 망가니즈[manganese(IV) oxide]와 아이오딘 분자(molecular iodine)를 생성한다. 반쪽 반응법을 이용하여 반응식을 완결하라.

풀이

$$MnO_4^- + I^- \longrightarrow MnO_2 + I_2$$
$$+7 \ -2 \quad -1 \qquad +4 \ -2 \quad 0$$

① 완결되지 않은 식을 산화 반쪽 반응과 환원 반쪽 반응으로 나눈다.

산화: $I^- \longrightarrow I_2$

환원: $MnO_4^- \longrightarrow MnO_2$

② 각각의 반쪽 반응을 산소와 수소를 제외한 나머지 원소에 대해 균형을 맞춘다.

산화: $2I^- \longrightarrow I_2$

환원: $MnO_4^- \longrightarrow MnO_2$

(계속)

③ 양쪽 반쪽 반응식에 물(H_2O)을 더해 산소에 대한 질량 균형을 맞춘다.

산화: $2I^- \longrightarrow I_2$

환원: $MnO_4^- \longrightarrow MnO_2 + 2H_2O$

④ 양쪽 반쪽 반응식에 수소 이온(H^+)을 더해 수소에 대한 질량 균형을 맞춘다.

산화: $2I^- \longrightarrow I_2$

환원: $4H^+ + MnO_4^- \longrightarrow MnO_2 + 2H_2O$

⑤ 양쪽 반쪽 반응식에 전자를 더해 전하 균형을 맞춘다.

산화: $2I^- \longrightarrow I_2 + 2e^-$

환원: $3e^- + 4H^+ + MnO_4^- \longrightarrow MnO_2 + 2H_2O$

⑥ 양쪽 반쪽 반응식의 전자수가 같아지도록 반쪽 반응에 적절한 정수를 곱해준다.

산화: $3(2I^- \longrightarrow I_2 + 2e^-)$

환원: $2(3e^- + 4H^+ + MnO_4^- \longrightarrow MnO_2 + 2H_2O)$

⑦ 두 반쪽 반응식을 더해, 양쪽의 전자를 소거하고 나머지 요소를 표시한다.

$$6I^- \longrightarrow 3I_2 + 6e^-$$
$$+\ 6e^- + 8H^+ + 2MnO_4^- \longrightarrow 2MnO_2 + 4H_2O$$
$$\overline{8H^+ + 2MnO_4^- + 6I^- \longrightarrow 2MnO_2 + 3I_2 + 4H_2O}$$

⑧ 염기성 용액이므로 최종식의 수소 이온(H^+)에 각각 수산화 이온(OH^-)을 양쪽에 더해주고, 두 이온을 결합시켜 물(H_2O)을 만들어준다.

$$8H^+ + 2MnO_4^- + 6I^- \longrightarrow 2MnO_2 + 3I_2 + 4H_2O$$
$$+\ 8OH^- \qquad\qquad\qquad\qquad\qquad\qquad + 8OH^-$$
$$\overline{8H_2O + 2MnO_4^- + 6I^- \longrightarrow 2MnO_2 + 3I_2 + 4H_2O + 8OH^-}$$

⑨ 생성된 물 분자를 상쇄시키고, 반응식을 완결한다.

$$4H_2O + 2MnO_4^- + 6I^- \longrightarrow 2MnO_2 + 3I_2 + 8OH^-$$

15.2 화학 전지의 원리

화학 전지에서 전자의 흐름은 전극으로 사용되는 금속의 이온화 경향(전자를 잘 내놓는 경향) 차이로 인해 생긴다. 하지만 대부분의 문헌에 나와 있는 금속의 이온화 경향은 우리가 배운 내용과는 다르게 은 (Ag)이 수은(Hg)보다 앞에 나와 있다.

금속의 이온화 경향(활동도 계열)

- 대부분의 문헌: Li > K > Ba > Ca > Na > Mg > Al > Mn > Zn > Cr > Fe > Co > Ni > Sn > Pb > (H) > Cu > Ag > Hg > Pt > Au

- 우리가 배운 내용: Li > K > Ba > Ca > Na > Mg > Al > Mn > Zn > Cr > Fe > Co > Ni > Sn > Pb > (H) > Cu > Hg > Ag > Pt > Au

그럼 무엇이 옳은 걸까? 사실은 둘 다 옳다고 할 수 있다. 수은은 중금속으로, 자연계에서 수은(I) 이온(Hg_2^{2+})과 수은(II) 이온(Hg^{2+})이 모두 생성되는데, 이 중 수은(I) 이온(Hg_2^{2+})은 은보다 이온화 경향이 크고(더 잘 생성되고), 수은(II) 이온(Hg^{2+})은 은보다 이온화 경향이 작다. 대부분의 문헌에서는 모두 같은 조건을 맞추기 위해 원자 1개가 전자를 잃는 경향을 비교하므로 은의 이온화 경향이 크다고 나와 있다.

화학 전지는 금속의 이온화 경향 차이에 따른 전자의 자발적인 이동에서 시작한다. 이온화 경향이 큰 아연(Zn) 금속을 이온화 경향이 작은 구리 이온(Cu^{2+})이 들어 있는 황산 구리 용액에 넣은 경우를 생각해 보자.

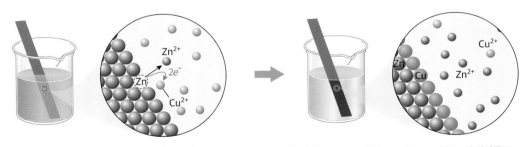

| 아연판을 황산 구리 수용액에 넣는다. | 금속-용액 계면에서 아연(Zn) 원자로부터 구리 이온(Cu^{2+})으로 2개의 전자가 전달되어 각각 아연 이온(Zn^{2+})과 구리(Cu) 원자를 형성한다. | 시간이 흐른 후 짙은 색의 구리 금속이 아연 위에 나타나고, 구리 이온(Cu^{2+}) 때문에 파란색이던 용액의 색이 점점 옅어진다. | 아연 표면은 구리 원자들로 덮이고, 아연 이온(Zn^{2+})이 구리 이온(Cu^{2+})을 대신하여 용액 속으로 녹아들어 간다. |

그림 15-1 아연(Zn)과 황산 구리($CuSO_4$) 용액의 반응

이 반응을 화학식으로 표현하면 다음과 같다.

$$\text{환원: } Cu^{2+}(aq) + 2e^- \longrightarrow Cu(s)$$
$$\text{산화: } Zn(s) \longrightarrow Zn^{2+}(aq) + 2e^-$$
$$\overline{ Cu^{2+}(aq) + Zn(s) \longrightarrow Zn^{2+}(aq) + Cu(s)}$$

Zn은 산화되고, 잃어버린 전자는 Cu^{2+}로 이동한다(자발적인 산화-환원 반응). 이때 전자(e^-)가 이동한다고 해도 전기 에너지가 생성되는 것은 아니며, 이는 반응하는 물질이 같은 용기 안에 존재하기 때문이다. 따라서 이온화 경향이 다른 두 금속을 멀리 떨어뜨려서 전자의 흐름을 만들어 내는 것을 '전류'라고 하며, 이것이 우리가 이용하는 전기 에너지의 근원이 된다. ●그림 15-2에 아연-구리 반응을 기본으로 하는 화학 전지(갈바니 전지, galvanic cell)의 모식도를 나타내었다.

전지의 전극(electrode)은 아연과 구리의 금속 막대이고, 산화 반응이 일어나는 전극을 양극[이온화 경향이 큰 금속(여기서는 아연), anode]이라고 하지만, 전지의 부호는 전자를 방출하므로 (-)극이 된다. 환원 반응이 일어나는 전극은 음극[이온화 경향이 작은 금속(여기서는 구리), cathode]이라고 하는데, 전지의 부호는 전자를 끌어당기므로 (+)극으로 정한다. 한쪽의 용기, 전극, 용액을 모두 합친 것을 '반쪽 전지(half cell)'라고 하며, KCl 또는 NH_4NO_3와 같은 전해질 용액이 채워져 있어 반쪽 전지 간에 양이온과 음이온이 서로 이동하는 통로로 사용되어 양쪽 반응의 전하 균형을 맞추는 역할을 하는 '염다리(salt bridge)'가 반쪽 전지를 연결하고 있다.

전지를 항상 모식도로 그려서 표기하기는 어려우므로 전지 표기법을 이용한다. 모든 전지는 산화 전극(양극, anode)을 왼쪽, 환원 전극(음극, cathode)을 오른쪽에 쓰며, 고체인 전극과 액체인 전해질 용액 사이는 상이 달라지므로 수직선으로 구분하고, 두 반쪽 전지 사이의 염다리는 수직선 2개로 표기한다.

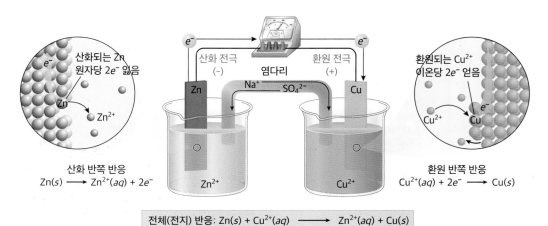

그림 15-2 화학 전지(갈바니 전지) 모식도

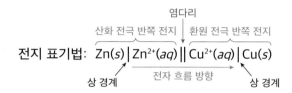

전지 표기법: $Zn(s) | Zn^{2+}(aq) \| Cu^{2+}(aq) | Cu(s)$

염다리

산화 전극 반쪽 전지   환원 전극 반쪽 전지

상 경계   전자 흐름 방향   상 경계

　화학 전지의 전압은 음극의 표준 환원 전위 값에서 양극의 표준 환원 전위 값을 빼서 결정한다. 화학 전지 중에 최근 활발하게 사용 및 연구되고 있는 연료 전지(fuel cell)에 대해 알아보자. 전기 에너지를 생산하기 위한 화력 발전과 원자력 발전은 물을 끓여서 수증기를 만들어 터빈을 돌리는 방식이고, 수력 발전과 풍력 발전은 자연의 힘으로 터빈을 돌리는 방식이다. 수력 발전과 풍력 발전은 발전소 건설 조건에 맞는 지형에 한계가 있고, 지형의 한계 없이 필요한 곳에 건설이 가능한 화력 발전과 원자력 발전은 상당한 양의 에너지가 열의 형태로 낭비되며 환경 오염을 일으킨다는 문제가 있다. 따라서 에너지원이 수소와 산소 분자이고 생성물이 오직 물이며 효율이 높은 연료 전지를 개발하고 발전시키는 과정이 한창 진행되고 있다.

환원 반쪽 반응		$E°(V)$
$F_2(g) + 2e^-$	$\longrightarrow$ $2F^-(aq)$	2.87
$H_2O_2(aq) + 2H^+(aq) + 2e^-$	$\longrightarrow$ $2H_2O(l)$	1.78
$MnO_4^-(aq) + 8H^+(aq) + 5e^-$	$\longrightarrow$ $Mn^{2+}(aq) + 4H_2O(l)$	1.51
$Cl_2(g) + 2e^-$	$\longrightarrow$ $2Cl^-(aq)$	1.36
$Cr_2O_7^{2-}(aq) + 14H^+(aq) + 6e^-$	$\longrightarrow$ $2Cr^{3+}(aq) + 7H_2O(l)$	1.36
$O_2(g) + 4H^+(aq) + 4e^-$	$\longrightarrow$ $2H_2O(l)$	1.23
$Br_2(aq) + 2e^-$	$\longrightarrow$ $2Br^-(aq)$	1.09
$Ag^+(aq) + e^-$	$\longrightarrow$ $Ag(s)$	0.80
$Fe^{3+}(aq) + e^-$	$\longrightarrow$ $Fe^{2+}(aq)$	0.77
$O_2(g) + 2H^+(aq) + 2e^-$	$\longrightarrow$ $H_2O_2(aq)$	0.70
$I_2(s) + 2e^-$	$\longrightarrow$ $2I^-(aq)$	0.54
$O_2(g) + 2H_2O(l) + 4e^-$	$\longrightarrow$ $4OH^-(aq)$	0.40
$Cu^{2+}(aq) + 2e^-$	$\longrightarrow$ $Cu(s)$	0.34
$Sn^{4+}(aq) + 2e^-$	$\longrightarrow$ $Sn^{2+}(aq)$	0.15
$2H^+(aq) + 2e^-$	$\longrightarrow$ $H_2(g)$	0
$Pb^{2+}(aq) + 2e^-$	$\longrightarrow$ $Pb(s)$	-0.13
$Ni^{2+}(aq) + 2e^-$	$\longrightarrow$ $Ni(s)$	-0.26
$Cd^{2+}(aq) + 2e^-$	$\longrightarrow$ $Cd(s)$	-0.40
$Fe^{2+}(aq) + 2e^-$	$\longrightarrow$ $Fe(s)$	-0.45
$Zn^{2+}(aq) + 2e^-$	$\longrightarrow$ $Zn(s)$	-0.76
$2H_2O(l) + 2e^-$	$\longrightarrow$ $H_2(g) + 2OH^-(aq)$	-0.83
$Al^{3+}(aq) + 3e^-$	$\longrightarrow$ $Al(s)$	-1.66
$Mg^{2+}(aq) + 2e^-$	$\longrightarrow$ $Mg(s)$	-2.37
$Na^+(aq) + e^-$	$\longrightarrow$ $Na(s)$	-2.71
$Li^+(aq) + e^-$	$\longrightarrow$ $Li(s)$	-3.04

더 강한 산화제 (위쪽) / 더 약한 산화제 (아래쪽)

더 약한 환원제 (위쪽) / 더 강한 환원제 (아래쪽)

그림 15-3 25 ℃에서의 표준 환원 전위

연료 전지의 전체 반응은 수소의 연소 반응이지만, 산화와 환원 반응이 각각 양극과 음극에서 분리되어 발생한다.

양극: $2H_2(g) + 4OH^-(aq) \longrightarrow 4H_2O(l) + 4e^-$ $\qquad E^\circ_{cell} = E^\circ_{음극} - E^\circ_{양극}$

음극: $O_2(g) + 2H_2O(l) + 4e^- \longrightarrow 4OH^-(aq)$ $\qquad\qquad = 0.40\,V - (-0.83\,V)$

전체 반응: $2H_2(g) + O_2(g) \longrightarrow 2H_2O(l)$ $\qquad\qquad = 1.23\,V$

연료 전지에서 생성되는 수증기는 다른 물질을 가열하거나 터빈을 돌려서 전기를 생산할 수도 있으며, 수증기가 응축된 물은 순수한 물로 식수로 사용이 가능해 환경 오염에서 자유롭다는 장점이 있지만, 연료로 사용되는 수소가 자연계에 풍부하지 않다는 한계가 있다.

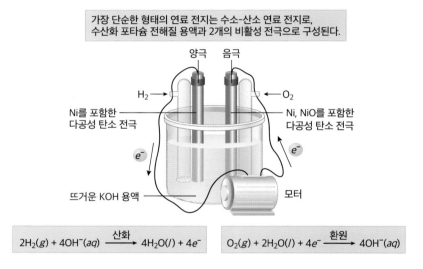

가장 단순한 형태의 연료 전지는 수소-산소 연료 전지로, 수산화 포타슘 전해질 용액과 2개의 비활성 전극으로 구성된다.

$2H_2(g) + 4OH^-(aq) \xrightarrow{\text{산화}} 4H_2O(l) + 4e^-$ $O_2(g) + 2H_2O(l) + 4e^- \xrightarrow{\text{환원}} 4OH^-(aq)$

그림 15-4 간단한 연료 전지 모식도

15.3 전기 분해의 원리

화학 전지와는 반대로 전기 분해(또는 전해 전지)는 외부에서 전기 에너지를 공급하여 비자발적인 산화-환원 반응을 일으키는 과정이다.

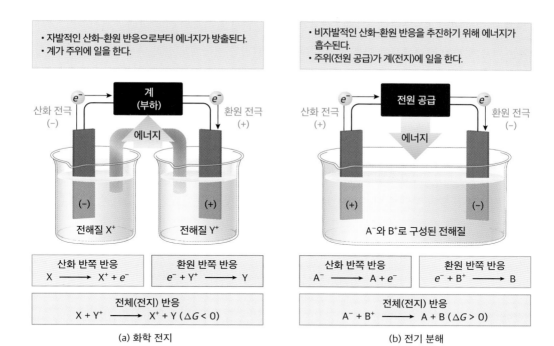

- 자발적인 산화-환원 반응으로부터 에너지가 방출된다.
- 계가 주위에 일을 한다.

- 비자발적인 산화-환원 반응을 추진하기 위해 에너지가 흡수된다.
- 주위(전원 공급)가 계(전지)에 일을 한다.

(a) 화학 전지

(b) 전기 분해

그림 15-5 화학 전지와 전기 분해 비교

가장 간단한 용융 염화 소듐의 전기 분해 과정을 살펴보자. 순수한 염화 소듐($NaCl$)은 녹는점이 $801\,^{\circ}C$로 매우 높다(프라이팬에 올린 소금은 녹지 않고 탁탁 튄다). 하지만 염화 칼슘($CaCl_2$)과 섞은 $NaCl-CaCl_2$ 혼합물은 약 $580\,^{\circ}C$에서 녹으며, 여기에 외부에서 전기 에너지를 공급해 주면 염화 소듐의 전기 분해 반응이 일어난다.

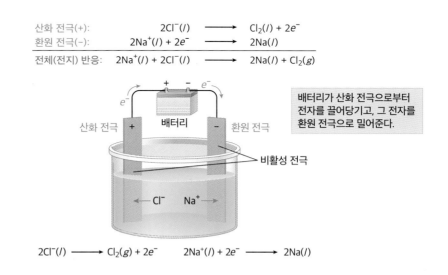

산화 전극(+): $\qquad 2Cl^-(l) \longrightarrow Cl_2(l) + 2e^-$
환원 전극(-): $\quad 2Na^+(l) + 2e^- \longrightarrow 2Na(l)$
전체(전지) 반응: $\quad 2Na^+(l) + 2Cl^-(l) \longrightarrow 2Na(l) + Cl_2(g)$

전체 반응의 결과 소듐 양이온이 소듐 원자로 환원되고, 염화 이온이 염소 기체로 산화된다. 화학 전지와는 다르게 전기 분해에서는 외부 전원의 (+)극과 연결된 전극에서 산화 반응이 일어나지만, 부호는 외부 전극과 동일하게 (+)로 정한다. 즉, 화학 전지와는 반대로 산화 전극(anode)이 (+)극이 되고, 환원 전극(cathode)이 (−)극이 된다.

수용액의 전기 분해에서는 양이온이 K^+, Ca^{2+}, Na^+, Mg^{2+}, Al^{3+} 등의 이온화 경향이 큰 금속일 경우 물의 수소 이온(H^+)이 대신 전자를 받아 수소 기체(H_2)와 수산화 이온(OH^-)이 생성되며, 음이온이 전기음성도가 큰 F^-이거나 비편재 전자 때문에 매우 안정하여 전자를 빼앗기지 않는 SO_4^{2-}, PO_4^{3-}, NO_3^-, CO_3^{2-} 등일 경우 물의 수산화 이온(OH^-)이 대신 전자를 빼앗겨서 산소 기체(O_2)와 수소 이온(H^+)이 생성된다.

전기 분해 과정에서 얻을 수 있는 물질의 양은 전지에 흐르는 전하량에 비례한다.

$$전하량(C) = 전류(A) \times 시간(s)$$

전자 1개의 전하량은 1.6×10^{-19} C이므로 아보가드로 수를 곱하여 전자 1 mol의 전하량이 96,500 C인 것을 알아낼 수 있고, 이는 전기 화학에 지대한 공을 세운 패러데이(Michael Faraday, 1791~1867)의 이름을 따서 '패러데이 상수(F)'라고 부른다.

$$1 \text{ F} = 96,500 \text{ C}$$

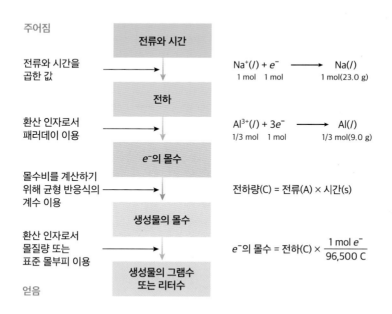

따라서 전기 분해 과정에서 흐른 전류(A)와 시간(s)을 곱하여 전하량(C)을 구하고, 이를 1 F (= 96,500 C)로 나누어 실제 전기 분해 과정에 공급된 전자의 몰수를 알 수 있다면 화학량론을 이용하여 생성되는 물질의 몰수를 구할 수 있다.

예제 15-2

30.0 A의 일정한 전류가 NaCl 수용액에 1.00 h 동안 흘렀다. 몇 g의 NaOH와 몇 L의 Cl_2 기체가 STP에서 생성되는지 구하라.

풀이

환원 전극에서 생성된 NaOH의 질량은 다음과 같이 구할 수 있다.

$$\left(30.0\,\frac{C}{s}\right)(1.00\,h)\left(\frac{3,600\,s}{h}\right)\left(\frac{1\,mol\,e^-}{96,500\,C}\right)\left(\frac{2\,mol\,NaOH}{2\,mol\,e^-}\right)\left(\frac{40.0\,g\,NaOH}{1\,mol\,NaOH}\right) = 44.8\,g\,NaOH$$

산화 전극에서 생성된 Cl_2의 부피는 다음과 같이 구할 수 있다.

$$\left(30.0\,\frac{C}{s}\right)(1.00\,h)\left(\frac{3,600\,s}{h}\right)\left(\frac{1\,mol\,e^-}{96,500\,C}\right)\left(\frac{1\,mol\,Cl_2}{2\,mol\,e^-}\right)\left(\frac{22.4\,L\,Cl_2}{1\,mol\,Cl_2}\right) = 12.5\,L\,Cl_2$$

예제 15-3

한 기능공이 수용성 $Cr_2(SO_4)_3$가 포함된 전해조에서 0.86 g의 크로뮴을 수도꼭지에 도금하려고 한다. 도금하는 데 12.5분이 필요할 때, 공급해야 할 전류를 계산하라.

풀이

$$Cr^{3+}(aq) + 3e^- \longrightarrow Cr(s)$$

$$0.86\,g\,Cr \times \frac{mol\,Cr}{52.00\,g\,Cr} \times \frac{3\,mol\,e^-}{1\,mol\,Cr} = 0.050\,mol\,e^-$$

$$0.050\,mol\,e^- \times \frac{9.65 \times 10^4\,C}{mol\,e^-} = 4.8 \times 10^3\,C$$

$$\frac{4.8 \times 10^3\,C}{12.5\,min} \times \frac{1\,min}{60\,s} = 6.4\,\frac{C}{s} = 6.4\,A$$

15.4 반도체와 초전도체

'반도체(semiconductor)'는 규소(Si)나 저마늄(Ge)처럼 도체(주로 금속)와 부도체의 중간 정도 되는 전기 전도도를 갖는 물질이다. 분자 오비탈(molecular orbital) 이론은 원자들이 결합하여 분자가 될 때 원자의 오비탈이 단순히 겹치는 것이 아니고 파동으로 움직이는 전자의 특성에 따라 원자의 오비탈이 보강 간섭하여 안정하고 낮은 에너지를 갖는 '결합성 분자 오비탈(결합성 MO)'과 상쇄 간섭하여 불안정하고 높은 에너지를 갖는 '반결합성 분자 오비탈(반결합성 MO)'이 생기며, 새로 생긴 분자 오비탈에 분자가 가진 전자가 차례로 들어간다고 설명한다. 이때 낮은 에너지를 갖는 결합성 MO가 원자가띠(valence band)이고, 높은 에너지를 갖는 반결합성 MO가 전도띠(conduction band)가 된다.

　●그림 15-6에서 볼 수 있듯이 금속성 전도체는 원자가띠와 전도띠가 붙어 있어 전자의 이동이 자유로우므로 전기를 잘 전도할 수 있지만, 부도체는 원자가띠와 전도띠 사이의 띠간격(band gap)이 상당히 넓어서 원자가띠의 전자가 전도띠로 이동하는 것이 거의 불가능하다. 반도체는 띠간격이 부도체보다는 훨씬 좁아서 원자가띠에 있는 전자 중에 충분한 운동 에너지를 갖는 전자 몇 개가 전도띠로 이동할 수 있으며, 전압을 걸어주면 전자가 가속되어 전류가 흐르게 된다.

　반도체는 온도가 올라가면 원자가띠에서 전도띠로 가기 충분한 운동 에너지를 갖는 전자의 수가 증가하여 전도띠에 있는 전자의 수가 많아지므로 전기 전도도가 증가한다. 반대로 도체는 온도가 올라가면 금속 양이온의 진동 운동이 증가하여 전자의 흐름을 방해하므로 전기 전도도가 감소한다. 따라서 전기 전도도의 온도 의존성은 도체와 반도체를 구별하는 중요한 기준이 된다. 또한 반도체의 전기 전도도는 소량의 불순물(ppm 정도의 농도)을 첨가하는 과정을 통해 대폭 증가시킬 수 있는데, 이 과정이 바로 '혼입(도핑, doping)'이다.

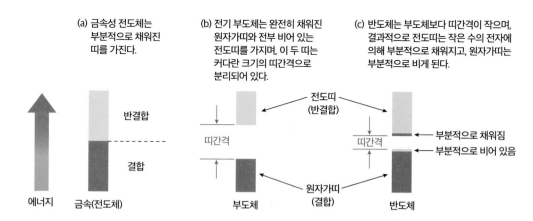

그림 15-6 도체, 부도체, 반도체의 원자가띠와 전도띠

표 15-1 14족 원소의 띠간격

원소*	띠간격(kJ/mol)	물질의 종류
C(다이아몬드)	520	부도체
Si	107	반도체
Ge	65	반도체
Sn(회색 주석)	8	반도체
Sn(흰색 주석)	0	금속
Pb	0	금속

* Si, Ge, 회색 Sn은 다이아몬드와 구조가 같음

1) n형 반도체

14족 원소인 반도체 Si(규소)로 이루어진 결정은 각 원자의 원자가전자 4개가 서로 단일 결합을 하는 안정한 구조를 이루지만, P(인), As(비소) 등의 15족 원소를 도핑하면(소량 첨가하면) 결합에 필요 없는 여분의 전자가 1개씩 도입되고, 이 전자들이 전도띠에 채워져서 전기 전도도가 크게 증가한다. Si 원자 100만 개당 P 원자 1개씩만 도핑되어도 전기 전도도는 ~10^7만큼 증가하며, 이렇게 전하의 운반체가 (−) 전하를 띠는 전자인 반도체를 'n형 반도체(n−type semiconductor)'라고 한다.

2) p형 반도체

B(붕소)와 In(인듐) 같은 13족 원소를 Si(규소)에 도핑하면 원자가전자가 3개인 13족 원소는 옥텟을 만족하지 못하고 전자가 1개씩 비어 있는 구조를 이루게 된다. 이렇게 비어 있는 원자가띠의 자리를 '양전하 정공(positive hole)'이라고 하며, 이를 전하의 운반체로 간주한다. 그 이유는 전압을 걸어주었을 때 원자가띠에 있는 전자들이 양전하 정공을 채우면서 이동하므로 외부에서 보기에는 마치 양전하 정공이 외부 전원의 (−)극을 향하여 움직이는 것처럼 보이기 때문이다. 이렇게 13족 원소로 도핑된 반도체를 'p형 반도체(p−type semiconductor)'라고 한다.

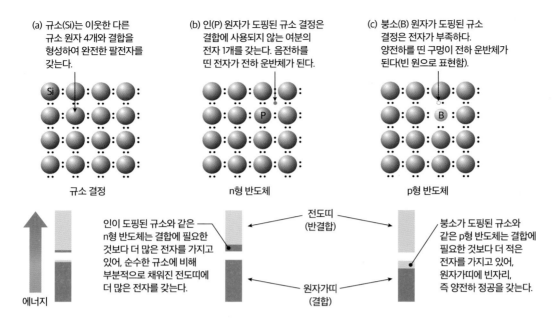

(a) 규소(Si)는 이웃한 다른 규소 원자 4개와 결합을 형성하여 완전한 팔전자를 갖는다.

(b) 인(P) 원자가 도핑된 규소 결정은 결합에 사용되지 않는 여분의 전자 1개를 갖는다. 음전하를 띤 전자가 전하 운반체가 된다.

(c) 붕소(B) 원자가 도핑된 규소 결정은 전자가 부족하다. 양전하를 띤 구멍이 전하 운반체가 된다(빈 원으로 표현함).

규소 결정

n형 반도체

p형 반도체

인이 도핑된 규소와 같은 n형 반도체는 결합에 필요한 것보다 더 많은 전자를 가지고 있어, 순수한 규소에 비해 부분적으로 채워진 전도띠에 더 많은 전자를 갖는다.

전도띠 (반결합)

원자가띠 (결합)

붕소가 도핑된 규소와 같은 p형 반도체는 결합에 필요한 것보다 더 적은 전자를 가지고 있어, 원자가띠에 빈자리, 즉 양전하 정공을 갖는다.

에너지

그림 15-7 규소 결정, n형 반도체, p형 반도체의 결합과 원자가띠와 전도띠 분포

예제 15-4

소량의 알루미늄(Al)이 도핑된 저마늄(Ge) 결정은 n형 반도체인지 p형 반도체인지 구분하고, 도핑된 결정의 전도도를 순수한 저마늄과 비교하라.

풀이

저마늄(Ge)은 규소처럼 14족 반도체이고, 알루미늄(Al)은 붕소처럼 13족 원소이다. 그러므로 혼입된 Ge은 p형 반도체이다.

각각의 Al 원자는 이웃하는 4개의 Ge 원자와 결합하는데 필요한 것보다 하나 더 적은 수의 원자가 전자를 가지고 있다(Si처럼 Ge은 다이아몬드 구조를 갖는다). 혼입된 Ge은 원자가띠에 훨씬 더 많은 양전하 정공을 가지고 있으므로, 전도도는 순수한 Ge보다 크다. 즉, 전압을 걸어 주었을 때 전자가 들떠서 올라갈 수 있는 비어 있는 MO를 더 많이 가지고 있다.

도핑된 n형과 p형 반도체는 교류를 직류로 바꿔 주는 다이오드(diode), 교통 신호등의 광원, 자동차 브레이크등, 디지털시계에 이용되는 발광 다이오드(Light Emitting Diode, LED), 태양광을 전기로 변환시키는 광(태양)전지[photovoltaic (solar) cell]뿐만 아니라 컴퓨터의 집적 회로, 휴대 전화, 전자제품의

전자 신호를 조절하고 증폭하는 트랜지스터(transistor) 등 우리가 알고 있는 거의 모든 전자제품에 사용된다.

(1) 다이오드

다이오드(diode)는 p형 반도체를 n형 반도체에 연결하여 p−n 접합(junction)을 이루어 전류를 한쪽 방향으로만 흐르게 하는 소자이다. 외부 전원의 음극에 n형 반도체를 연결하고 p형 반도체를 양극에 연결하면 n형 반도체의 전도띠에 있는 전자는 음극과 서로 반발하여 양극으로 끌려가게 된다. 따라서 전자는 p−n 접합 영역을 지나 n형 반도체에서 p형 반도체 쪽으로 이동한다. 동시에 양전하 정공은 반대 방향, 즉 p형 쪽에서 n형 쪽으로 이동하며, n형 반도체의 전도띠에 있는 전자와 결합하게 된다. 이렇게 되면 외부 전원에서 n형 반도체 쪽에는 전자를, p형 반도체 쪽에는 양전하 정공을 계속 공급하는 셈이기 때문에 이 소자가 외부 전원에 연결되어 있는 한, 전자와 양전하 정공의 이동에 의해 지속적으로 전류가 흐르게 되고, 이런 방향으로 소자가 전지와 연결되어 있을 때 p−n 접합은 순방향 바이어스(forward bias)에 놓여 있다고 한다. 그러나 반대로 연결되면 음전하를 띤 전자는 양극 쪽으로 이동하고, 양전하 정공은 음극 쪽으로 이동하므로 전하 운반체가 p−n 접합에서 멀어지기 때문에 방향은 전류가 거의 흐르지 않는 역방향 바이어스(reverse bias)에 놓여 있게 된다.

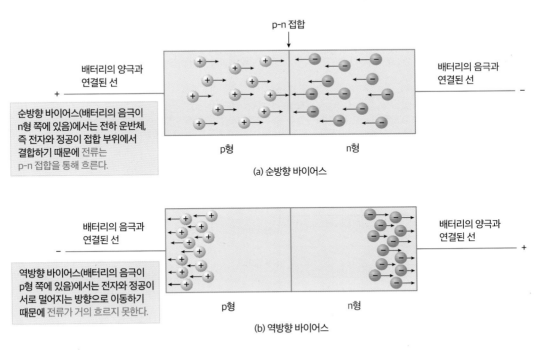

그림 15-8 다이오드의 원리

(2) 태양광 전지

태양광 전지는 빛을 전기 에너지로 전환시키는 반도체 소자를 이용한다. 다이오드처럼 n형 반도체와 p형 반도체를 접합하여 만들고, 처음에는 n형 반도체의 자유 전자가 p−n 접합의 접점을 가로질러 p형 반도체의 양전하 정공으로 이동하지만, 전자의 이동으로 n형 반도체는 (+) 전하를 띠게 되고 p형 반도체는 (−) 전하를 띠게 되어 계속적인 전자의 이동이 불가능해진다. 즉, n형 반도체와 p형 반도체의 접점 장벽이 한쪽 방향으로의 밸브 역할을 하게 되며, n형 반도체의 자유 전자는 p형으로 이동하지 못하지만 p형 반도체의 자유 전자는 n형으로 이동할 수 있다. 따라서 n형 반도체와 p형 반도체를 겹친 후 전선을 연결하고 태양빛을 쬐여주면 광전 효과가 일어나서 p형 반도체에서 n형 반도체 쪽으로만 전자가 이동하면서 전기가 생산되는 태양광 전지가 된다.

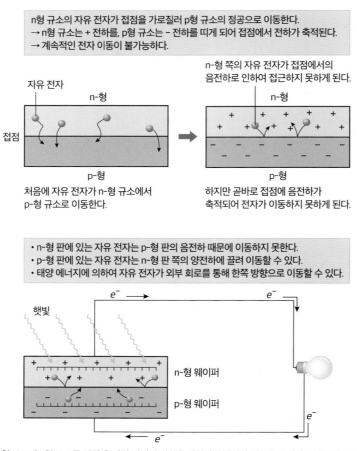

그림 15-9 태양광 전지

3) 초전도체

'초전도체(superconductor)'는 초전도 전이 온도(superconducting transition temperature, T_c)라고 하는 특정 온도 이하에서 모든 전기 저항을 상실하는 물질이다. 따라서 T_c 이하에서 초전도체는 완전 도체가 되고, 한 번 발생시킨 전류는 에너지의 손실 없이 무한히 흐른다.

　현재 6,000여 종 이상의 초전도체가 알려져 있으며, 초전도체는 초전도 전이 온도가 극저온이라 실제 산업에는 응용하기 어렵다는 단점이 있으나, 최근에는 여러 가지 금속의 합금 산화물 형태인 세라믹(산소가 포함된 비금속 무기물) 물질이 상대적으로 높은 온도에서 초전도 현상을 나타낸다는 실험 결과가 발표되어 활발하게 연구 중이다.

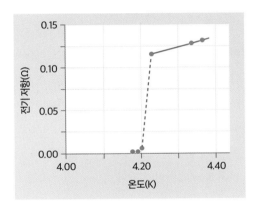

초전도 전이 온도(T_c = 4.2 K) 이상에서 수은은 금속 도체이며, 수은의 전기 저항은 온도가 올라감에 따라 증가한다(전도도는 감소한다).

초전도 전이 온도(T_c = 4.2 K) 이하에서 수은은 초전도체이며, 수은의 전기 저항은 0이 된다.

그림 15-10　수은(Hg)의 초전도 현상

15.5 반도체 8대 공정

'반도체 공정'이란 설계 도면에 따라 여러 개의 반도체 칩을 올려놓을 수 있는 웨이퍼 위에 반도체 소자를 실제로 구현하고 제품으로 만들어내는 공정을 말한다. 가장 크게 분류하면 웨이퍼(wafer) 제조, 프론트엔드(front-end process)와 백엔드(back-end process) 공정으로 나뉘는데, 회사마다 다르게 분류하는 경우도 많다.

　일반적으로 '반도체 공정'이라고 하면 주로 프론트엔드 공정만을 의미하는 경우가 많은데, 프론트엔드 공정은 다시 IC칩 내에서 핵심적인 기능을 담당하는 트랜지스터 제조 공정인 FEOL 공정(Front-End Of Line)과 FEOL에서 만들어진 소자들 사이, 그리고 외부 접점과 금속 배선(Interconnect)을 형성하

그림 15-11 반도체 8대 공정

는 BEOL 공정(Back-End Of Line)으로 나뉜다. 백엔드 공정은 프론트엔드 공정에서 완성된 반도체 소자를 테스트하고 패키징하는 공정을 의미하며, 회사에 따라서는 반도체 공정으로 포함하지 않기도 한다. 우리는 현재까지 널리 알려져 있는 반도체 8대 공정에 대해 알아볼 것이다.

1) 웨이퍼 공정

웨이퍼는 주로 규소(실리콘, Si) 성분으로 만들어지며, 모래를 1,500℃ 정도의 고온으로 가열하여 모래 속의 비결정형 실리콘을 원기둥 모양의 순수 결정 실리콘 덩어리인 잉곳(ingot)으로 만들고, 이 잉곳을 다이아몬드 와이어를 이용하여 일정한 두께로 잘라서 웨이퍼를 만든다. 잉곳의 단면적 크기가 웨이퍼의 크기를 결정하며, 반도체 칩을 만드는 공정에서 n형 도핑 물질을 이용하는 경우가 많으므로 웨이퍼는 주로 13족 원소인 붕소 등을 사용한 p형 도핑을 한다. 일정한 두께로 절단한 후 표면을 매끈하게 연마하는 CMP(Chemical Mechanical Polishing) 공정을 거쳐 Bare 웨이퍼가 된다.

2) 산화 공정

산화 공정(oxidation)은 웨이퍼에 산소를 주입하여 산화막을 만드는 공정이다. 규소는 산소와 결합하여 표면에만 얇게 형성되는 산화막(SiO_2)을 생성하는데, 이러한 산화막은 강도가 좋아서 표면을 안정화시키는 보호막 역할을 하며, 산화막이 생기는 과정에서 표면의 불순물을 제거할 수 있고, 부도체인 산화막의 특성을 이용하여 소자 간 전기적 분리를 할 수 있다. 순수한 산소 기체를 사용하는 건식 산화(dry oxidation)와 수증기를 사용하는 습식 산화(wet oxidation)가 있다.

3) 포토 공정

포토 공정(photolithography)은 설계도를 기반으로 한 반도체 회로(mask pattern)를 웨이퍼에 그려 넣는 공정이다. 웨이퍼의 산화막 위에 감광액을 도포하고 회로도가 그려진 마스크를 위에 올린 후 빛을 통과(노광)시켜서 웨이퍼 표면에 마스크에 그려진 회로도를 그대로 찍어 내는 공정으로, 감광액 도포 (coating) → 노광(expose) → 현상(development) 과정으로 구성된다.

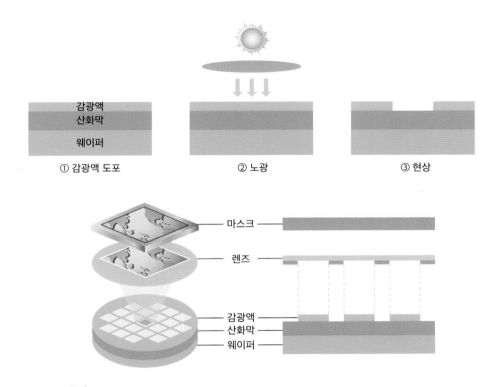

그림 15-12 포토 공정

4) 식각 공정

식각 공정(etching)은 화학 물질의 부식 작용을 이용하여 포토 공정에서 찍은 회로 패턴을 제외한 필요 없는 부분을 제거하는 공정으로, '에칭 공정'이라고도 한다. 규소가 주성분인 웨이퍼의 특성상 불산 (HF)을 이용하여 부식시켜야 하며, 불산 용액을 이용하는 습식 식각(wet etching)과 플루오린화 수소(불화 수소) 기체를 이용하는 건식 식각(dry etching)으로 나뉜다.

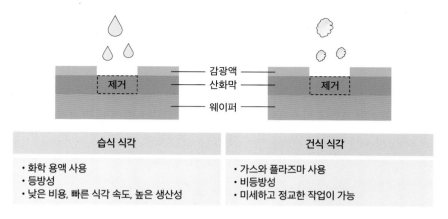

습식 식각	건식 식각
• 화학 용액 사용 • 등방성 • 낮은 비용, 빠른 식각 속도, 높은 생산성	• 가스와 플라즈마 사용 • 비등방성 • 미세하고 정교한 작업이 가능

그림 15-13 습식 식각과 건식 식각

5) 증착 공정

웨이퍼 위에 포토 공정과 식각 공정을 여러 번 반복하여 회로를 겹겹이 쌓아 올리는 공정에서 겹겹이 쌓이는 회로들을 구분하기 위해 절연막이 필요하다. 이때 이 절연막을 '박막'이라고 하고, 이 박막을 입히는 과정이 증착 공정(deposition)이며, 증착 공정에는 PVD(물리적 기상 증착법, Physical Vapor Deposition)와 CVD(화학적 기상 증착법, Chemical Vapor Deposition)가 있다. PVD 방법은 증착시키려는 물질을 기체 상태로 증발시켜 상대적으로 차가운 기판 위에 고체로 증착시키는 방법으로 원료 물질과 증착 물질이 동일하지만, CVD 방법은 원료 물질이 증착하려는 물질을 포함한 화합물이므로 증착 전에 원료 물질을 화학적으로 분해하여 증착시키려는 물질만 기판과 화학적으로 결합시키고 필요 없는 물질은 기체 상태로 날아가게 한다. 이 과정이 끝나면 이온을 주입시켜 반도체가 전기적 성질을 가지게 한다.

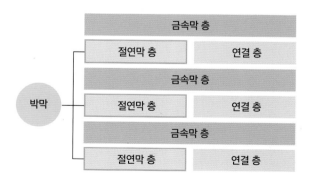

그림 15-14 증착 공정의 박막

6) 금속 배선 공정

금속 배선 공정(metallization)은 웨이퍼에 금속 배선을 연결하여 전기적 신호가 통하도록 얇은 금속막을 증착하는 공정으로 구리(Cu), 알루미늄(Al), 텅스텐(W), 타이타늄(티타늄, Ti) 등의 금속을 주로 사용한다.

7) EDS

EDS(테스트 공정, Electrical Die Sorting)는 웨이퍼 위에 만들어진 반도체 칩이 정상적으로 작동하는지 테스트하고, 전기적 특성이 제대로 나오지 않는 불량 칩을 걸러내는 공정이다. 설계된 칩 중에서 정상 작동하는 칩의 비율이 어느 정도인지 계산한 수율(yield, %)을 중요한 지표로 삼는다.

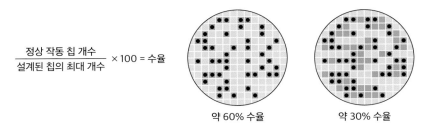

$$\frac{\text{정상 작동 칩 개수}}{\text{설계된 칩의 최대 개수}} \times 100 = \text{수율}$$

약 60% 수율   약 30% 수율

그림 15-15 EDS의 수율

8) 패키징 공정

패키징 공정(packaging)은 반도체 칩을 원하는 기기에 탑재되기 좋은 형태로 가공하는 공정이다. 패키징 공정은 다음과 같은 6개의 과정으로 구성되며, 백엔드 공정이므로 엄밀한 의미에서 반도체 공정이라고 분류하지 않는 경우도 많다.

① 웨이퍼를 절단해 반도체 칩 하나하나를 잘라내는 웨이퍼 절단(웨이퍼 소싱)
② 리드 프레임이라고 하는 기판 위에 반도체 칩을 올려 접착
③ 리드 프레임과 반도체를 전기 전도도가 높은 금속선(주로 금선)으로 연결
④ 각 기기에 맞게 원하는 형태로 가공(성형)하는 성형 공정(molding)
⑤ 제품명 마킹
⑥ 마지막 테스트 과정인 파이널테스트

참고문헌

- Janice Gorzynsky Smith. (2020). SMITH 핵심 유기화학(4판). (이경림, 김민경, 박경호, 정윤성 옮김). 교문사.
- John E. Mcmurry, Robert C. Fay, & Jill Kirsten Robinson. (2020). CHEMISTRY 일반화학(제8판). (화학교재연구회 옮김). 자유아카데미.
- Julia R. Burdge. (2017). 일반화학(4판). (박경호 외 옮김). 교문사.
- Julia R. Burdge & Jason Overby. (2018). 일반화학: 원자부터 시작하기(3판). (이경림 외 옮김). 교문사.
- Julia R. Burdge & Michelle Driessen. (2018). 일반화학의 기초. (박경호 외 옮김). 교문사.
- Raymond Chang & Jason Overby. (2023). 레이먼드 창의 일반화학(제14판). (화학교재연구회 옮김). 사이플러스.